数控车铣加工编程与操作

主　编　高　倩　刘德成　宋艳丽
副主编　刘　虎　刘　江　丁多斌　李裕仁
参　编　李银季　王晓飞　李　超　齐　壮
　　　　罗　伟　唐　峰　付计幼

机　械　工　业　出　版　社

本书主要内容共 8 章，第 1 ~ 3 章主要介绍了数控车床的基本知识、数控车削加工工艺、数控车床的操作与编程，并以华中数控 HNC-808DiT 数控系统为例，介绍了车床数控装置的编程指令；第 4 ~ 7 章主要介绍了数控铣床的基本知识、数控铣削加工工艺、数控铣床的操作与编程，并以华中数控 HNC-808DiM 系统为例，介绍了铣床数控装置的编程指令；第 8 章主要介绍了宏程序编程。

本书适合数控技术应用专业、机械制造及自动化专业、机电一体化专业与机械设计及制造专业学生和相关技术人员使用。

图书在版编目（CIP）数据

数控车铣加工编程与操作 / 高倩，刘德成，宋艳丽主编. -- 北京 : 机械工业出版社，2025. 2. -- ISBN 978-7-111-77698-7

Ⅰ. TG519. 1；TG547

中国国家版本馆 CIP 数据核字第 20256H9Q38 号

机械工业出版社（北京市百万庄大街 22 号　邮政编码 100037）

策划编辑：周国萍　　　　　责任编辑：周国萍　田　畅

责任校对：樊钟英　丁梦卓　　封面设计：马精明

责任印制：刘　媛

北京富资园科技发展有限公司印刷

2025 年 5 月第 1 版第 1 次印刷

184mm×260mm · 14. 25 印张 · 332 千字

标准书号：ISBN 978-7-111-77698-7

定价：59. 00 元

电话服务　　　　　　　网络服务

客服电话：010-88361066　　机　工　官　网：www. cmpbook. com

010-88379833　　机　工　官　博：weibo. com/cmp1952

010-68326294　　金　　书　　网：www. golden-book. com

封底无防伪标均为盗版　　机工教育服务网：www. cmpedu. com

前 言

数控加工技术作为现代制造业的核心技术之一，其未来发展趋势呈现出多元化、智能化、绿色化和高效化的特点。数控车铣加工编程与操作属于数控加工技术中的基础，是掌握复杂编程及加工的前提。

本书按照职业岗位要求编写，重点突出了操作技能及相关的专业知识，理论知识在内容安排上以“数控车床加工编程与操作”“数控铣床加工编程与操作”为主，以一名初学者的角度，从认识数控设备、加工工艺特点开始，经过简单的零件加工到复杂的零件加工，逐步深入学习。每个部分都是一个学习主题，由若干个任务构成了学习内容。

本书主要内容共 8 章，27 个任务，在每个任务中，“任务要求”指出了学习需要达到的目的，“技能目标”介绍了学习要达到的具体要求，“相关知识”介绍了学习的具体内容，最后还给出思考与练习。第 1~3 章主要介绍了数控车床的基本知识、数控车削加工工艺、数控车床的操作与编程，并以华中数控 HNC-808DiT 数控系统为例，介绍了车床数控装置的编程指令；第 4~7 章主要介绍了数控铣床的基本知识、数控铣削加工工艺、数控铣床的操作与编程，并以华中数控 HNC-808DiM 系统为例，介绍了铣床数控装置的编程指令；第 8 章主要介绍了宏程序编程。

本书适合数控技术应用专业、机械制造及自动化专业、机电一体化专业与机械设计及制造专业学生和相关技术人员使用。

本书由高倩、刘德成、宋艳丽任主编，刘虎、刘江、丁多斌、李裕仁任副主编。

本书在编写过程中借鉴了国内外同行的相关资料文献，在此谨表示感谢。由于编者水平有限，书中难免存在纰漏和疏忽，恳请广大读者给予批评指正，以便在今后的重印或再版中改进和完善。

编　者

目　录

第1章

数控车床加工基础知识

数控技术是20世纪40年代后期发展起来的一种自动化加工技术，它综合了计算机、自动控制、电机、电气传动、测量、监控和机械制造等学科的内容。数控车床是用计算机数字化信号控制的车床，它将加工过程中所需的各种操作（如主轴变速、进刀与退刀、主轴起动与停止、选择刀具及供给切削液等），以及刀具与工件之间的相对位移量都用数字化的代码来表示，通过控制介质或数控面板等工具将数字信息送入专用或通用的计算机，由计算机对输入的信息进行处理与运算，并发出各种指令来控制机床的伺服系统或其他执行机构的运行，使机床自动加工出所需要的零件。

数控车床是国内使用量最大、覆盖面最广的一种数控机床，约占数控机床总数的25%。数控车床具有加工精度稳定性好、加工灵活、通用性强的特点，能适应多品种、小批量生产自动化的要求，特别适合加工形状复杂的轴类或盘类等回转体零件。

任务1-1　认识数控车床的结构及其特点

任务要求

说出数控车床的组成与各组成部分的作用，以及其各种结构数控车床的加工特点与加工范围。

技能目标

了解数控车床的组成及其特点，以及数控车床加工零件的类型。

相关知识

一、数控车床编程概述

数控车床主要用于加工轴类、盘类等回转体零件，如图1-1所示。通过数控加工程序的运行，数控车床可自动完成内外圆柱面、圆锥面、成形表面、螺纹和端面等工序的切削加工，并能进行车槽、钻孔、扩孔、铰孔等工作。

图 1-1　适合数控车床加工的零件

二、数控车床的布局

数控车床的主轴、尾座等部件相对床身的布局形式与普通的卧式车床基本一致，但刀架和床身导轨的布局形式却发生了根本性的变化。这是因为刀架和床身导轨的布局形式不仅影响数控车床的结构和外观，还直接影响数控车床的使用性能，如刀具和工件的装夹、切屑的清理，以及数控车床的防护和维修等。

数控车床床身导轨与水平面的相对位置有四种布局形式。

（1）水平床身（见图 1-2a）：水平床身的工艺性好，便于导轨面的加工。水平床身配上水平放置的刀架可提高刀架的运动精度。但水平刀架增加了数控车床宽度方向的结构尺寸，且床身下部排屑空间小，排屑困难。

（2）水平床身斜刀架（见图 1-2b）：水平床身配上倾斜放置的刀架滑板。这种布局形式的床身工艺性好，数控车床宽度方向的尺寸也较水平配置滑板的小，且排屑方便。

（3）斜床身（见图 1-2c）：斜床身的导轨倾斜角度分别为 30°、45°、75°。它的结构和水平床身斜刀架的结构都具有排屑容易、操作方便、占地面积小、外形美观等优点，普遍用于中小型数控车床。

（4）立床身（见图 1-2d）：从排屑的角度来看，立床布局最好，切屑可以自由落下，不易损伤导轨面，导轨的维护与防护也较简单，但数控车床的精度不如上述三种布局形式的精度高，故运用较少。

三、数控车床的分类

数控车床种类繁多，按数控系统的功能和机械结构分，数控车床可分为简易数控车床（经济型数控车床）、多功能数控车床和数控车削中心。

（1）经济型数控车床：是低档数控车床，控制部分比较简单一般是用单板机或单片机进行控制，机械部分则是在普通车床的基础上改进设计的。

（2）多功能数控车床：也称全功能型数控车床，由专门的数控装置控制，具备数控车

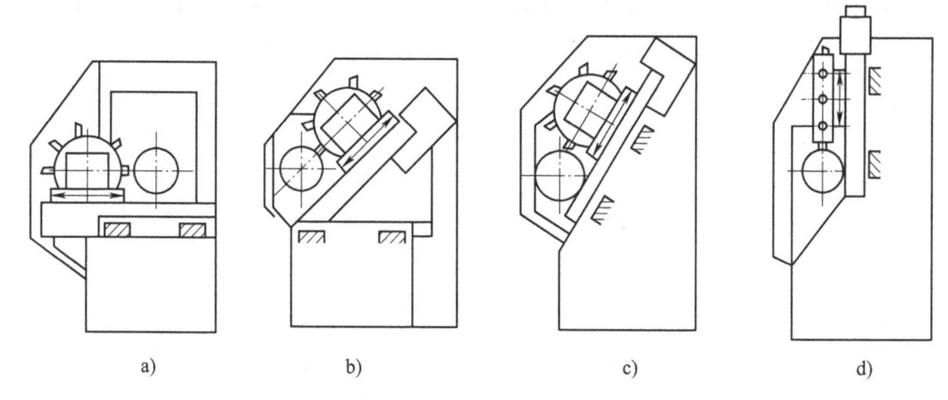

图 1-2　数控车床的布局形式

a）水平床身　b）水平床身斜刀架　c）斜床身　d）立床身

床的各种功能。

（3）数控车削中心：在数控车床的基础上增加了其他的附加坐标轴。

按结构和用途分，数控车床可分为立式数控车床、卧式数控车床和专用数控车床（如数控凸轮车床、数控曲轴车床、数控丝杠车床等）。

（1）立式数控车床：立式数控车床简称为数控车床，其主轴垂直于水平面，并有一个直径很大的圆形工作台，供装夹工件用。这类数控车床主要用于加工径向尺寸大、轴向尺寸相对较小的大型复杂零件。

（2）卧式数控车床：卧式数控车床又分为水平导轨卧式数控车床和倾斜导轨卧式数控车床。倾斜导轨结构可以使数控车床具有更大的刚度，并易于排除切屑。

四、数控车床的基本构成

数控车床的典型机械结构包括主轴传动机构、进给传动机构、刀架、床身、辅助装置（刀具自动交换机构、润滑与切削液装置、排屑装置、过载限位）等部分。

数控车床标牌中标明的车削直径是指主轴轴线（回转中心）到拖板导轨间距离的两倍；加工长度是指主轴卡盘到尾座顶尖间的最大装夹长度。

以 CK6140 数控车床为例，它是两轴联动的经济型数控车床。由于采用了开环控制系统，所以编程简单，加工操作方便。它适合轴、盘、套类及锥面、圆弧和球面加工，加工稳定，精度较高，适合中小批量生产。

CK6140 中符号的含义如下。

C 表示机床通用代号：车床类。

K 表示机床通用性代号：数控。

6 表示组代号：落地及卧式车床。

1 表示系代号：卧式车床。

40 表示机床主参数最大回转直径为 400mm。

数控车床的刀架结构有前置和后置两种，如图 1-3 和图 1-4 所示。图 1-3 所示的前置刀架的结构一般为转塔式。前置刀架结构简单，但装刀数目较少，操作者观察切削情况和测量工件较为困难。图 1-4 所示为常见的功能较为先进的后置式转塔刀架。后置刀架便于操作者观察工件和测量工件，但直径方向的切削范围受到一定限制。

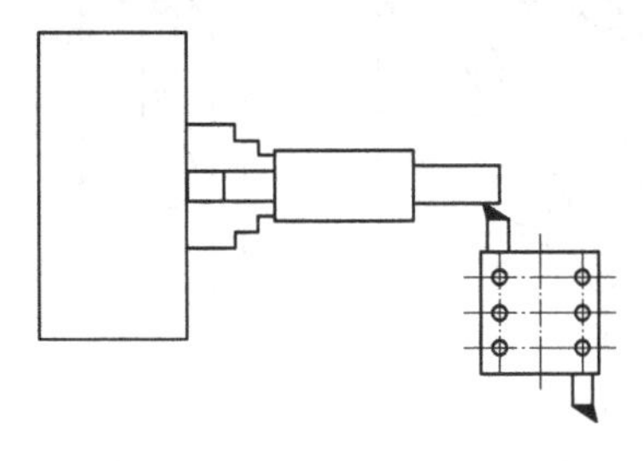

图 1-3　刀架前置的数控车床

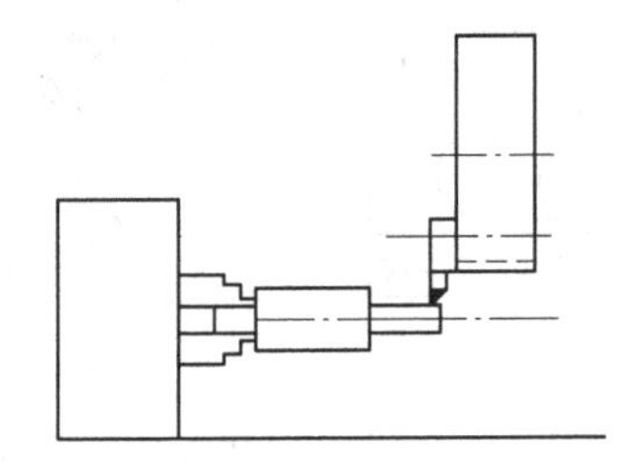

图 1-4　刀架后置的数控车床

刀架作为数控车床的重要部件之一，决定了数控车床的整体布局和工作性能。有转塔式刀架和直线排列式刀架两种形式，常见的卧式数控车床多为转塔式刀架。

五、数控车削加工的主要对象

数控车削是数控加工中应用得最多的加工方法之一。由于数控车床具有加工精度高，能进行直线加工和圆弧加工（高档数控车床还能进行非圆曲线加工），以及在加工过程中能自动变速等特点，因此其工艺范围较普通车床宽得多。针对数控车床的特点，下列几种零件最适合使用数控车床进行车削加工。

1. 轮廓形状特别复杂或难以控制尺寸的回转体零件

由于数控车床具有直线和圆弧加工功能，部分车床数控装置还具有某些非圆曲线加工功能，所以可以车削由任意直线和平面曲线组成的形状复杂的回转体零件，以及难以控制尺寸的零件。组成零件轮廓的曲线可以是数学公式描述的曲线，也可以是列表曲线。对于由直线或圆弧组成的轮廓，可直接利用数控车床的直线或圆弧插补功能；对于由非圆曲线组成的轮廓，可以利用数控车床的非圆曲线插补功能，若数控装置没有非圆曲线插补功能，则应先用直线或圆弧去逼近，再用直线或圆弧插补功能进行插补切削。

2. 精度要求高的回转体零件

零件的精度要求主要指尺寸、形状、位置和表面等精度要求，其中的表面精度主要指表面粗糙度。例如：尺寸精度高（达 0.001mm 或更小）的零件，圆柱度要求高的圆柱体零件，素线直线度、圆度和倾斜度均要求高的圆锥体零件，线轮廓度要求高的零件（其轮廓形状精度可超过用数控线切割机床加工的样板精度）。在特种精密数控车床上，可加工出几何轮廓精度极高（达 0.0001mm）、表面粗糙度值极小（Ra 达 0.02μm）的超精零件（如复印机中的回转鼓及激光打印机上的多面反射体等），通过恒线速度切削功能加工表面精度要求高的各种变径表面类零件等。

3. 带特殊螺纹的回转体零件

普通车床所能车削的螺纹种类相当有限，它只能车等导程的直、锥面的米、寸制螺纹，而且一台车床只能限定加工若干种导程的螺纹。数控车床不但能车削任何等导程的直、锥和端面螺纹，而且能车增导程、减导程和要求等导程与变导程之间平滑过渡的螺纹，甚至还可以车高精度的模数螺旋零件（如圆柱、圆弧蜗杆）和端面螺旋零件等。数控车床可以配备精密螺纹切削功能，再加上一般采用硬质合金成形刀具且使用较高的转速，所以车削出来的螺纹精度高，表面粗糙度值小。

任务实施

根据上述内容，指出数控加工车间现场中数控车床的组成部分及各组成部分的作用，观察各种结构的数控车床的加工特点与加工范围。

思考与练习

（1）简述各类数控车床结构的形式与特点。

（2）说说前置刀架与后置刀架的特点。

任务 1-2　熟练使用数控车床的常用工具

任务要求

（1）正确将直径 10mm 的毛坯安装在数控车床的自定心卡盘上。

（2）安装三把刀具在刀架上，分别为外圆车刀、切槽刀与螺纹刀。

技能目标

能熟练安装工件与刀具，熟练使用常用工具、夹具及量具。

相关知识

一、数控车床常用夹具

1. 自定心卡盘

自定心卡盘利用均布在卡盘体上的三个活动卡爪的径向移动，将工件夹紧并定位，如图 1-5 所示。自定心卡盘装夹方便，定心精度高，夹持工件时一般不需要找正，适于装夹轴类、盘套类零件。

2. 单动卡盘

单动卡盘由一个盘体、四个丝杠和一副卡爪组成，如图 1-6 所示。工作时用四个丝杠分别带动四爪，因此常见的单动卡盘没有自动定心的作用，但可以通过调整四爪的位置来达到定心效果，安装工件时需要找正。单动卡盘夹紧力大，适合装夹毛坯及截面形状不规则和不对称的工件。

3. 花盘

花盘与其他数控车床附件（螺栓、压板等）一起使用，适用于需要定位夹紧的工件。

花盘连接于主轴，其右端为一垂直于主轴轴线的大平面，平面上有若干条径向 T 形槽，以便用螺栓、压板等将工件压紧。根据工件的结构特征和加工部位的需要，有时还需使用弯板（有两个互相垂直平面的角铁），工件装夹在弯板上，弯板固定在花盘上，如

图 1-7 所示。

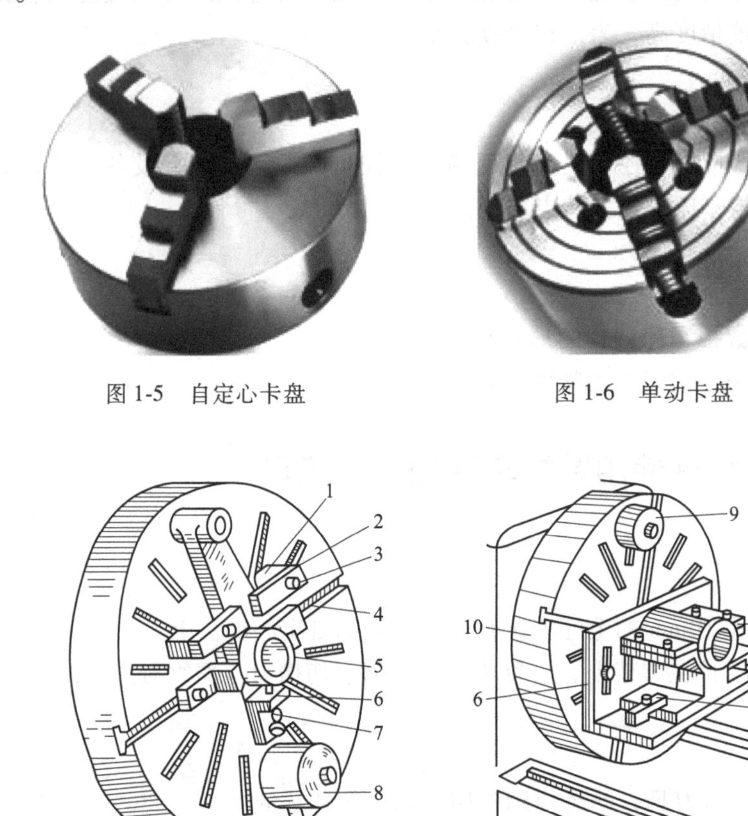

图 1-5　自定心卡盘　　　　图 1-6　单动卡盘

图 1-7　用花盘装夹工件

a）花盘上装夹工作　b）花盘与弯板配合装夹工作

1—垫铁　2—压板　3—压板螺栓　4—T 形槽　5—工件　6—弯板

7—可调螺栓　8—螺栓　9—配重块　10—花盘

用花盘装夹工件比较麻烦，需要找正和平衡。花盘主要用于装夹其他方法不便装夹的形状不规则的工件，通常这类工件都有一个较大的平面，可用作在花盘上确定位置时的基准面，且在本道加工工序中被加工表面（外圆或孔）的轴线对该平面有较严格的垂直度（或平行度，此时应使用弯板）位置要求。此外，一些径向刚度较差及不能承受较大夹紧力的工件，也可使用花盘装夹。

4. 心轴

常用的心轴有圆柱心轴、圆锥心轴和花键心轴。圆柱心轴主要用于套筒和盘类零件的装夹。

二、通用夹具装夹工件

1. 在自定心卡盘上装夹

自定心卡盘的三个卡爪是同步运动的，能自动定心，一般不需要找正。自定心卡盘装夹工件方便、省时，自动定心好，但夹紧力较小，所以适用于装夹外形规整的中、小型工件。自定心卡盘装夹有正爪或反爪两种形式。反爪用于装夹直径较大的工件。另外，用自定心卡盘装夹精加工过的表面时，被夹住的工件表面应包一层铜皮，以免夹伤工件表面。

2. 在两顶尖之间装夹

对于长度尺寸较大或加工工序较多的轴类工件，为保证每次装夹时的装夹精度，可用顶尖装夹。两顶尖装夹工件方便，不需要找正，装夹精度高，但须先在工件的两端面钻出中心孔。该装夹方法适用于多道工序加工或精加工，如图 1-8 所示。

用两顶尖装夹工件时需注意的事项如下：

（1）前后顶尖连线应与车床主轴轴线同轴，否则车出的工件会产生锥度误差。

（2）尾座套筒在不影响车刀切削的前提下，应尽量伸出得短些，这样可以增加刚度、减少振动。

（3）中心孔形状应正确，表面粗糙度值小。轴向精确定位时中心孔倒角可加工成准确的圆弧形倒角，并以该圆弧形倒角与顶尖锋面的切线为轴向定位基准定位。

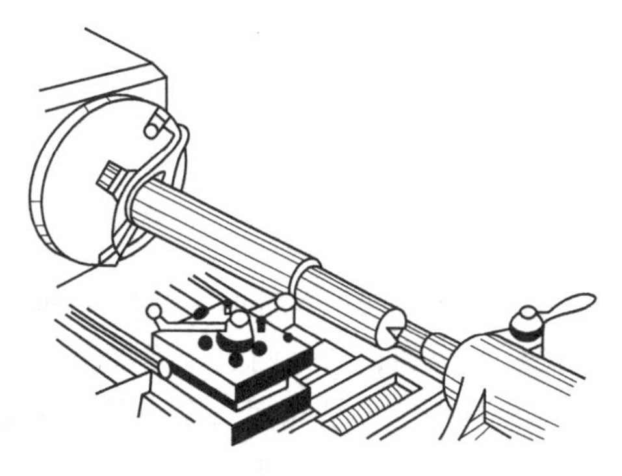

图 1-8　两顶尖之间装夹工件

（4）两顶尖与中心孔的配合应松紧合适。

3. 用卡盘和顶尖装夹

用两顶尖装夹工件，虽然精度高，但刚度较差。因此车削质量较大的工件时，一端用卡盘夹住，另一端用顶尖支承，或利用工件的台阶面限位。这种方法比较安全，能承受较大的轴向切削力，安装刚度好，轴向定位准确，所以应用比较广泛，如图 1-9 所示。

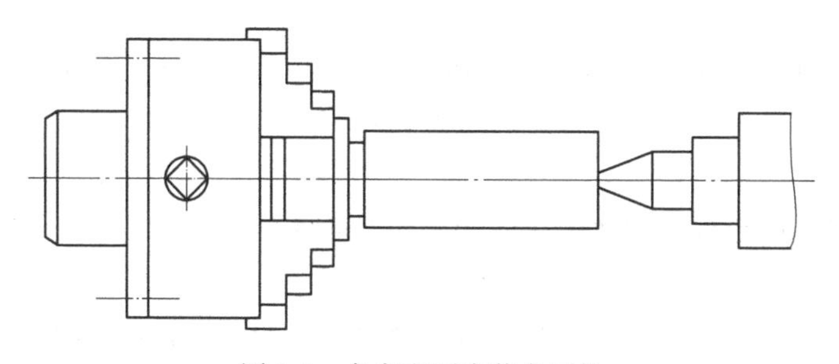

图 1-9　卡盘和顶尖装夹工件

4. 用双自定心卡盘装夹

对于精度要求高、变形要求小的细长轴类零件，可采用双主轴数控车床加工，车床两主轴轴线同轴、转动同步，零件两端同时分别由自定心卡盘装夹并带动旋转，这样可以减少切削加工时因切削力引起的工件扭转变形。

三、常用车刀种类及其选择

（一）数控车床常用车刀

数控车床常用车刀一般分尖形车刀、圆弧形车刀和成形车刀三类。

1. 尖形车刀

尖形车刀是以直线形切削刃为特征的车刀。这类车刀的刀尖（同时也为其刀位点）由直线形的主、副切削刃构成，如90°内外圆车刀、左右端面车刀、切断（车槽）车刀及刀尖倒棱很小的各种外圆和内孔车刀，如图1-10a所示。

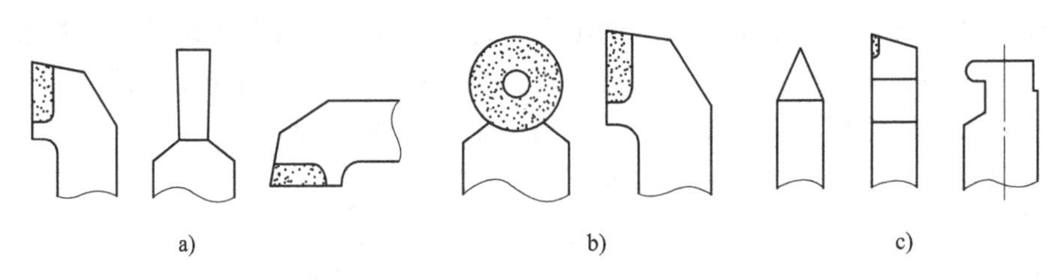

图1-10 常用车刀的种类

a）尖形车刀 b）圆弧形车刀 c）成形车刀

用这类车刀加工零件时，其零件的轮廓形状主要由一个独立的刀尖或一条直线形主切削刃位移后得到，与另两类车刀加工时所得到零件轮廓形状的原理是截然不同的。尖形车刀几何参数（主要是几何角度）的选择方法与普通车削基本相同，但应结合数控加工的特点（如加工路线、加工干涉等），进行全面考虑，并应兼顾刀尖本身的强度。

2. 圆弧形车刀

圆弧形车刀是以一圆度误差或线轮廓误差很小的圆弧形切削刃为特征的车刀，如图1-10b所示。该类车刀圆弧刃上每一点都是车刀的刀尖，因此，刀位点不在圆弧上，而在该圆弧的圆心上。

当某些尖形车刀或成形车刀（如螺纹车刀）的刀尖具有一定的圆弧形状时，也可作为这类车刀使用。

圆弧形车刀可以用于车削内外表面，特别适合于车削各种光滑连接（凹形）的成形面。选择车刀圆弧半径时应考虑两点：一是车刀切削刃的圆弧半径应小于或等于零件凹形轮廓上的最小曲率半径，以免发生加工干涉；二是该半径不宜太小，否则不但制造困难，加工时还会因刀具强度太低或刀体散热能力差而导致车刀损坏。

3. 成形车刀

成形车刀俗称样板车刀，其加工零件的轮廓形状完全由车刀切削刃的形状和尺寸决定。数控车削加工中，常见的成形车刀有小半径圆弧车刀、非矩形槽车刀和螺纹车刀等，如图1-10c所示。在数控加工中，应尽量少用或不用成形车刀，当确有必要选用时，则应在工艺准备文件或加工程序单上进行详细说明。

图1-11所示为常用车刀的种类、形状和用途。

（二）机夹可转位车刀

目前，数控车床上大多使用系列化、标准化刀具，所以可转位机夹外圆车刀、端面车刀等的刀柄和刀头都标注有国家标准及系列化型号。

对所选择的刀具，在使用前都需对刀具尺寸进行严格的测量，以获得精确数据，并由操作者将这些数据输入数控装置，经程序调用而完成加工过程，从而加工出合格零件。为了减少换刀时间和方便对刀，便于实现机械加工的标准化，数控车削加工时，应尽量采用

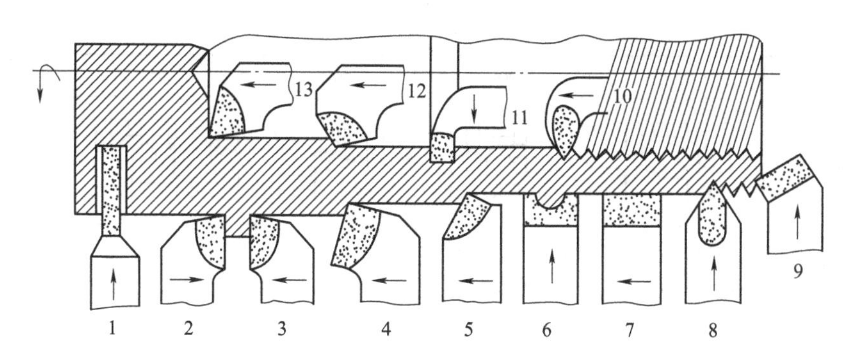

图 1-11 常用车刀的种类、形状和用途

1—切断刀 2—90°左偏刀 3—90°右偏刀 4—弯头车刀 5—直头车刀 6—成形车刀 7—宽刃精车刀 8—外螺纹车刀 9—端面车刀 10—内螺纹车刀 11—内槽车刀 12—通孔车刀 13—不通孔车刀

机夹刀和机夹刀片。数控车床常用的机夹可转位车刀的结构如图 1-12 所示。

1. 刀片材质

常见的刀片材质有高速钢、硬质合金、涂层硬质合金、陶瓷、立方氮化硼和金刚石等，其中应用最多的是硬质合金和涂层硬质合金刀片。选择刀片材质主要依据被加工工件的材料、被加工表面的精度、表面质量要求、切削载荷的大小及切削过程有无冲击和振动等。

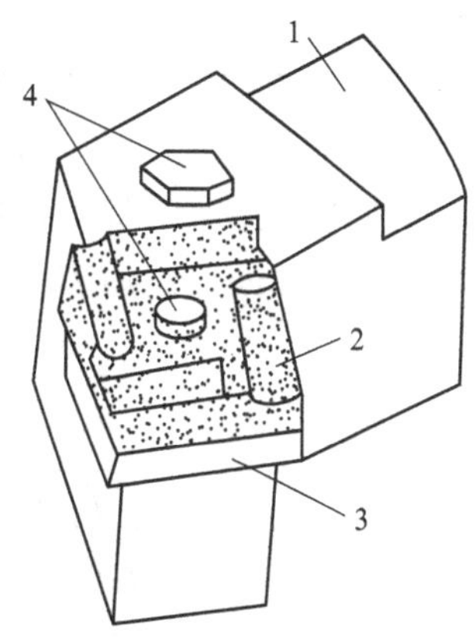

图 1-12 机夹可转位车刀的结构

1—刀杆 2—刀片 3—刀垫 4—夹紧元件

2. 刀片尺寸

刀片尺寸的大小取决于必要的有效切削刃长度 L。有效切削刃长度与背吃刀量 a_p 和车刀的主偏角 κ_r 有关，使用时可查阅有关刀具手册。

3. 刀片形状

刀片形状的选择主要取决于被加工工件的表面形状、切削方法、刀具寿命和刀片的转位次数等因素。被加工表面形状及适用的刀片可参考表 1-1 选择，表中刀片型号组成见国家标准 GB/T 2076—2021《切削刀具可转位刀片 型号表示规则》，大致可分为带圆孔、带沉孔及无孔三大类。形状有三角形、正方形、五边形、六边形、圆形及菱形等共 17 种。

表 1-1 被加工表面与适用的刀片形状

	主偏角	45°	45°	60°	75°	95°
车削外圆表面	刀片形状及加工示意图	45°	45°	60°	75°	95°
	推荐选用刀片	SCMA SPMR、SCMM、SNMM-8、SPUN SNMM-9	SCMA、SPMR、SCMM、SNMG、SPUN、SPGR	TCMA TNMM-8、TCMM、TPUN	SCMM、SPUM、SCMA、SPMR、SNMA	CCMA、CCMM、CNMM-7

（续）

车削端面	主偏角	75°	90°	90°	95°	
	刀片形状及加工示意图	75°	90°	90°	95°	—
	推荐选用刀片	SCMA、SPMR、SCMM、SPUR、SPUN、CNMG	TNUN、TNMA、TCMA、TPUM、TCMM、TPMR	CCMA	TPUN、TPMR	—
车削成形面	主偏角	15°	45°	60°	90°	93°
	刀片形状及加工示意图	15°	45°	60°	90°	—
	推荐选用刀片	RCMM	RNNG	TNMM-8	TNMG	TNMA

常见可转位车刀刀片形状及角度如图 1-13 所示。

特别需要注意的是：在加工凹形轮廓表面时，若主、副偏角选得太小，则会导致加工时刀具主后刀面、副后刀面与工件发生干涉。因此，必要时可作图检验。

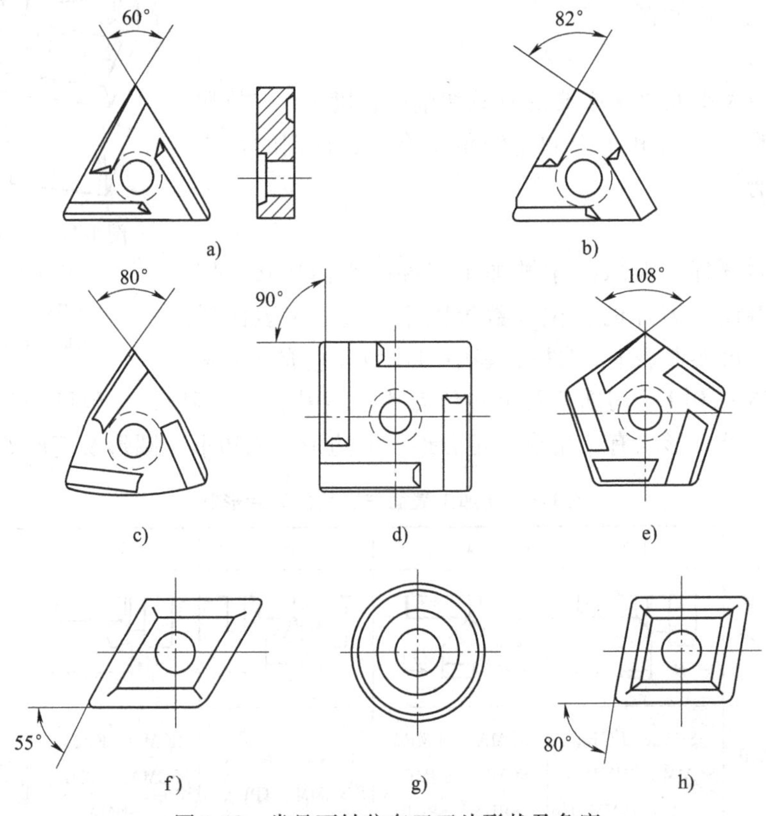

图 1-13　常见可转位车刀刀片形状及角度

a）T 型　b）F 型　c）W 型　d）S 型　e）P 型　f）D 型　g）R 型　h）C 型

四、数控车床常用量具

1. 游标卡尺

游标卡尺是一种比较精密的通用量具，如图1-14所示，可以直接测量工件的内径、外径、宽度、长度、厚度及深度等。它的读数精确度有0.1mm、0.5mm、0.02mm三种，测量范围有0~125mm、0~200mm、0~300mm三种。

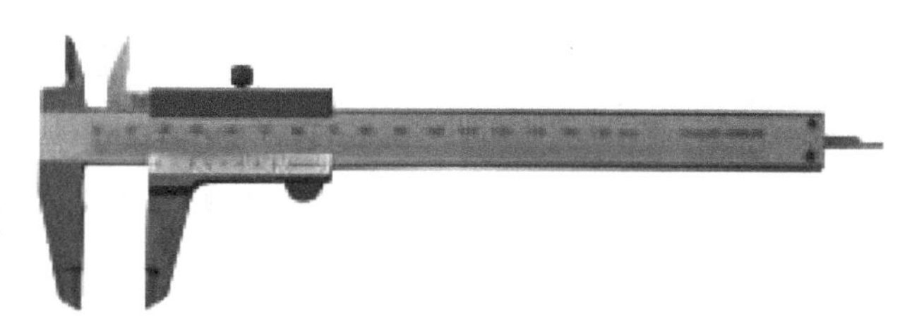

图1-14　普通游标卡尺

图1-15所示为带表游标卡尺和数显游标卡尺，在普通游标卡尺的基础上增加了表盘、数字显示后，就是现在常见的带表游标卡尺和数显游标卡尺。带表游标卡尺的使用较普通游标卡尺更加简单、方便、准确，读数上，先看游标端线超出尺身刻度的整数，再看表盘上的指示数（最小刻度一般是0.02mm），两者相加即是测得的尺寸。要注意，为了便于观察，表盘对零时，游标端线特意做成超出尺身刻度一点。另外，带表游标卡尺可以通过转动表盘对零来进行校正。每次使用时应注意清理卡尺测量面，把尺推到两个测量面贴合状态后，调整表盘到对零位置。数显游标卡尺直接读取显示的数字，注意应在数字跳动稳定后再确认。

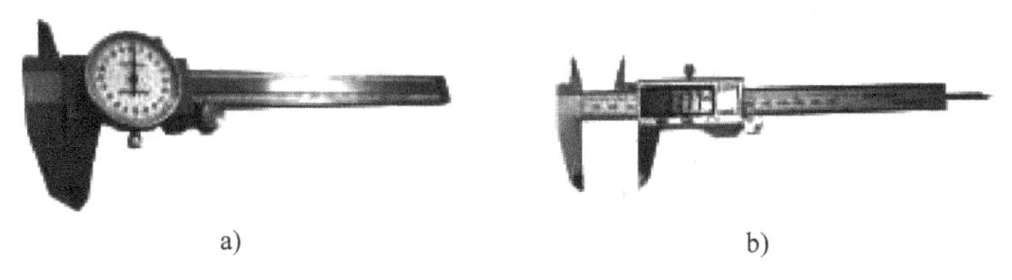

a)　　　　b)

图1-15　游标卡尺

a）带表游标卡尺　b）数显游标卡尺

2. 百分表

百分表是一种指示式量具，主要用于校正工件的安装位置，一般与磁性表座配合使用，检验零件的形状和相互垂直位置的精度。百分表的表盘上刻有100格刻度，大指针转过一格，相当于测量头向上或向下移动0.01mm，大指针转动一周，小指针转动一格，相当于测杆移动1mm。在使用中常用磁性表座来固定百分表的位置。

3. 其他量具

千分尺又称螺旋测微器，如图1-16a所示，它的精密螺纹的螺距是0.5mm，可动刻度有50个等分刻度，可动刻度旋转一周，测微螺杆可前进或后退0.5mm，因此旋转每一个小分度，相当于测微螺杆前进或后退0.5mm/50=0.01mm。可见，可动刻度每一小分度表示0.01mm，所以螺旋测微器的精度可准确到0.01mm。由于还能再估读一位，可读到毫米的千分位，故称千分尺。

游标深度卡尺用于测量工件上的沟槽和孔的深度，如图1-16b所示。游标高度卡尺用

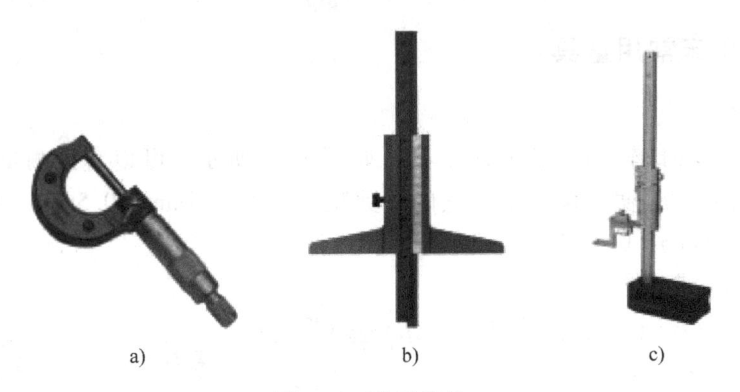

a)　　b)　　c)

图 1-16　常用量具

a）千分尺　b）游标深度卡尺　c）游标高度卡尺

于测量工件的高度及画线，如图 1-16c 所示。

除上述常用量具外，还有内径千分尺、杠杆卡规、千分表、内径百分表、螺纹环规、螺纹塞规、钢直尺等，都是在机械加工零件检测中常用的量具，所以需要通过实际操作，熟练使用这些量具。

任务实施

1. 安装工件

（1）松开卡盘到适当位置，清理卡爪处的切屑和脏物。

（2）右手拿住工件的一端，将工件另一端放入自定心卡盘的适当位置，左手使用卡盘扳手轻锁住卡盘。

（3）测量工件伸出长度，并微调到合适的位置。

（4）确认位置后，将卡盘锁紧。

2. 车刀的安装方法

（1）清理要安装车刀的刀杆及垫片。

（2）松开刀架固定螺钉，清理刀架固定处的切屑和脏物。

（3）按照安装要求，将车刀平放在刀架固定处。

（4）通过垫片调整刀具的刀尖等高于主轴的回转中心。

（5）锁紧固定螺钉，直到车刀被压紧并且不能左右移动为止。

注意事项如下：

（1）将刀杆安装在刀架上时，应保证刀杆方向正确。

（2）安装刀具时，需注意使刀尖等高于主轴的回转中心。

（3）车刀不能伸出刀架太长，应尽可能伸出得短些。

（4）装车刀用的垫片要平整，尽可能地用厚垫片以减少片数，一般只用 2~3 片。

思考与练习

（1）数控车床常用的刀具类型有哪些？分别有什么用途？

（2）安装工件与车刀时需要注意些什么？

任务 1-3　典型数控车削零件加工工艺分析

任务要求

图 1-17 所示为轴承套零件图，毛坯尺寸为 ϕ80mm×110mm，零件材料为 45 钢，分析其数控车削加工工艺（单件小批量生产），所用车床为 CJK6140。

技能目标

（1）通过本任务的学习，能制订简单零件的数控加工工艺。

（2）根据零件特点选用合适的刀具，掌握不同刀具的使用方法。

（3）根据零件的精度要求，设计合理的加工路径，选择相应的切削参数。

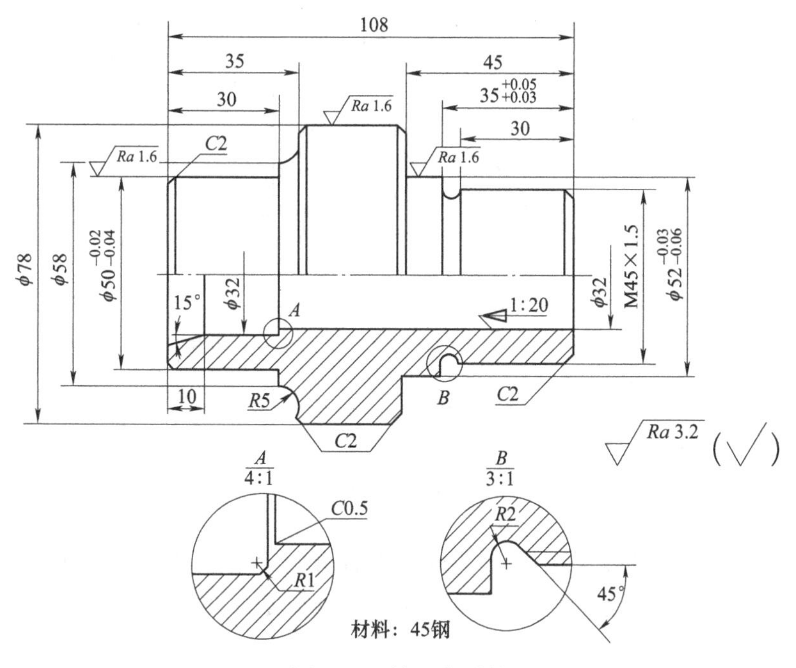

图 1-17　轴承套零件

相关知识

一、数控车削加工工艺分析

工艺分析是数控车削加工的前期工艺准备工作。工艺制订得合理与否，对程序编制、车床的加工效率和零件的加工精度都有重要影响。因此，应遵循一般的工艺原则并结合数控车床的特点，认真而详细地制订零件的数控车削加工工艺。其主要内容有，分析零件图样，确定工件在车床上的装夹方式、各表面的加工顺序和刀具的进给路径，以及刀具、夹具和切削用量的选择等。

（一）数控车削加工零件的工艺性分析

1. 零件图分析

零件图分析是制订数控车削工艺的首要工作，主要包括以下内容。

（1）尺寸标注方法分析：零件图上尺寸标注方法应适应数控车床加工的特点，如图 1-18 所示，应以同一基准标注尺寸或直接给出坐标尺寸。这种标注方法既便于编程，又有利于设计基准、工艺基准、测量基准和编程原点的统一。

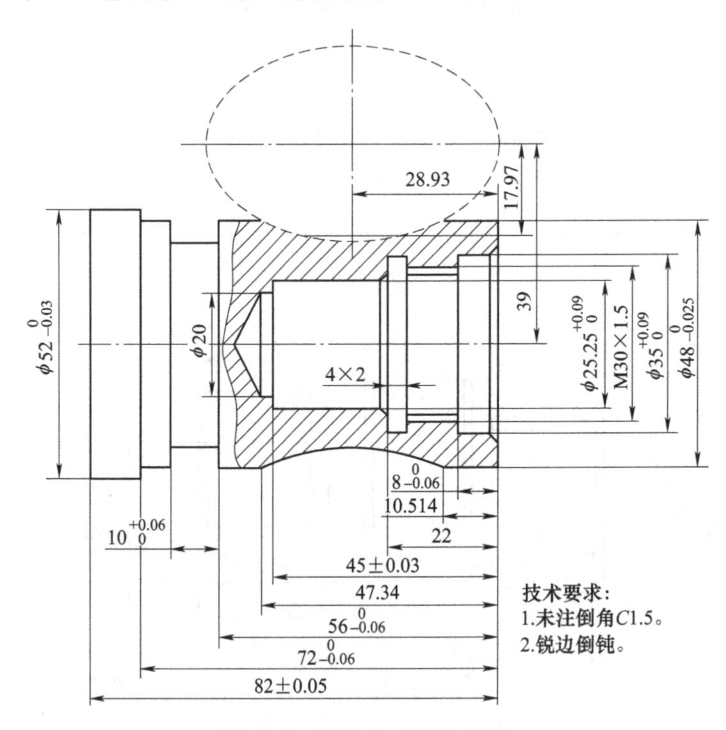

图 1-18　零件尺寸标注分析

（2）轮廓几何要素分析：在手工编程时，要计算每个节点坐标；在自动编程时，要对构成零件轮廓的所有几何元素进行定义。因此，在分析零件图时，要分析几何元素的给定条件是否充分。

在图 1-19 所示的几何要素中，根据图示尺寸计算，圆弧与斜线相交而并非相切。而在如图 1-20 所示的几何要素中，图样上给定的几何条件自相矛盾，总长不等于各段长度之和。

（3）精度及技术要求分析：对被加工零件的精度及技术要求进行分析，是零件工艺性分析的重要内容。只有在分析零件尺寸精度和表面粗糙度的基础上，才能正确合理地选择加工方法、装夹方式、刀具及切削用量等。精度及技术要求分析的主要内容如下。

1）分析精度及各项技术要求是否齐全，是否合理。

2）分析本道工序的数控车削加工精度能否达到图样要求，若达不到，需采取其他措施（如磨削）弥补，故应给后续工序留有余量。

3）找出图样上有位置精度要求的表面，这些表面应在一次装夹后完成加工。

4）对表面质量要求较高的表面，应用恒线速切削。

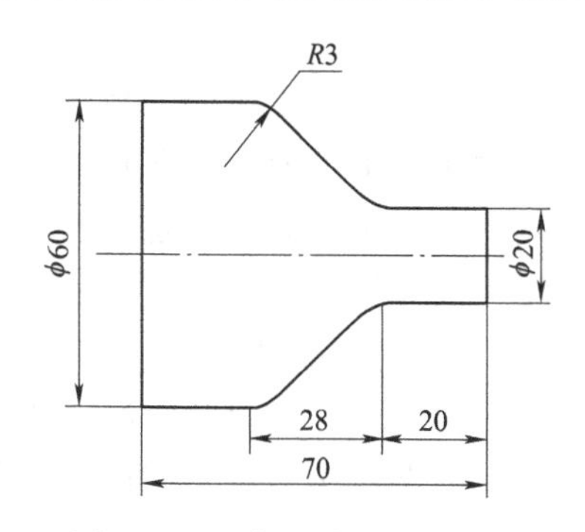

图 1-19　几何要素缺陷示例 1

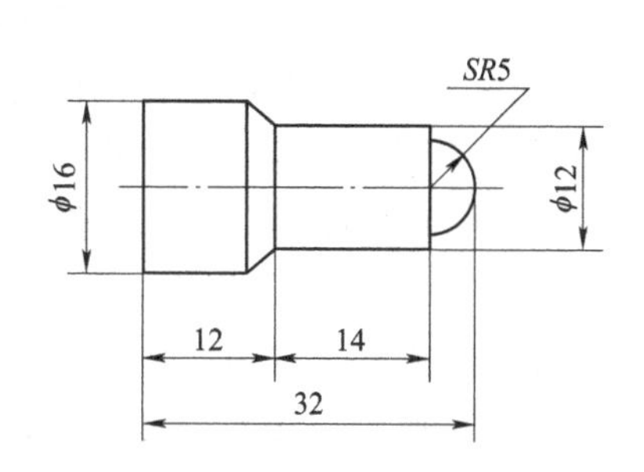

图 1-20　几何要素缺陷示例 2

2. 结构工艺性分析

零件的结构工艺性是指零件对加工方法的适应性，即所设计的零件结构应便于加工。在数控车床上加工零件时，应根据数控车削的特点，认真审视零件结构的合理性。例如图 1-21a 所示零件，需用 3 把不同宽度的切槽刀切槽，如无特殊需要，显然是不合理的，若改成图 1-21b 所示结构，只需 1 把刀即可切出 3 个槽。这样既减少了刀具数量，少占了刀架刀位，又节省了换刀时间。在结构分析时，若发现问题，应向设计人员或有关部门提出修改意见。

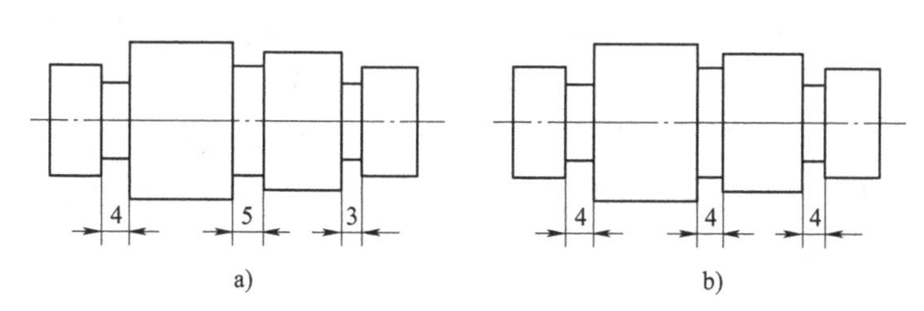

图 1-21　结构工艺性示例

3. 工件安装方式的选择

在数控车床上工件的安装方式与普通车床的一样，要合理选择定位基准和夹紧方案。主要注意以下两点。

（1）力求设计、工艺与编程计算的基准统一，这样有利于提高编程时数值计算的简便性和精确性。

（2）尽量减少装夹次数，尽可能在一次装夹后，加工出全部的待加工面。

（二）数控车削加工工艺路线的拟定

由于生产规模的差异，同一零件的车削工艺方案是不同的，应根据具体条件，选择经济、合理的车削工艺方案。

1. 加工方法的选择

数控车床可完成内外回转体表面的车削、钻孔、镗孔、铰孔和加工螺纹等加工操作，具体选择时应根据零件的加工精度、表面粗糙度、材料、结构形状、尺寸及生产类型等因素，选用相应的加工方法和加工方案。

2. 加工工序的划分

在数控车床上加工零件时，工序可以比较集中，一次装夹应尽可能完成全部工序。与普通车床加工相比，加工工序划分有其自己的特点。常用的工序划分原则有以下两种。

（1）保持精度原则：数控加工要求工序应尽可能集中，通常粗、精加工在一次装夹下完成；为减少热变形和切削力变形对工件的几何精度、尺寸精度和表面质量的影响，应将粗、精加工分开进行；对轴类或盘类零件，通过将待加工面先粗加工，留少量余量精加工，以保证表面质量要求；对轴上有孔、螺纹的工件，应先加工表面，后加工孔、螺纹。

（2）提高生产率原则：在数控加工中，为减少换刀次数，节省换刀时间，应将需用同一把刀加工的加工部位全部完成后，再换另一把刀来加工其他部位。应尽量减少空行程，当用同一把刀加工工件的多个部位时，应以最短的路线到达各加工部位。

实际生产中，数控加工工序的划分要根据具体零件的结构特点、技术要求等情况综合考虑。

3. 加工路径的确定

在数控加工中，刀具（严格说是刀位点）相对于工件的运动轨迹和方向称为加工路径，即刀具从对刀点开始运动起，直至结束加工程序所经过的路径，包括切削加工的路径及刀具引入、返回等非切削空行程。加工路径的确定应首先保证被加工零件的尺寸精度和表面质量，其次再考虑数值计算简单、走刀路径尽量短、效率较高等。

因精加工的进给路径基本上都是沿其零件轮廓顺序进行的，因此确定进给路径的工作重点是确定粗加工及空行程的进给路径。下面举例分析数控车削加工零件时常用的加工路径。

（1）车圆锥的加工路径分析：在数控车床上车外圆锥时，可以分为车正锥和车倒锥两种情况，而每一种情况又有两种加工路径。图 1-22 所示为车正锥的两种加工路径。按图 1-22a 车正锥时，需要计算终刀距 S。假设圆锥大径为 D，小径为 d，锥长为 L，背吃刀量为 a_p，则由相似三角形可得

$$\frac{D-d}{2L}=\frac{a_p}{S} \tag{1-1}$$

则 $S=2La_p/(D-d)$，按此种加工路径，刀具切削运动的距离较短。

当按图 1-22b 的走刀路径车正锥时，则不需要计算终刀距 S，只要确定背吃刀量 a_p，即可车出圆锥轮廓，并且编程方便。但在每次切削中，背吃刀量是变化的，而且切削运动的路径较长。

图 1-23 所示为车倒锥的两种加工路径，分别与图 1-22 所示相对应，其车锥原理与正锥相同。

（2）车圆弧的加工路径分析：应用 G02 或 G03 指令车圆弧，若用一刀就把圆弧加工出来，则背吃刀量太大，容易打刀。所以，在实际切削时，需要多刀加工，先将大部分余量切除，最后才车得所需圆弧。

图 1-24 所示为车圆弧的车圆法加工路径，即用不同半径圆来车削，最后将所需圆弧加工出来。此方法在确定了每次背吃刀量后，对 90° 圆弧的起点、终点坐标较易确定。图 1-24a 所示的加工路径较短，图 1-24b 所示的加工空行程时间较长。此方法数值计算简

单，编程方便，经常采用，适用于较复杂的圆弧。

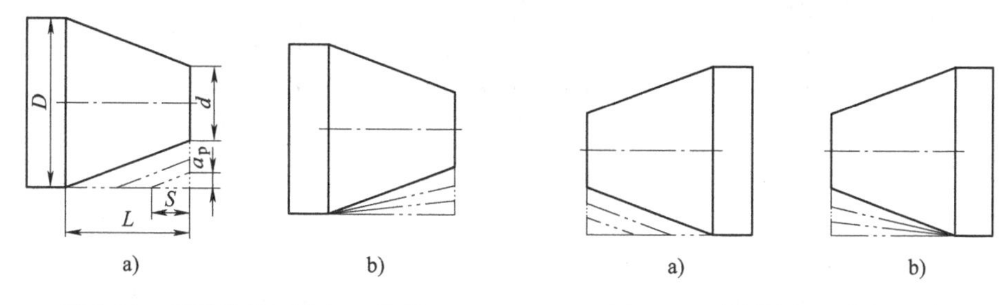

图 1-22　车正锥的两种加工路径　　图 1-23　车倒锥的两种加工路径

图 1-25 所示为车圆弧的车锥法加工路径，即先车一个圆锥，再车圆弧。但要注意车锥时的起点和终点的确定。若确定不好，则可能损坏圆弧表面，也可能将余量留得过大。确定方法是连接 OB 交圆弧于 D，过 D 点作圆弧的切线 AC。由几何关系得

$$BD = OB - OD = \sqrt{2}R - R \approx 0.414R \tag{1-2}$$

车圆弧的车锥法此为车锥时的最大切削余量，即车锥时，加工路径应避免超过 AC 线。由 BD 与 $\triangle ABC$ 的关系，可得

$$AB = CB = \sqrt{2}BD \approx 0.586R \tag{1-3}$$

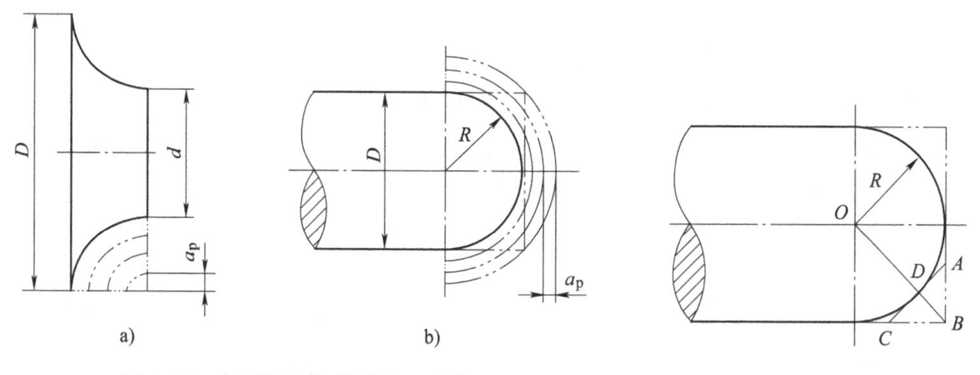

图 1-24　车圆弧的车圆法加工路径　　图 1-25　车圆弧的车锥法加工路径

这样可以确定车锥时的起点和终点。当 R 不太大时，可取 $AB = CB = 0.5R$，此方法数值计算较繁，但其刀具切削路径较短。

（3）轮廓粗车加工路径分析：加工路径最短，可有效提高生产率，降低刀具损耗。安排最短加工路径时，应同时兼顾工件的刚度和加工工艺性等要求，不要顾此失彼。

图 1-26 所示为 3 种不同的轮廓粗车切削进给加工路径。其中，图 1-26a 表示利用数控装置具有的封闭式复合循环功能控制车刀沿着工件轮廓线进行加工的路径，图 1-26b 所示为三角形循环进给加工路径，图 1-26c 所示为矩形循环进给加工路径，其路径总长最短，因此在同等切削条件下的切削时间最短，刀具损耗最少。

（4）加工螺纹时的轴向进给距离分析：在数控车床上加工螺纹时，由于沿螺距方向的 Z 向进给应与车床主轴的旋转保持严格的速比关系，因此应避免在进给机构加速或减速的

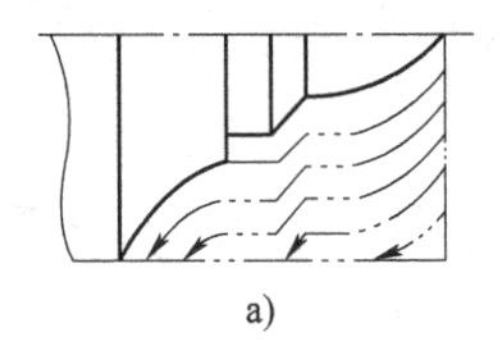
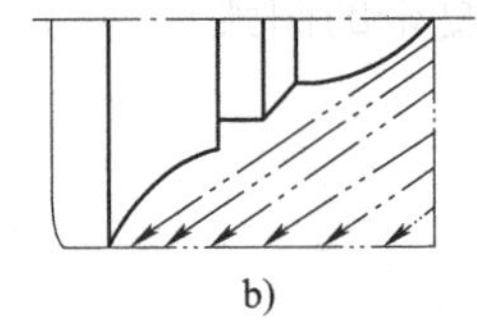
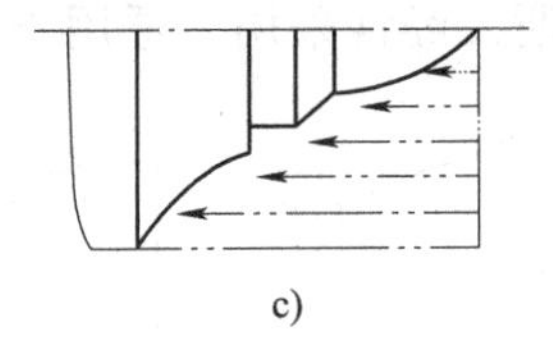

图 1-26　粗车切削进给加工路径

过程中切削。为此要有引入距离 δ_1 和超越距离 δ_2，如图 1-27 所示。δ_1 和 δ_2 的数值与车床拖动系统的动态特性、螺纹的螺距和精度有关。一般 δ_1 为 2～5mm，对大螺距和高精度的螺纹取大值，δ_2 一般为 1～2mm。这样在加工螺纹时，能保证在升速后使刀具接触工件，刀具离开工件后再降速。

（5）确定退刀路径：数控车床在加工过程中，为了提高加工效率，刀具从起点或换刀点运动到接近工件部位及加工完成后退回起始点或换刀点是以 G00 方式（快速）运动的。

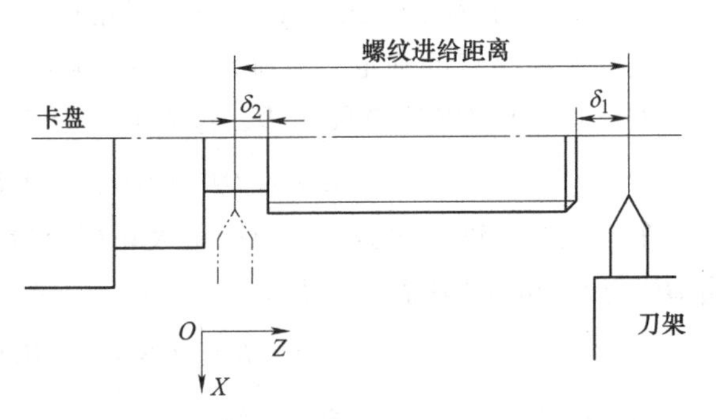

图 1-27　切削螺纹时引入距离、超越距离

根据刀具加工零件部位的不同，退刀的路径确定方式也不同。车床数控装置提供以下三种退刀方式。

1）斜线退刀方式：斜线退刀方式路径最短，适用于加工外圆表面的偏刀退刀，如图 1-28 所示。

2）径—轴向退刀方式：这种退刀方式是刀具先径向垂直退刀，到达指定位置时再轴向退刀，如图 1-29 所示。切槽即采用此种退刀方法。

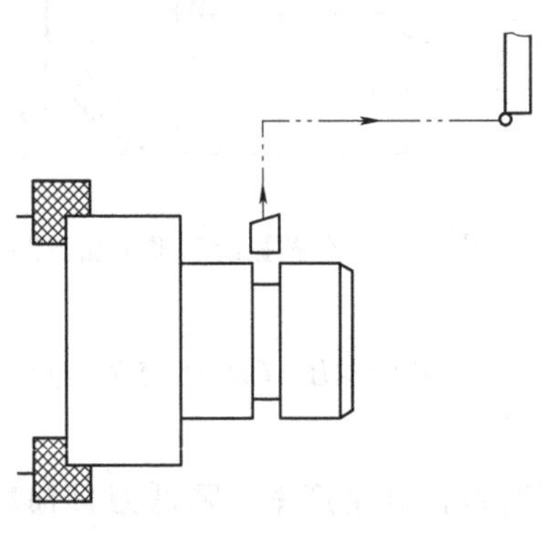

图 1-28　斜线退刀方式

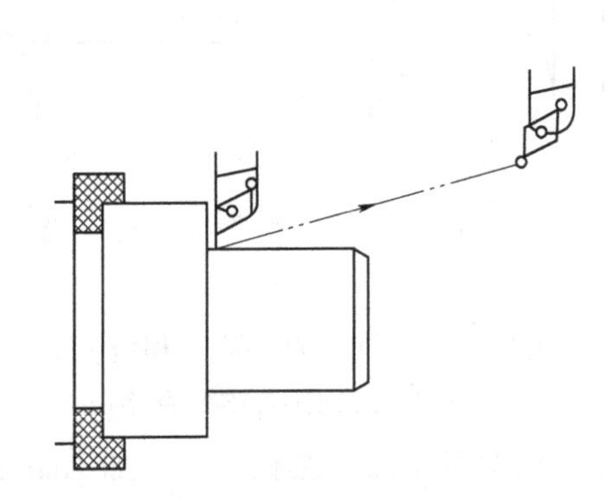

图 1-29　径—轴向退刀方式

3）轴—径向退刀方式：轴—径向退刀方式的顺序与径—轴向退刀方式恰好相反，如图 1-30 所示。镗孔即采用此种退刀方式。

4. 数控车削加工顺序的安排

零件数控车削加工的顺序一般遵循下列原则。

（1）先粗后精：按照粗车→半精车→精车的顺序进行，逐步提高加工精度。粗车将在较短的时间内将工件表面上的大部分加工余量（图 1-31 中的双点画线内所示部分）切掉，一方面提高了金属切除率，另一方面满足了精车的余量均匀性要求。若粗车后所留余量的均匀性满足不了精加工的要求时，则要安排半精车，为精车做准备。精车要保证加工精度，按图样尺寸一刀切出零件轮廓。

（2）先近后远：在一般情况下，离对刀点近的部位先加工，离对刀点远的部位后加工，以缩短刀具移动距离，减少空行程时间，如图 1-32 所示。对数控车削而言，先近后远还有利于保持坯件或半成品的刚度，改善其切削条件。

例如加工图 1-31 所示零件，当第一刀吃刀量未超限时，应该按 $\phi34 \rightarrow \phi36 \rightarrow \phi38$ 的次序先近后远地安排车削顺序。

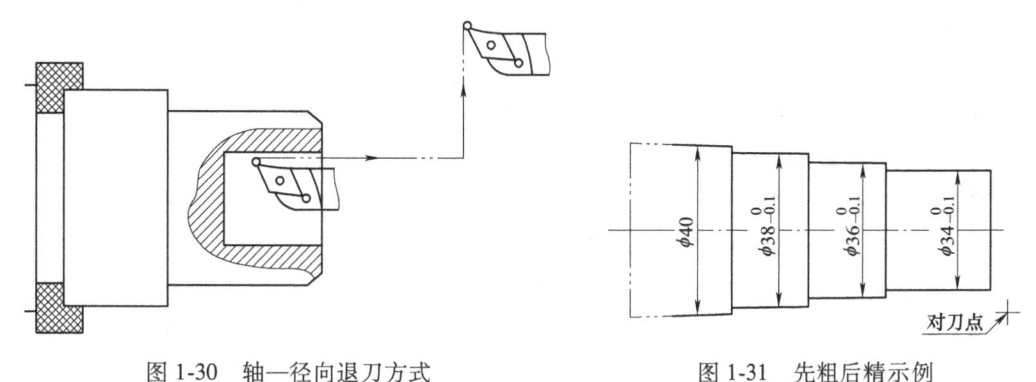

图 1-30　轴—径向退刀方式　　　图 1-31　先粗后精示例

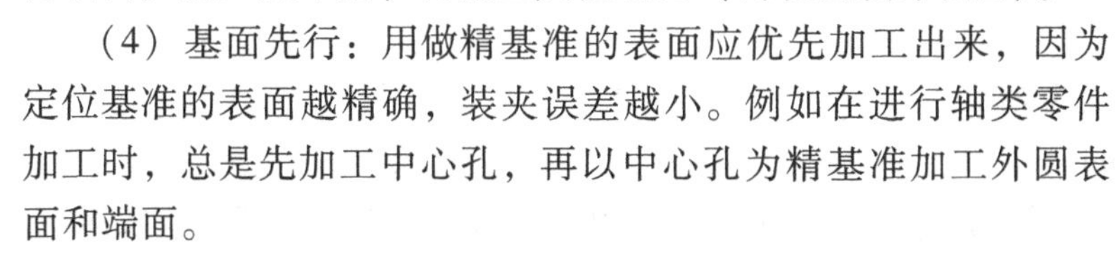

（3）内外交叉：对既有内表面（内型腔），又有外表面加工需求的零件，在安排加工顺序时，应先进行内外表面粗加工，后进行内外表面精加工，切不可将零件上部分表面（外表面或内表面）加工完毕后，再加工其他表面（内表面或外表面）。

（4）基面先行：用做精基准的表面应优先加工出来，因为定位基准的表面越精确，装夹误差越小。例如在进行轴类零件加工时，总是先加工中心孔，再以中心孔为精基准加工外圆表面和端面。

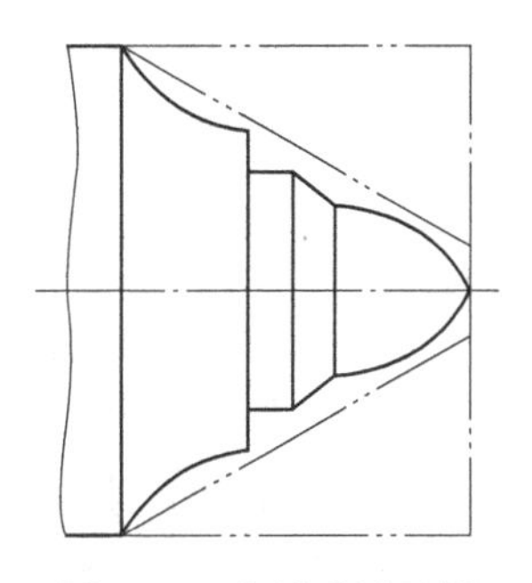

图 1-32　先近后远示例

（三）数控车削加工工序的设计

1. 夹具的选择

数控车床主要用于加工工件的内外圆柱面、圆锥面、回转成形面、螺纹及端平面等，这些表面都是绕数控车床主轴的旋转轴心而形成的。根据这一加工特点和夹具在数控车床上安装的位置，数控车床夹具分为两种基本类型：一类是安装在数控车床主轴上的夹具，这类夹具和数控车床主轴相连接并带动工件一起随主轴旋转，除了各种卡盘（三爪、四爪）、顶尖等通用夹具或其他车床附件外，往往根据加工的需要设计出各种心轴或其他专用夹具；另一类是安装在滑板或床身上的夹具，对于某些形状不规则和尺寸较大的工件，常把夹具安装在数控车床滑板上，刀具则安装在数控车床主轴上做旋转运动，夹具做进给运动。

2. 切削用量的确定

编写数控加工程序时，编程人员必须确定每道工序的切削用量，并写入程序中。切削用量包括主轴转速、背吃刀量及进给速度等。对于不同的加工方法，需要选用不同的切削用量。切削用量的选择原则是，保证零件加工精度和表面质量，充分发挥刀具的切削性能，保证合理的刀具寿命，充分发挥数控车床的性能，最大限度地提高生产率、降低成本。

（1）主轴转速 n 的确定：车削加工主轴转速 n 应根据允许的切削速度和工件直径 d 来选择，按 $n=1000v_c/(\pi d)$ 计算。切削速度 v_c 由刀具寿命决定，计算时可参考《切削用量手册》选取。

数控车床加工螺纹时，因其传动链的改变，原则上其转速只要能保证主轴每转一周时，刀具沿主进给轴（多为 Z 轴）方向位移一个螺距即可。但数控车床在加工螺纹时，会受到以下几方面因素的影响。

1）螺纹加工程序段中指令的螺距值相当于以进给量表示的进给速度。如果将车床的主轴转速选择得过高，其换算后的进给速度则必定大大超过正常值。

2）刀具在位移过程时，其始（终）都将受到伺服驱动单元升（降）频率和数控装置插补运算速度的约束，由于升（降）频特性满足不了加工需要，故可能因主进给运动产生出的超前和滞后，而导致部分螺牙的螺距不符合要求。

3）车削螺纹必须通过主轴的同步运行功能来实现，即车削螺纹需要有主轴脉冲发生器（即编码器）。当其主轴转速选择过高，通过编码器发出的定位脉冲（即主轴每转一周时所发出的一个基准脉冲信号）将可能因过冲，（特别是当编码器的质量不稳定时）而导致工件螺纹产生乱纹（俗称烂牙）。

鉴于上述原因，不同的数控车床车螺纹时推荐不同的主轴转速范围。大多数经济型数控车床推荐车螺纹时的主轴转速为

$$n \leqslant \frac{1200}{P} - k \tag{1-4}$$

式中 P——被加工螺纹螺距（mm）；

k——保险系数，一般为80；

n——主轴转速（r/min）。

（2）进给速度的确定：进给速度 v_f 是数控车床切削用量中的重要参数，其值直接影响表面粗糙度和切削效率。进给速度主要根据零件的加工精度和表面质量要求及刀具、工件的材料性质选取。最大进给速度受车床速度和进给系统的性能限制。确定进给速度的原则如下。

1）当工件的质量要求能够得到保证时，为提高生产率，可选择较高的进给速度。一般在100~200mm/min范围内选取。

2）在切断、加工深孔或用高速钢刀具加工时，宜选择较低的进给速度，一般在20~50mm/min范围内选取。

3）当加工精度、表面质量要求较高时，进给速度应选小些，一般在20~50mm/min范围内选取。

4）当刀具空行程时，特别是远距离回零时，可以设定为该车床数控装置的最高进给速度。

（3）背吃刀量 a_p 的确定：背吃刀量根据数控车床、工件和刀具的刚度来决定，在刚度允许的条件下，应尽可能使背吃刀量等于工件的加工余量，这样可以减少走刀次数，提高生产率。为了保证加工表面质量，可留少许精加工余量，一般为 0.2~0.5mm。

注意：按照上述方法确定的切削用量进行加工，工件表面的加工质量未必十分理想。因此，切削用量的具体数值还应根据数控车床性能、相关的手册，并结合实际经验用模拟方法确定，使主轴转速、背吃刀量及进给速度三者能相互适应，以形成最佳的切削用量。

二、数控车削加工中的装刀与对刀技术

装刀与对刀是数控车床加工中极其重要并十分棘手的一项基本工作。对刀将直接影响加工程序的编制及零件的尺寸精度。通过对刀或刀具预调，还可同时测定其各号刀的刀位偏差，有利于设定刀具补偿量。

（一）车刀的安装

在实际切削中，车刀安装的高低，车刀刀杆轴线是否垂直，对车刀角度有很大影响。以车削外圆（或横车）为例，当车刀刀尖高于工件轴线时，因其车削平面与基面的位置发生了变化，会使前角增大，后角减小，反之，则前角减小，后角增大。车刀安装得歪斜，对主偏角、副偏角影响较大，特别是在车螺纹时，会使牙型半角产生误差。因此，正确地安装车刀，是保证加工质量、减小刀具磨损、提高刀具寿命的重要步骤。

（二）刀位点

刀位点是指编写数控加工程序时，用以表示刀具特征的点，也是对刀和加工的基准点。各类车刀的刀位点如图 1-33 所示。

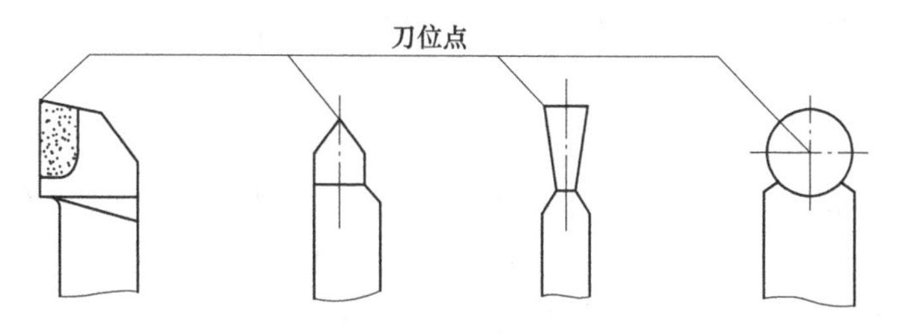

图 1-33　车刀的刀位点

（三）对刀

在执行加工程序前，调整每把刀的刀位点，使其尽量重合于某一理想基准点，这一过程称为对刀。理想基准点可以设在基准刀的刀尖上，也可以设定在对刀仪的定位中心，如光学对刀镜内的十字刻线交点。

对刀一般分为手动对刀和自动对刀两大类。目前，绝大多数的数控车床采用手动对刀，其基本方法有定位对刀法、光学对刀法、ATC 对刀法和试切对刀法。在前三种手动对刀方法中，均可能会受到手动和目测等多种误差的影响，对刀精度十分有限，故往往通过试切对刀，以得到更加准确和可靠的结果。

（四）换刀点位置的确定

换刀点是指在编制加工中心、数控车床等多刀加工的各种数控机床的加工程序时，相

对于机床固定原点而设置的一个自动换刀或换工作台的位置。换刀的位置可设定在程序原点、机床固定原点或浮动原点上，其具体的位置应根据工序内容而定。

为了防止在换（转）刀时碰撞到被加工零件或夹具，除特殊情况外，其换刀点都设置在被加工零件的外面，并留有一定的安全区。

任务实施

典型数控车削零件加工工艺分析（见图 1-17）

1. 零件图工艺分析

零件表面由内外圆柱面、内圆锥面、顺圆弧、逆圆弧及外螺纹等表面组成。其中，多个直径尺寸与轴向尺寸有较高的尺寸精度和表面质量要求。零件图尺寸标注完整，符合数控加工尺寸标注要求，轮廓描述清楚完整，零件材料为 45 钢，切削加工性能较好，无热处理和硬度要求。

通过上述分析，采取以下几点工艺措施。

（1）零件图上带公差的尺寸：因公差值较小，故编程时不必取其平均值，而取基本尺寸即可。

（2）左右端面均为多个尺寸的设计基准：相应工序加工前，应先将左右端面车出来。

（3）内孔尺寸较小：镗 1∶20 锥孔与镗 ϕ32 孔及 15°斜面时须调头装夹。

2. 确定装夹方案

内孔加工时以外圆定位，用自定心卡盘夹紧。加工外轮廓时，为保证一次安装加工出全部外轮廓，需要设计一圆锥心轴装置（如图 1-34 双点画线部分），用自定心卡盘夹持在心轴左端，心轴右端留有中心孔并用尾座顶尖顶紧，以提高工艺系统的刚度。

3. 确定加工顺序及走刀路径

加工顺序的确定按由内到外、由粗到精、由近到远的原则确定，在一次装夹中应尽可能加工出较多的工件表面。结合本零件的结构特征，可先加工内孔各表面，然后加工外轮廓表面。由于该零件为单件小批量生产，走刀路径设计不必考虑最短进给路径或最短空行程路径，外轮廓表面车削走刀路径可沿零件轮廓顺序进行，如图 1-35 所示。

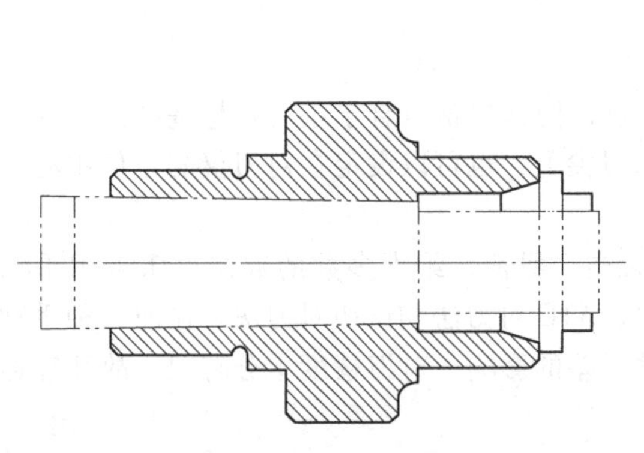

图 1-34　外轮廓车削装夹方案

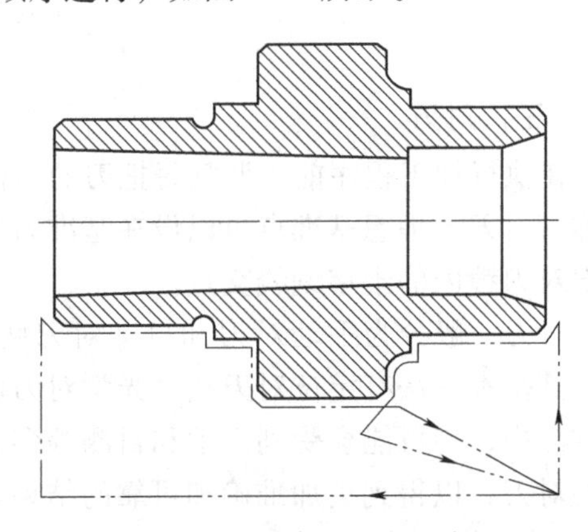

图 1-35　外轮廓加工走刀路径

4. 刀具选择

将所选定的刀具参数填入表 1-2 中，以便于编程和操作管理。注意：车削外轮廓时，为防止副后刀面与工件表面发生干涉，应选择较大的副偏角，必要时可作图检验。本例中$k_r'=55°$。

表 1-2　轴承套数控加工刀具卡片

产品名称或代号		×××	零件名称	轴承套	零件图号	×××
序号	刀具号	刀具规格名称	数量	加工表面	刀尖半径/mm	备注
1	T01	45°硬质合金端面车刀	1	车端面	0.5	25×25
2	T02	5mm 中心钻	1	钻 ϕ5mm 中心孔	—	—
3	T03	ϕ6mm 钻头	1	钻底孔	—	—
4	T04	镗刀	1	镗内孔各表面	0.4	20×20
5	T05	93°右手偏刀	1	自右至左车外表面	0.2	25×25
6	T06	93°左手偏刀	1	自左至右车外表面	0.2	25×25
7	T07	60°外螺纹车刀	1	车 M45 螺纹	0.1	25×25
编制	×××	审核　×××	批准	×××　年　月　日	共　页	第　页

注：备注栏表示不标准刀杆的截面尺寸（单位为 mm）。

5. 切削用量选择

根据零件表面质量要求、刀具材料和工件材料，参考《切削用量手册》或有关资料选取切削速度与每转进给量，计算主轴转速与进给速度，并将计算结果填入表 1-3 中。

背吃刀量的选择因粗、精加工而有所不同。粗加工时，在工艺系统刚度和机床功率允许的情况下，应尽可能取较大的背吃刀量，以减少进给次数；精加工时，为保证零件表面质量的要求，背吃刀量一般取 0.1~0.4mm 较为合适。

6. 数控加工工艺卡片拟订

将前面分析的各项内容综合成表 1-3 所示的数控加工工艺卡片，该卡片是编制加工程序的主要依据和操作人员配合数控程序进行数控加工的指导性文件，主要内容包括工步顺序、工步内容、各工步所用的刀具及切削用量等。

表 1-3　轴承套数控加工工艺卡片

单位名称	×××	产品名称或代号		零件名称		零件图号	
		数控车工艺分析实例		轴承套		Lather-01	
工序号	程序编号	夹具名称		使用设备		车间	
001	LatherPrg-01	自定心卡盘和自制心轴		CJK6240		数控中心	
工步号	工步内容	刀具号	刀具规格/mm	主轴转速/(r/min)	进给速度/(mm/min)	背吃刀量/mm	备注
1	车端面	T01	25×25	320	—	0.1	手动
2	钻 ϕ5mm 中心孔	T02	ϕ5	950	—	2.5	手动
3	钻底孔	T03	ϕ26	200	—	13	手动
4	粗镗 ϕ32mm 内孔、15°斜面及 C5mm 倒角	T04	20×20	320	40	0.8	自动

（续）

工步号	工步内容	刀具号	刀具规格/mm	主轴转速/(r/min)	进给速度/(mm/min)	背吃刀量/mm	备注
5	精镗 ϕ32mm 内孔、15°斜面及 C5mm 倒角	T04	20×20	400	25	0.2	自动
6	调头装夹粗镗 1∶20 锥孔	T04	20×20	320	40	0.8	自动
7	精镗 1∶20 锥孔	T04	20×20	400	20	0.2	自动
8	心轴装夹，自右至左粗车外轮廓	T05	25×25	320	40	1	自动
9	自左至右粗车外轮廓	T06	25×25	320	40	1	自动
10	自右至左精车外轮廓	T05	25×25	400	20	0.1	自动
11	自左至右精车外轮廓	T06	25×25	400	20	0.1	自动
12	卸心轴改为自定心卡盘装夹，粗车 M45 螺纹	T07	25×25	320	480	0.4	自动
13	车 M45 螺纹	T07	25×25	320	480	0.1	自动
编制 ×××	审核 ×××		批准 ×××	年 月 日		共 页	第 页

思考与练习

以图 1-36 所示零件为例，认真分析图样及技术要求，编制该零件的数控加工工艺卡片，列出刀具卡片。

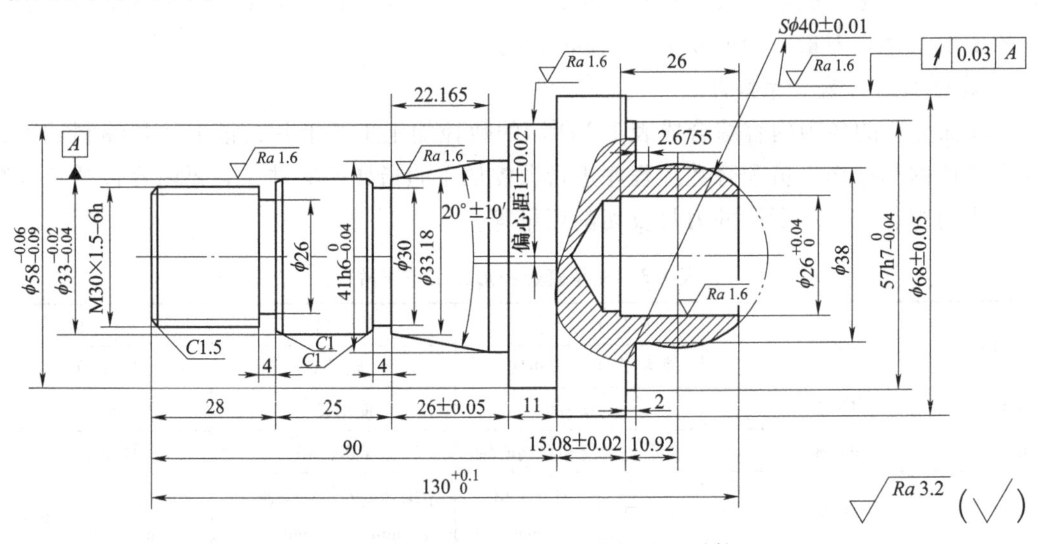

图 1-36 数控车床加工工艺分析练习零件

第2章

数控车床的操作与程序编制规则

任务2-1 数控车床的操作规范与维护及保养

任务要求

（1）学习数控车床的操作规范。

（2）根据数控车床维护保养的要求，完成数控车床日常维护及保养工作。

技能目标

掌握数控车床的操作规范及日常保养要求，为培养今后良好的工作习惯打好基础。

相关知识

一、数控车床操作规范

数控车床的自动化程度很高，为了充分发挥数控车床的优越性，提高生产率，管好、用好数控车床显得尤为重要。必须养成良好的文明生产习惯和严谨的工作作风，具有较好的职业素质、责任心和良好的合作精神。操作者应注意的事项如下。

1. 安全操作注意事项

（1）工作时请穿好工作服、安全鞋，戴好工作帽及防护镜，严禁戴手套操作数控车床。

（2）不要移动或损坏安装在数控车床上的警告标牌。

（3）不要在数控车床周围放置障碍物，工作空间应足够大。

（4）某一项工作如需要两人或多人共同完成时，应注意相互间协调一致。

（5）不允许用压缩空气清洗数控车床、电气柜及数控装置。

（6）任何人员违反上述规定或相应的规章制度，实习指导人员或设备管理员有权停止其使用、操作，并根据情节轻重，报相关部门处理。

2. 工作前的准备工作

（1）数控车床开始工作前要进行预热，认真检查润滑系统的工作是否正常，若数控车床长时间未开动，可先手动向各部分提供油润滑。

（2）使用的刀具应与数控车床允许的规格相符，有严重破损的刀具要及时更换。

（3）调整刀具时所用的工具不要遗忘在数控车床内。

（4）检查大尺寸轴类零件的中心孔是否合适，以免发生危险。

（5）刀具安装好后应进行一次或二次试切削。

（6）认真检查卡盘夹紧的工作状态。

（7）数控车床开动前，必须关好数控车床防护门。

3. 工作过程中的安全事项

（1）禁止用手接触刀尖和铁屑，铁屑必须要用铁钩子或毛刷来清理。

（2）禁止用手或其他任何方式接触正在旋转的主轴、工件或其他运动部位。

（3）禁止加工过程中测量工件和变速，更不能用棉丝擦拭工件，也不能清扫车床。

（4）车床运转中，操作者不得离开岗位，发现异常现象应立即停车。

（5）经常检查轴承温度，过高时应立即找有关人员进行检查。

（6）在加工过程中，不允许打开数控车床的防护门。

（7）严格遵守岗位责任制，数控车床由专人使用，未经同意不得擅自使用。

（8）工件伸出数控车床100mm以外时，须在伸出位置设防护物。

（9）禁止进行尝试性操作。

（10）手动原点回归时，注意数控车床各轴位置要距离原点-100mm以上，数控车床原点回归顺序为，首先+X轴，其次+Z轴。

（11）使用手轮或快速移动方式移动各轴位置时，一定要看清数控车床X轴、Z轴各方向“+”“-”号标志后再移动。移动时，先慢转手轮观察数控车床的移动方向，无误后方可加快移动速度。

（12）编完程序或将程序输入数控车床后，须先进行图形模拟，准确无误后再对数控车床进行试运行，并且刀具应离开工件端面200mm以上。

（13）程序运行时的注意事项如下。

1）对刀应准确无误，刀具补偿号应与程序调用刀具号符合。

2）检查数控车床各功能按钮的位置是否正确。

3）光标要放在主程序的开始处。

4）应加注适量切削液。

5）站立位置应合适，启动程序时，右手要时刻准备按停止按钮，在程序运行时，手不能离开停止按钮，如有紧急情况，应立即按下停止按钮。

（14）加工过程中认真观察切屑及冷却状况，确保数控车床、刀具的正常运行及工件的质量，关闭防护门以免铁屑、切削液飞出。

（15）在程序运行中需要暂停测量工件尺寸时，要待数控车床完全停止、主轴停转后方可进行测量，以免发生人身事故。

（16）未经许可禁止打开电器箱。

（17）各手动润滑点必须按说明书要求润滑。

4. 工作完成后的注意事项

（1）清除切屑、擦拭数控车床，使数控车床与环境保持清洁状态。

（2）注意检查或更换磨损坏了的数控车床导轨上的刮屑板和刮油板。

（3）检查润滑油、切削液的状态，并及时添加或更换。

（4）依次关掉数控车床操作面板上的电源和总电源。

二、数控车床日常维护及保养

对数控车床进行日常维护及保养是为了延长元器件的使用寿命，延长机械部件的磨损周期，对维护过程中发现的故障隐患应及时加以清除，避免停机待修，从而延长平均无故障时间，增加数控车床的开动率。表 2-1 所示为数控车床常规的定期维护保养项目。

表 2-1　数控车床常规的定期维护保养项目

维护保养周期	检查要求
日常维护保养	（1）清除围绕在工作台、底座等周围的切屑、灰尘及其他的外来物质 （2）清除数控车床表面上下的润滑油、切削液与切屑 （3）清洗导轨护盖、外露的极限开关及其周围 （4）检查油标、油量，及时添加润滑油，确保润滑泵能定时起动、打油及停止 （5）检查并确认空气过滤器的杯中积水已被完全排除干净 （6）检查所需的压力值是否达到正确值 （7）检查切削液容量，如有需要则添加补充 （8）检查管路有无漏油，如果发现漏油，应采取必要的对策
每月维护保养	（1）清理电气箱内部与数控装置，如果空气过滤器已脏，则及时清理或更换 （2）检查数控车床是否水平，检查其他地脚螺栓与固锁螺帽的松紧度并调节 （3）检查变频器与极限开关的功能是否正常 （4）清理主轴头润滑单元的油路过滤器 （5）检查配线是否牢固，有无松脱或中断的情形
半年维护保养	（1）清理数控装置中的电气控制单元与数控车床 （2）清洗丝杠上旧的润滑脂，涂上新润滑脂 （3）更换液压油及主轴头与工作台的润滑剂，在供应新的液压油或是润滑剂之前，先清理箱体内部 （4）清理所有的电动机 （5）检查电动机的轴承有无噪声，如果有异响，将其更换
不定期维护保养	（1）检查液面高度，切削液太脏时需要更换并清理水箱底部，需经常清洗过滤器 （2）经常清理切屑，检查排屑器有无卡住等情况 （3）检查各轴导轨上镶条、压滚轮松紧状态（按车床说明书调整） （4）调整主轴驱动带松紧度（按车床说明书调整）

三、数控系统日常维护及保养

数控系统使用一定时间以后，某些元器件或机械部件会老化、损坏。为延长元器件的寿命和零部件的磨损周期，应在以下几方面注意维护。

1. 定时清理数控装置的散热通风系统

散热通风口过滤网上灰尘积聚过多，会引起数控装置内温度过高（一般不允许超过

55℃)，致使数控系统装置不稳定，甚至发生过热报警。应每周或每月对空气过滤网进行清扫。另外，尽量少开数控柜和强电柜门，车间空气中一般都含有油雾、潮气和灰尘，一旦它们落在数控装置内的电路板或电子元器件上，便容易使元器件的绝缘性能变差，并导致元器件损坏。

2. 存储器电池的更换

在数控装置中，参数及用户加工程序都由存储器存储，并由电池来供电，因此经常检查电池的工作状态和及时更换电池非常重要。在一般情况下，即使电池尚未消耗完，也应每年更换一次，以确保数控装置能正常工作。应在数控装置通电的状态下更换电池。

3. 熔丝的熔断和更换

当数控装置内部的熔丝熔断时，应先查明其熔断的原因，经处理后，再更换相同型号的熔丝。

4. 经常监视数控装置电网电压

数控装置允许电网电压在额定值的±10%范围内波动。如果超过此范围就会造成数控系统不能正常工作，甚至引起数控装置内某些元器件损坏。为此，需要经常监视数控装置的电网电压。当电网电压质量差时，应要求加装电源稳压器。

5. 数控装置经常不用时的维护

数控装置若长期闲置，要经常给数控装置通电，并在数控车床锁住不动的情况下，让数控装置空运行。这样可以利用电器元件本身的发热来驱散数控装置内的潮气，保证电子部件性能稳定可靠。

四、维护保养时的注意事项

(1) 在维护保养与检查工作之前，应先按下紧急停止开关或关闭主电源。

(2) 为了使数控车床以最高效率运转，以及能够随时安全地操作，维护保养与检查工作必须持续不断地进行。

(3) 事先妥善规划维护保养与检查计划。

(4) 如果保养计划与生产计划抵触，也应安排执行。

(5) 不要用压缩空气来进行清理，这样会导致油污、切屑、灰尘或砂粒从细缝侵入精密轴承或堆积在导轨上面。

(6) 尽量少开电气控制柜门。加工车间飘浮的灰尘、油雾和金属粉末落在电气柜上容易造成元器件间绝缘性能变差，从而出现故障。因此，除了定期维护和维修外，平时应尽量少开电气控制柜门。

任务实施

根据数控车床的维护保养内容，对其做一次例行维护与养护。

思考与练习

操作数控车床时为什么不能戴手套?

任务 2-2　熟悉数控面板上各功能键的作用及其基本操作

任务要求

按照数控车床的操作规范，开动数控车床，了解数控车床的机床坐标系和工件坐标系的含义，进行“开机”“回零”“程序的编辑”“手动”“手轮”“自动运行”“MDI 运行”及“关机”等操作练习。

技能目标

掌握数控车床面板各功能键的功能与作用，并能正确操作数控车床。

相关知识

数控面板是数控系统的控制面板，不同数控系统的面板不同的，但数控面板的大多数功能是相同的。数控面板主要由显示器、手动数据输入键盘（MDI 键盘）及车床控制面板组成。HNC-808Di-TU 型数控车床数控面板如图 2-1 所示。

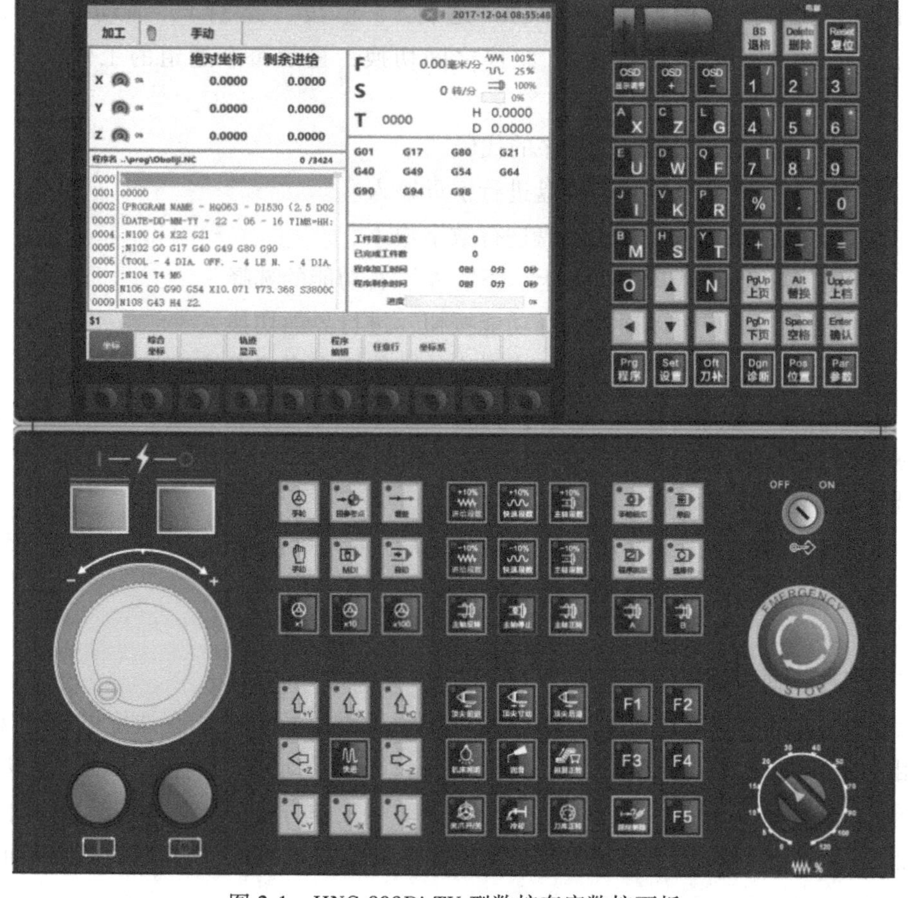

图 2-1　HNC-808Di-TU 型数控车床数控面板

1. 显示屏界面功能

显示屏界面功能如图 2-2 所示。

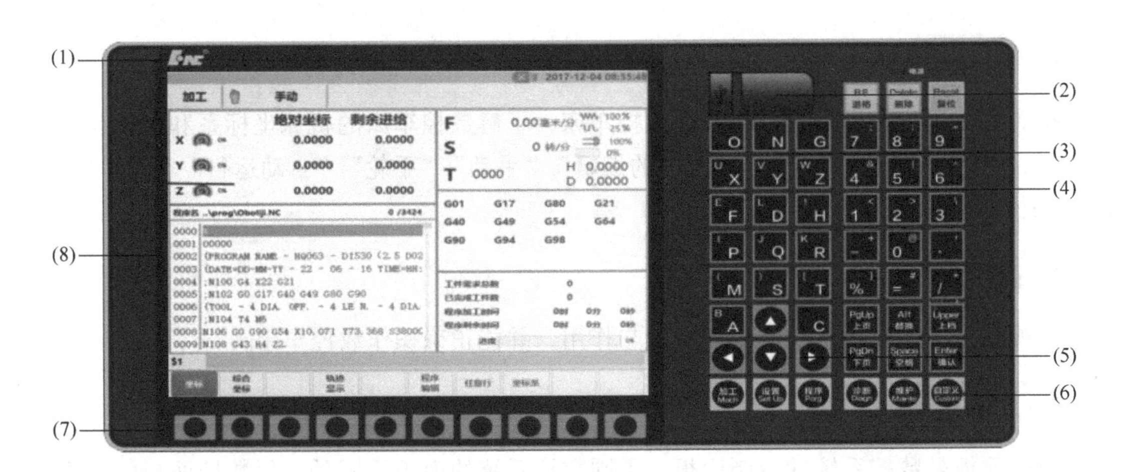

图 2-2　HNC-808Di-TU 型数控车床数控系统 LED 液晶显示屏界面功能

（1）标题：显示当前激活的主菜单按键，当前工位号。系统工作方式可根据数控车床控制面板上相应按键的状态在自动（运行）、单段（运行）、手动（运行）、增量（运行）、回零（又称回参考点）、急停之间切换，显示每个通道的工作状态“运行正常”。

（2）U 盘传输接口：传输加工程序的代码。

（3）字母键盘：用户可以单击键盘进行字母输入。

（4）数字键盘：用户可以单击键盘进行数字输入。

（5）选择按键：通过选择键进行上、下、左、右功能的选择。

（6）功能按钮：用户可以通过选择功能按钮，进行界面切换。

（7）菜单命令条：通过菜单命令条中对应的功能键来完成系统功能的操作。

（8）G 模态和加工时间（在“程序”主菜单下）：显示加工过程中的 G 模态，以及系统本次的加工时间。

2. 数控装置 NC 键盘功能

包括精简型 MDI 键盘、6 个功能区按键和 10 个主菜单按键，主要用于零件程序的编制、参数输入、MDI 及系统管理操作等，如图 2-3 所示。

3. 数控车床控制面板功能

数控车床控制面板如图 2-4 所示。

数控装置通过工作方式键，对操作数控车床的动作进行分类，在选定的工作方式下，只能做相应的操作，如在“手动”工作方式下，只能做手动移动数控车床轴、手动换刀等工作，不能做连续自动的工件加工，同样在“自动”工作方式下，只能连续自动加工工件或模拟加工工件，不能做手动移动数控车床轴、手动换刀等工作，数控车床控制面板功能见表 2-2。

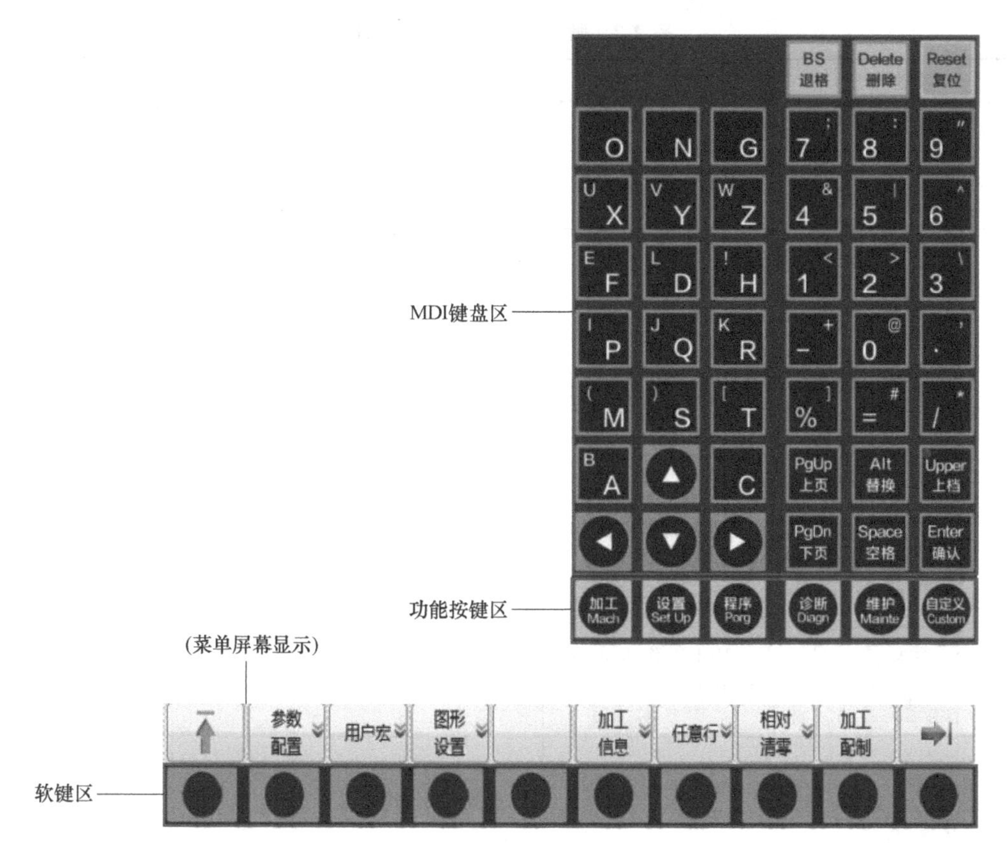

图 2-3　数控装置 NC 键盘

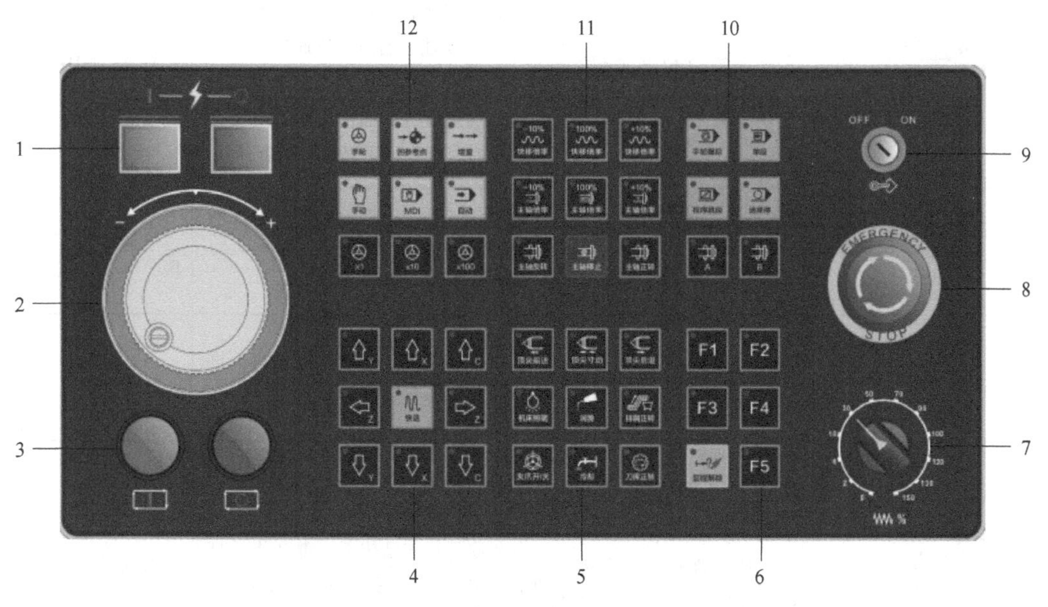

图 2-4　数控车床控制面板

1—电源通断开关　2—手摇脉冲发生器　3—循环启动/进给保持　4—进给轴移动控制按键区
5—数控车床控制按键区　6—数控车床控制扩展按键区　7—进给速度修调波段开关　8—急停按键
9—编辑锁开/关　10—运行控制按键区　11—速度倍率控制按键区　12—工作方式选择按键区

表 2-2　数控车床控制面板功能

按键	名称/符号	功能说明	有效时工作方式
手轮	手轮工作方式键/【手轮】	选择手轮工作方式	手轮
回参考点	回零工作方式键/【回零】	选择回零工作方式键	回零
增量	增量工作方式键/【增量】	选择增量工作方式	增量
手动	手动工作方式键/【手动】	选择手动工作方式	手动
MDI	MDI 工作方式键/【MDI】	选择 MDI 工作方式	MDI
自动	自动工作方式键/【自动】	选择自动工作方式	自动
手轮模拟	手轮模拟开关键/【手轮模拟】	（1）手轮模拟功能是否开启的切换 （2）该功能开启时，可通过手轮控制刀具按程序轨迹运行。当正向摇手轮时，继续运行后面的程序；当反向摇手轮时，反向回退已运行的程序	自动、MDI（含单段）
单段	单段开关键/【单段】	（1）逐段运行或连续运行程序的切换 （2）单段有效时，指示灯亮	自动、MDI（含单段）
程序跳段	程序跳段开关键/【程序跳段】	当程序段首标有“/”符号时，该程序段是否跳过的切换	自动、MDI（含单段）
选择停	选择停开关键/【选择停】	当程序运行到“M00”指令时，是否停止的切换 若程序运行前已按下该键（指示灯亮），当程序运行到“M00”指令时，则进给保持，再按循环启动键才可继续运行后面的程序；若没有按下该键，则连贯运行该程序	自动、MDI（含单段）

（续）

按键	名称/符号	功能说明	有效时工作方式
超程解除	超程解除键/【超程解除】	（1）取消数控车床限位 （2）按住该键可解除报警，并使数控车床运行	手轮、手动、增量
	循环启动键/【循环启动】	程序、MDI 指令运行启动	自动、MDI（含单段）
	进给保持键/【进给保持】	程序、MDI 指令运行暂停	自动、MDI（含单段）
x1 x10 x100	增量/手轮倍率键/【增量倍率】	手轮每转 1 格或“手动控制轴进给键”每按 1 次，则数控车床移动距离对应为 0.001mm/0.01mm/0.1mm	手轮、增量、手动、回零、自动、MDI（含单段、手轮模拟）
-10% 快移倍率 100% 快移倍率 +10% 快移倍率	快移速度修调键/【快移修调】	快移速度的修调	
-10% 主轴倍率 100% 主轴倍率 +10% 主轴倍率	主轴倍率键/【主轴倍率】	主轴速度的修调	
主轴反转 主轴停止 主轴正转	主轴控制键/【主轴正/反转】	主轴正转、反转、停止运行控制	手轮、增量、手动、MDI（含单段、手轮模拟）
A B	动力头控制键/【动力头】	（1）动力头正、反转控制 （2）按下该键，切换动力头旋转/停	
Y X C Z 快进 Z Y X C	手动控制轴进给键/【轴进给】	在手动或增量工作方式下，控制各轴的移动及方向 在手轮工作方式时，选择手轮控制轴 在手动工作方式下，当分别按下各轴时，该轴按标识的方向运行，当同时还按下快移键时，该轴按快移速度运行	手轮、增量、手动

（续）

<table>
<tr><th>按键</th><th>名称/符号</th><th colspan="2">功能说明</th><th>有效时工作方式</th></tr>
<tr><td rowspan="2"> 顶尖前进 顶尖寸动 顶尖后退
机床照明 润滑 排屑正转
夹爪开/关 冷却 刀库正转</td><td rowspan="2">数控车床控制按键/【数控车床控制】</td><td rowspan="2">手动控制数控车床的各种辅助动作</td><td>顶尖前进、寸动、后退，夹爪开/关、刀库正转</td><td>手轮、增量、手动（且主轴停转）</td></tr>
<tr><td>数控车床照明、润滑、排屑正转、冷却</td><td>手轮、增量、手动、回零、自动、MDI（含单段、手轮模拟）</td></tr>
<tr><td> 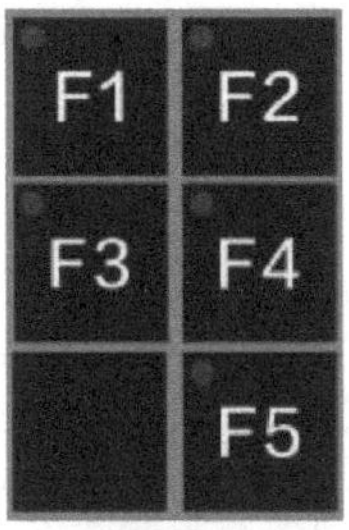F1 F2
F3 F4
F5</td><td>数控车床控制扩展按键/【数控车床控制】</td><td colspan="2">手动控制数控车床的各种辅助动作</td><td>数控车床厂家根据需要设定</td></tr>
<tr><td> </td><td>程序保护开关/【程序保护】</td><td colspan="2">保护程序不被随意修改</td><td rowspan="2">手轮、增量、手动、回零、自动、MDI（含单段、手轮模拟）</td></tr>
<tr><td> EMERGENCY STOP</td><td>急停键/【急停】</td><td colspan="2">紧急情况下，使系统和数控车床立即进入停止状态，所有输出全部关闭</td></tr>
<tr><td> 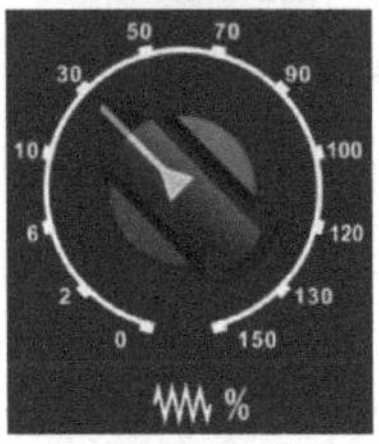0 2 6 10 30 50 70 90 100 120 130 150 %</td><td>进给倍率旋钮/【进给倍率】</td><td colspan="2">进给速度修调</td><td>自动、MDI、手动</td></tr>
<tr><td> 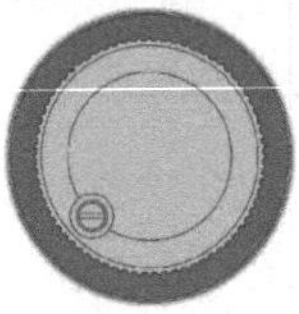</td><td>手轮/【手轮】</td><td colspan="2">控制数控车床运动（当手轮模拟功能有效时，其还可以控制数控车床按程序轨迹运行）</td><td>手轮</td></tr>
<tr><td></td><td>系统电源开/【电源开】</td><td colspan="2">控制数控装置上电</td><td rowspan="2">手轮、增量、手动、回零、自动、MDI（含单段、手轮模拟）</td></tr>
<tr><td></td><td>系统电源关/【电源关】</td><td colspan="2">控制数控装置断电</td></tr>
</table>

任务实施

一、数控车床上电、关机与回参考点操作

（一）合上电源

（1）检查数控车床状态是否正常。

（2）检查电源电压是否符合要求，接线是否正确。

（3）按下“急停”按钮。

（4）数控车床上电。

（5）数控系统上电。

（6）检查面板上的指示灯是否正常。

（7）接通数控装置电源后，系统自动运行，此时工作方式为“急停”。

（二）复位

数控装置上电进入操作界面时，初始工作方式显示为“急停”，为控制数控系统运行，需右旋并拔起操作台右下角的“急停”按钮，使数控系统复位，并接通伺服驱动装置的电源。切换至“回参考点”方式，操作界面的工作方式变为“回零”。

（三）回参考点操作

控制数控车床运动的前提是建立车床坐标系，为此，数控系统接通电源、复位后，应先进行数控车床各轴回参考点操作。方法如下：

（1）如果数控装置显示的当前工作方式不是“回零”方式，则按一下控制面板上面的“回参考点”按钮，确保数控装置处于“回零”方式。

（2）根据 X 轴数控车床参数回参考点方向，按一下“+X”方向按钮（回参考点方向为“+”），X 轴回到参考点后，“X”按钮内的指示灯亮。

（3）用同样的方法使用“+Z”按钮，可以使 Z 轴回参考点。

（4）当所有轴回参考点后，即建立了机床坐标系。

（四）急停操作

数控车床运行过程中，在危险或紧急情况下，按下“急停”按钮，数控系统即进入急停状态，伺服单元及主轴立即停止工作（控制柜内的伺服驱动电源被切断）；松开“急停”按钮（右旋此按键，自动跳起），数控系统进入复位状态。

解除“急停”前，应先确认故障原因是否已经排除。“急停”解除后，应重新执行回参考点操作，以确保坐标位置的正确性。

（五）切断电源

（1）检查数控车床的移动部件是否都已经停止移动并停在合适的位置。

（2）按下控制面板上的“急停”按钮，断开伺服单元电源。

（3）断开数控装置电源。

（4）断开数控车床电源。

二、手动操作

(一) 在 MDI 方式下使主轴旋转

(1) 按 MDI 主菜单键进入 MDI 功能，用户可以从数控键盘输入并执行一行或多行 G 指令。

(2) 通过数控车床编辑面板输入 M03S800。

(3) 再按下“输入”按钮，则显示窗口内关键字 S 的值变为 800。

(4) 选择“单段运行”或“自动运行”模式，再按下“循环启动”按钮完成主轴正转。

(二) 手摇进给操作

(1) 按一下控制面板上的“增量”按钮，数控系统处于“手摇进给”方式。

(2) 手持单元的坐标轴选择波段开关置于“*X*”或者“*Z*”挡。

(3) 选择增量倍率开关“*X*1”“*X*10”“*X*100”“*X*1000”。

(4) 手摇脉冲发生器向相应的方向转动手轮。

(三) 手动连续进给与手动快速进给

(1) 按一下“手动”按钮，数控系统处于手动运行方式。

(2) 按下进给轴的方向按钮“+*X*”“-*X*”“+*Z*”“-*Z*”不松开，即可实现手动连续进给。

(3) 如要快速进给，则按下按钮，再按下进给轴的方向按钮，即可实现手动快速进给。

(四) 超程解除

在手摇或手动进给过程中，由于进给方向错误，常会发生超程报警现象，解除过程如下。

(1) 置工作方式为“手动”或“手摇”方式。

(2) 一直按压着“超程解除”按钮（控制器会暂时忽略超程的紧急情况）。

(3) 在手动（手摇）方式下，使该轴向相反方向移动，退出超程状态。

(4) 松开“超程解除”按钮。

(5) 若显示屏上运行状态栏运行正常取代了出错，表示恢复正常，可以继续操作。

三、程序编辑

(一) 程序选择

(1) 选择“程序”主菜单，按对应功能按钮，出现图 2-5 所示的界面。

(2) 用“”和“”按钮选择存储器类型（系统盘、U 盘、CF 卡），也可用“Enter”按钮查看所选存储器的子目录。

(3) 用“”键切换至程序文件列表。

(4) 用“”和“”键选择程序文件。

(5) 按“Enter”按钮，即可将该程序文件选中并调入加工缓冲区。

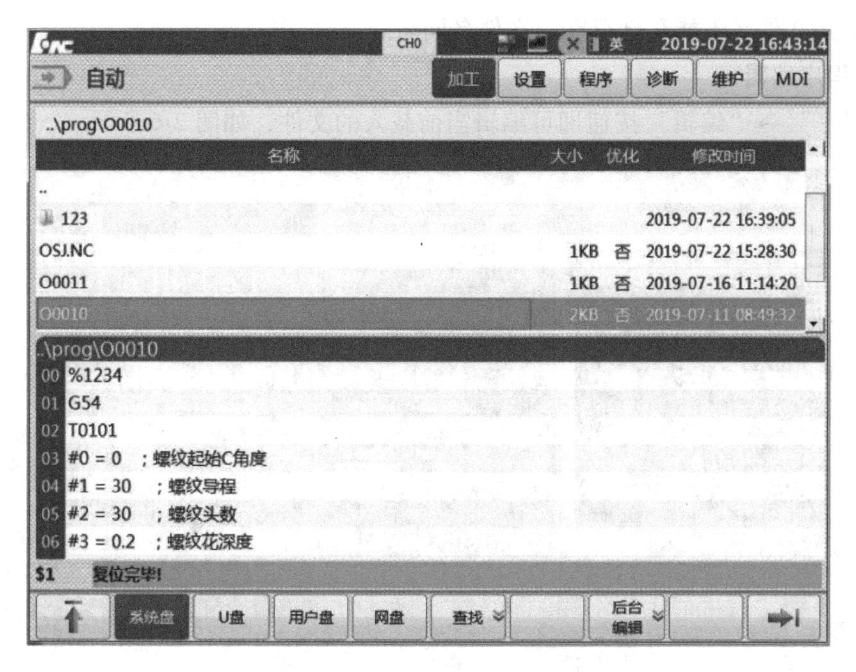

图 2-5　程序选择界面

（二）删除文件

（1）在选择程序菜单中用“▲”和“▼”按钮移动光标条选中要删除的程序文件。

（2）按“删除”按钮，按“Y”按钮或“Enter”按钮将选中的程序文件从当前存储器上删除，按“N”按钮则取消删除操作。

（三）复制与粘贴文件

使用复制与粘贴功能，可以将某个文件复制到指定路径。

（1）在“程序”→“选择”子菜单下，选择需要复制的文件。

（2）按“复制”按钮。

（3）选择目的文件夹（注意，必须是不同的目录）。

（4）按“粘贴”按钮，完成复制文件的工作。

（四）U 盘的加载与卸载

（1）使用光标键选择目录“U 盘”标识符。

（2）按“确认”按钮加载 U 盘。

（3）按“删除”按钮卸载 U 盘。

（五）新建文件

（1）按“程序”→“编辑”→“新建”按钮。

（2）输入文件名后，按“Enter”按钮确认，就可编辑新文件了。

注意：

（1）程序文件名一般是由字母“O”开头，后跟数字或字母组成，数控装置认为程序文件名是由“O”开头的。

（2）新建文件名不能和已存在的文件名同名。

（六）程序编辑

按“程序”→“编辑”按钮即可编辑当前载入的文件，如图 2-6 所示。

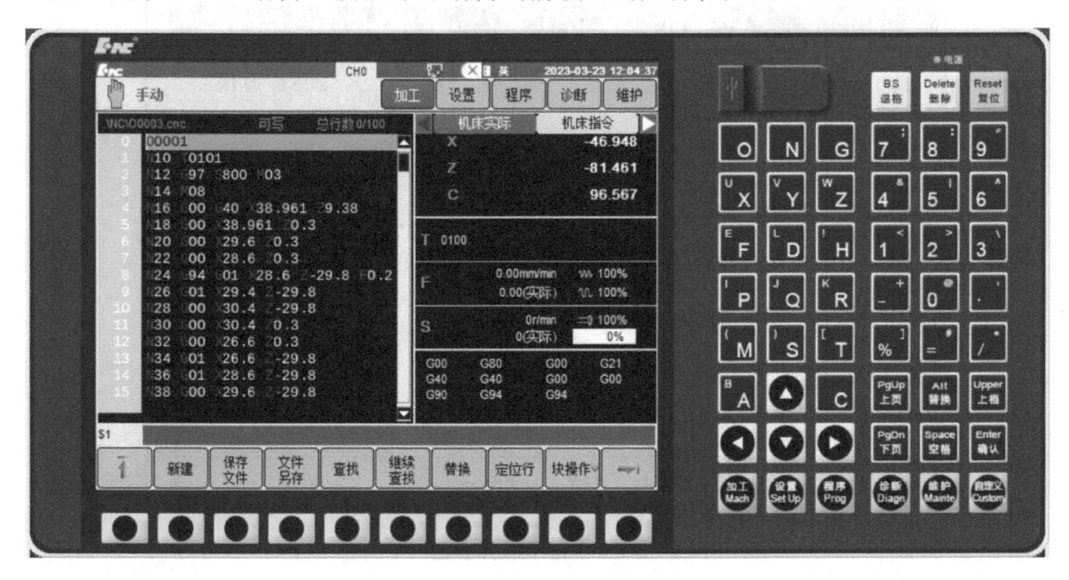

图 2-6　程序编辑界面

（七）保存文件

按“程序”→“编辑”→“保存”按钮，数控装置则完成保存文件的工作。

（八）程序校验

程序校验用于对调入加工缓冲区的程序文件进行校验并提示可能的错误。

建议：对于未在数控车床上运行的新程序在调入数控装置后最好先进行校验运行，正确无误后再起动数控车床运行。

操作步骤如下。

（1）调入要校验的加工程序“程序”→“选择”。

（2）按数控车床控制面板上的“自动”或“单段”按钮进入程序运行方式。

（3）在程序菜单下按“校验”按钮，此时数控装置操作界面的工作方式显示为自动校验。

（4）按数控车床控制面板上的“循环启动”按钮，程序校验开始。

（5）程序正确校验完后，光标将自动返回至程序起始位置，并且数控装置操作界面的工作方式指示将切换至“自动”或“单段”模式。若程序存在错误，命令行将指示出错程序的具体行号。

（九）停止运行

在程序运行的过程中，暂停运行或者在程序效验的过程中程序报错需要修改则需要进行停止程序运行，操作步骤如下。

（1）按“程序”→“停止”按钮，数控装置提示已暂停加工，取消当前运行程序（Y/N）。

（2）按“Y”按钮则停止程序运行并卸载当前运行程序的模态信息。

（十）重新运行

在中止当前加工程序后希望程序重新开始运行，操作步骤如下。

（1）按“程序”→“重运行”按钮，数控装置提示是否重新开始执行（Y/N）。

（2）按“Y”按钮则光标将返回到程序头，再按数控车床控制面板上的“循环启动”按钮，将从程序首行开始重新运行。

思考与练习

（1）开机后为什么需要数控车床返回参考点？

（2）操作数控车床时为什么不能戴手套？

任务 2-3　正确设置工件坐标系

任务要求

完成外圆刀、螺纹刀与切槽刀的对刀过程，将工件坐标系原点设置在工件右端面正中心位置，如图 2-7 所示。

技能目标

（1）掌握数控车床坐标系的定义规则，正确判断数控车床各轴的运动方向。

（2）根据零件要求，选择合理的工件坐标系位置，并通过对刀将工件坐标系正确设置在数控装置中。

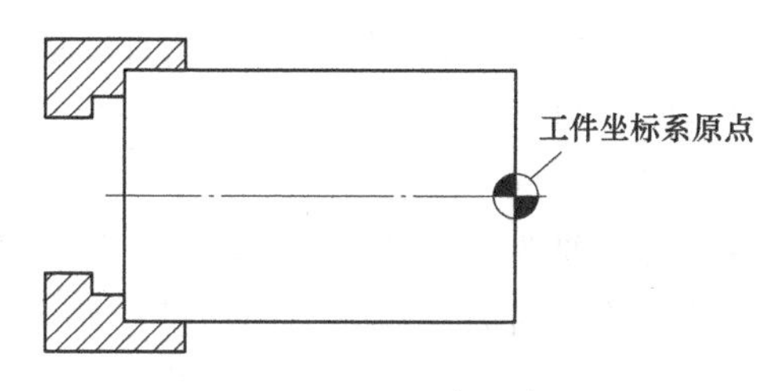

图 2-7　设置工件坐标系

相关知识

一、数控车床的坐标系

（一）数控车床坐标系的定义

数控车床加工零件时，刀具与工件的相对运动必须在确定的坐标系中才能按程序进行加工。加工时，在数控车床显示屏的坐标系页面上，一般都有当前机床位置的坐标显示，一般有机床坐标系、绝对坐标系、相对坐标系等。在加工中主要的是机床坐标系和工件坐标系。为简化程序的编制及保证记录数据的互换性，数控车床的坐标和运动方向都已标准化。其坐标系的确定原则如下。

1. 坐标轴的命名

标准的坐标系（又称基本坐标系）采用右手直角笛卡儿坐标系，如图 2-8 所示。这个坐标系的各个坐标轴与机床的主要导轨相平行。直角坐标 *X*、*Y*、*Z* 三者的关系及其正方向用右手定则判定，围绕 X、Y、Z 各轴（或与 X、Y、Z 各轴相平行的直线）回转的运动及其正方向 $+A$、$+B$、$+C$ 分别用右手螺旋定则确定。

通常在坐标轴命名或编程时，不论在加工中是刀具移动还是工件移动，都假定被加工工件相对静止不动，而刀具在移动，并规定刀具远离工件的方向为坐标的正方向。在坐标轴命名时，如果把刀具看作相对静止不动，工件运动，那么在坐标轴的符号上应加注标记“′”，如 X'、Y'、Z'、A'、B'、C'等。其运动方向与不带“′”的方向正好相反。

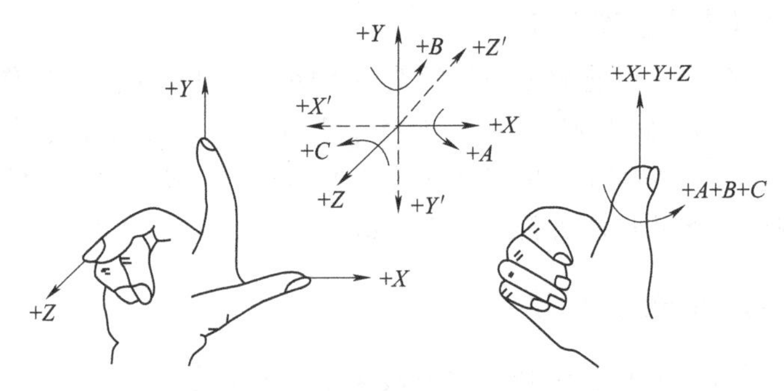

图 2-8　右手直角笛卡儿坐标系

2. 数控车床坐标轴的确定

当确定数控车床坐标轴时，一般是先确定 Z 轴，再确定 X 轴和 Y 轴。

（1）Z 轴：对有主轴的数控车床，如卧式车床等，则以主轴轴线方向作为 Z 轴方向。对没有主轴的数控车床，则以与装夹工件的工作台面相垂直的直线作为 Z 轴方向。如果数控车床有多根主轴，则选择其中一个与工作台面相垂直的主轴为主要主轴，并以它来确定 Z 轴方向。刀具远离工件的方向为 Z 轴的正方向。

（2）X 轴：X 轴一般位于与工件安装面相平行的水平面内。对由主轴带动工件旋转的数控车床，则在水平面选定垂直于工件旋转轴线的方向为 X 轴，且刀具远离主轴轴线的方向为 X 轴正方向。

对由主轴带动刀具旋转的数控车床，若主轴是水平的，由主要刀具主轴向工件看，选定主轴右侧方向为 X 轴正方向；若主轴是竖直的，则由主要刀具主轴向立柱看，选定主轴右侧方向为 X 轴正方向。对于无主轴的数控车床，则选定主要切削方向为 X 轴正方向。

（3）Y 轴：Y 轴方向可根据已选定的 Z、X 轴按右手直角笛卡儿坐标系来确定。

（4）附加坐标轴：如果数控车床除有 X、Y、Z 主要坐标轴以外，还有平行于它们的坐标轴，可分别指定为 U、V、W。如果还有第三组运动，则分别指定为 P、Q、R。

（5）旋转运动：A、B、C 相应表示围绕 X、Y、Z 三轴轴线的旋转运动，其正方向分别按 X、Y、Z 轴右手螺旋定则判定。

（6）主轴回转运动方向：主轴顺时针方向回转运动的方向是按右螺旋进入工件的方向。

（二）数控车床的坐标系统

数控车床坐标轴的方向取决于数控车床的类型和各组成部分的布局。对于数控车床而言，Z 轴与主轴轴线重合，沿着 Z 轴正方向移动将增大零件和刀具间的距离；X 轴垂直于 Z 轴，对应于转塔刀架的径向移动，沿着 X 轴正方向移动将增大零件和刀具间的距离，如图 2-9 所示。Y 轴（通常是虚设的）与 X 轴和 Z 轴一起构成遵循右手定则的坐标系统。

1. 机床坐标系

机床坐标系是数控车床的基本坐标系，机床坐标系的原点也称机械原点或零点，这个

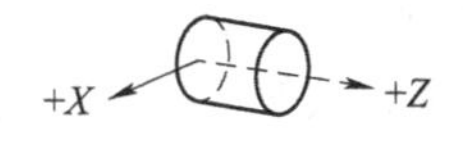

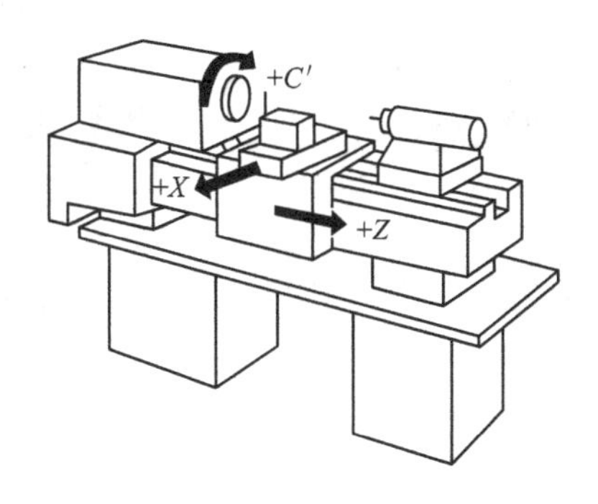

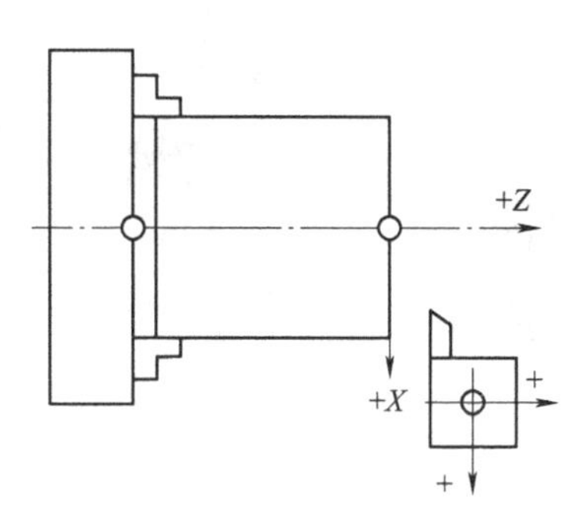

图 2-9　数控车床坐标系统

原点是数控车床上固有的点（由生产厂家设定），不能随意改变。数控车床在接通电源后要进行回零操作，这是因为在数控车床断电后就失去了对各坐标位置的记忆。所以数控车床接通电源后，应让各坐标轴回到机床一固定点上，这一固定点就是机床坐标系的原点或零点，也称机床参考点。使机床回到这一固定点的操作称为“返回参考点”或“回零”操作。回零后的数控车床各坐标轴位置自动归零，并记住这一初始化的位置，使数控车床恢复了初始位置记忆。

机床坐标系不作为编程使用，常常通过“对刀”确定工件坐标系的原点。

2. 工件坐标系

编制数控程序时，首先要建立一个工件坐标系，程序中的坐标值均以此坐标系为依据。工件坐标系是编程人员在编程时使用的，编程人员选择工件上的某一已知点为原点，建立一个新的坐标系，称为工件坐标系。工件坐标系一旦建立便一直有效，直到被新的工件坐标系所取代。

工件坐标系原点的选择要尽量满足编程简单、尺寸换算少、引起的加工误差小等条件。为了编程方便，将工件坐标系设在工件上，并将坐标原点设在图样的设计基准和工艺基准处，其坐标系原点称为工件坐标原点。

工件坐标原点是人为设定的，从理论上讲，工件坐标原点选择在任何位置都是可以的，但实际上为编程方便且使各尺寸较为直观展现，数控车床工件原点一般都设在主轴中心线与工件左端面或右端面的交点处。

二、数控车床常用的对刀方法

数控车床的对刀是指找出工件坐标系与机床坐标系空间关系的操作过程。简单地说，对刀是告诉机床加工工件相对机床工作台在什么地方。对刀的目的是通过刀具或对刀工具确定工件坐标系与机床坐标系之间的空间位置关系，并将对刀数据输入相应的存储位置。对刀的准确性决定了零件的加工精度，同时，对刀效率还直接影响了数控车床的加工效率。

数控车床常用的对刀方法有三种，刀具试切法对刀、机外对刀仪对刀（接触式）、光学自动对刀仪对刀（非接触式）。数控车床常用的对刀仪如图 2-10 所示。

图 2-10　数控车床常用的对刀仪

（一）刀具试切法对刀

刀具试切法对刀是指通过手动控制刀具试切工件来完成的对刀操作。刀具安装后，先移动刀具手动切削工件右端面，再沿 X 向退刀，此时输入 Z 值，即完成刀具 Z 轴的对刀过程，再移动刀具车削外圆后，沿 Z 向退出，测量工件的直径，输入测量的数值，完成对刀。

（二）机外对刀仪对刀

机外对刀仪对刀是将刀具的刀尖与对刀仪的百分表测头接触，测量出刀具假想刀尖到刀具台基准之间 X 及 Z 方向的距离（刀偏量）。利用机外对刀仪对刀可将刀具预先在车床外校对好，在装上车床后，将对刀长度输入相对应的刀具补偿号即可使用。

（三）光学自动对刀仪对刀

自动对刀是通过刀尖检测系统实现的。刀尖以设定的速度向接触式传感器接近，当刀尖与传感器接触并发出信号时，数控装置立即记下该瞬间的坐标值，并自动修正刀具补偿值。

现在很多数控车床上都装备了对刀仪，使用对刀仪对刀可避免测量时产生的误差，大大提高了对刀精度。由于使用对刀仪可以自动计算各刀长与刀宽的差值，并将其存入数控装置中，在加工另外的零件时只需要对标准刀即可，这样大大节约了时间。但需要注意的是，使用对刀仪对刀一般都设有标准刀，在对刀时应先对标准刀。

任务实施

一、对刀操作步骤

（1）开机→回零→安装刀具、工件。

（2）主轴转动，指令为 M03S500。

（3）在“手动”或者“增量”工作方式下按“手动换刀”按钮，使刀架旋转到 1 号刀位（外圆车刀）。

（4）选择“刀补”主菜单下“刀偏表”，数控装置显示屏出现图 2-11 所示的画面。

（5）试切工件外圆，如图 2-12 所示。在手动或手轮操作方式下，用所选刀具在加工

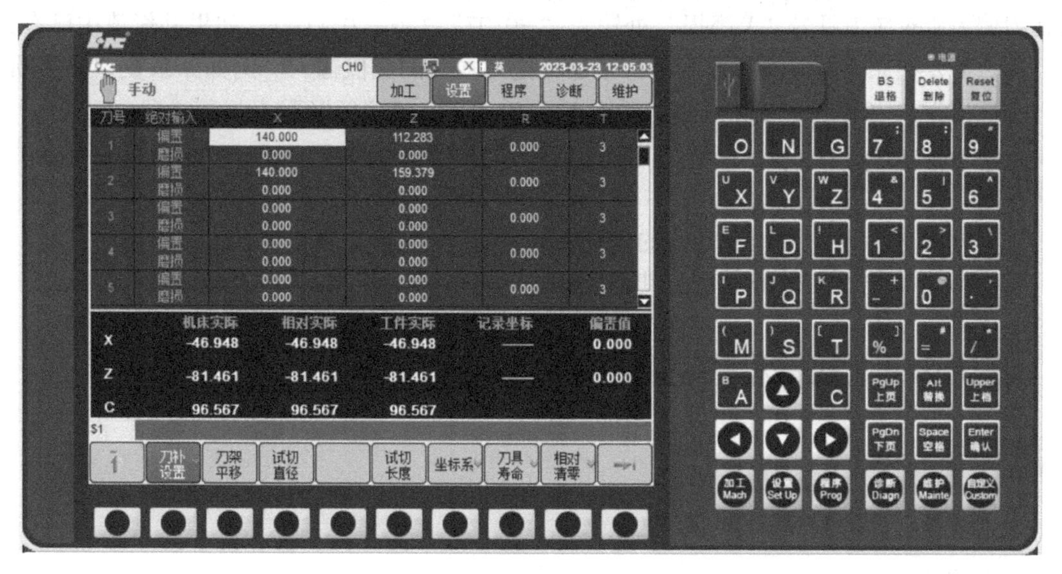

图 2-11　刀偏表

余量范围内试切工件外圆，然后刀具沿 Z 向退离工件（X 轴不移动），停机测量车削后的工件外圆直径（假设测得的直径为 30.241mm）。

（6）首先移动光标到 1 号刀位处，然后选择“试切直径”按钮，输入测量的直径值“30.241”，数控装置会计算出数值并自动存入“X 偏置”中（“X 偏置”坐标值=X 轴机床实际坐标值-试切直径值）。

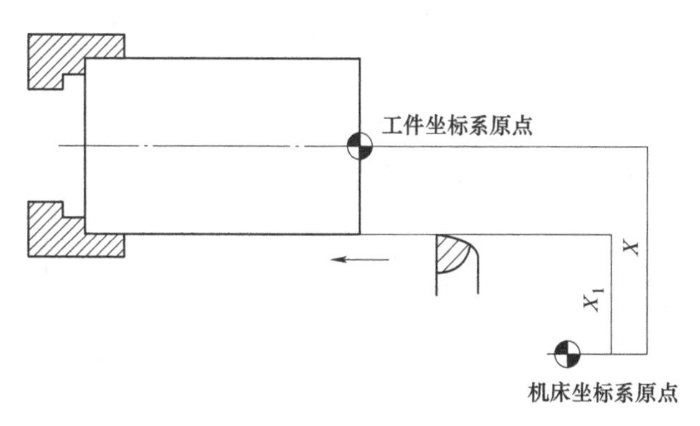

图 2-12　试切工件外圆示意图

（7）将刀具沿+Z 方向退回到工件端面余量处一点试切工件端面后，如图 2-13 所示，沿 X 向退刀（Z 轴不移动）。

（8）选择“试切长度”，然后输入“0”，数控装置会计算出数值并自动存入“Z 偏置”中（“Z 偏置”坐标值=Z 轴机床实际坐标值）。1 号刀具偏置参数设置即完成，其他刀具的设定方法相同。

二、刀具磨损设置设定

当刀具磨损后或工件加工后的尺寸有误差时，只要修改刀具磨损中相应的补偿值即可。如某工件外圆直径在粗加工后的尺寸应该是 38.5mm，但实际测得的尺寸为 38.57mm（或 38.39mm），尺寸偏大 0.07mm（或偏小 0.11mm），

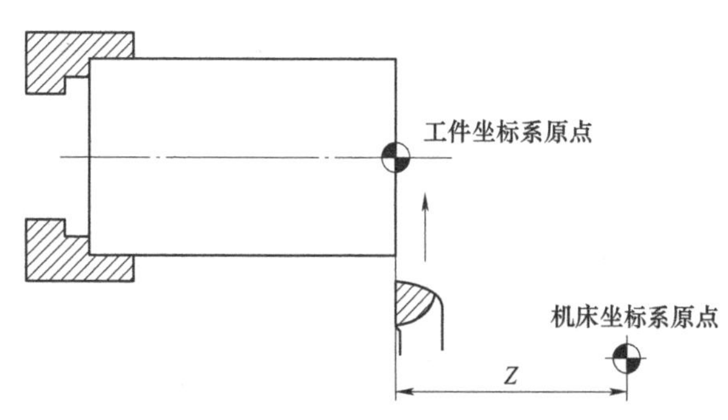

图 2-13　试切工件端面示意图

则在刀偏表所对应刀具号"X 磨损"处输入"-0.07"(或"0.11")。如果补偿值中已有数值，那么需要在原来数值的基础上进行累加，把累加后的数值输入。例如原来在"X 磨损"处已有数值为"-0.05"，则通过累加后输入"-0.12"(或"0.06")。

思考与练习

(1) 机床坐标与工件坐标之间的区别与联系。

(2) 偏置值与试切值的关系及其意义。

任务 2-4　数控程序的结构及编制规则

任务要求

说出数控程序的组成部分与指令的意义。

技能目标

掌握数控程序的结构及编制规则。

相关知识

一、数控程序的格式与组成

数控程序是一组被传送到数控装置中的指令和数据，并控制数控机床进行加工。一个完整的数控程序由程序名、程序内容和程序结束三个部分组成，如图 2-14 所示。

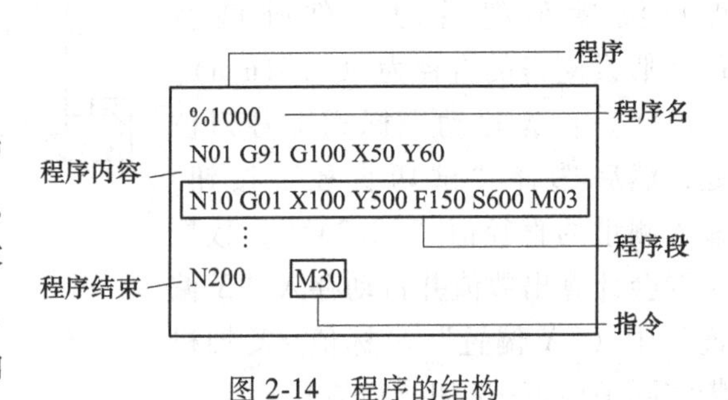

图 2-14　程序的结构

程序内容是由遵循一定结构、句法和格式规则的若干个程序段组成的，而每个程序段是由若干条指令组成的，程序段的格式定义了每个程序段中功能字的句法，如图 2-15 所示。

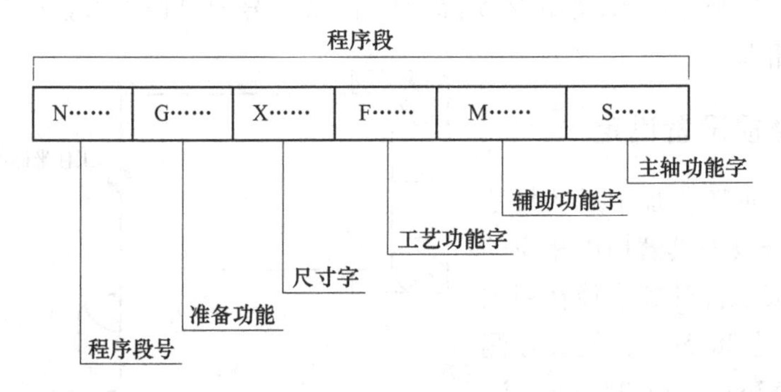

图 2-15　程序段的格式

一个零件的数控加工程序必须包括起始符和结束符，程序运行是按程序段的输入顺序执行的，而不是按程序段号的顺序执行的。但在书写程序时，建议按升序书写程序段号，并且程序段号也可省略不写。

HNC-808DiM 数控装置的程序结构如下。

（1）程序起始符:%（或 O）后跟非零数字，如%××××，程序起始符应单独一行，并从程序的第一行、第一格开始。

（2）程序结束符：M30 或 M02。

（3）注释符：括号（）内或分号；后的内容为注释文字，将不被数控装置运行。

（4）程序的文件名：数控装置可以装入许多程序，这些程序以磁盘文件的方式读写。编辑程序时必须先建立文件名，文件名格式为（有别于 DOS 的其他文件名）O××××，O 代表文件名。本系统通过调用文件名来调用程序，进行加工或编辑，文件名可以使用 26 个字母（大小写均可）和数字组成，包括以上字符的文件名最多设定 7 个字符。

二、指令的格式

一条指令由地址符（指令字符）和带符号（如定义尺寸的字）或不带符号（如准备功能字 G 代码）的数字数据组成。

程序段中不同的指令字符及其后续数值确定了每条指令的含义。数控程序段中包含的主要指令字符见表 2-3。

表 2-3　主要指令字符

功能	指令字	意　　义
零件程序号	%或 O	程序编号:%1～%4294967295
程序段号	N	程序段编号：N0～N4294967295
准备功能	G	指令动作方式，如直线、圆弧等：G00～G99
尺寸字	X、Y、Z A、B、C U、V、W	坐标轴的移动命令：±99999
	R	圆弧的半径，固定循环的参数
	I、J、K	圆心相对于起点的坐标，固定循环的参数
进给速度	F	进给速度的指定：F0～F24000
主轴功能	S	主轴旋转速度的指定：S0～S9999
刀具功能	T	刀具编号的指定：T0～T99
辅助功能	M	机床开、关控制的指定：M0～M99
补偿号	H、D	刀具补偿号的指定：01～99
暂停	P、X	暂停时间的指定：/s
程序号的指定	P	子程序号的指定：P1～P4294967295
重复次数	L	子程序的重复次数，固定循环的重复次数
参数	P、Q、R	固定循环的参数

一个程序段定义一个将由数控装置执行的指令行。

任务实施

根据数控加工程序的格式与组成内容，说出程序的组成部分与指令的意义。

思考与练习

什么是指令？指令由什么组成？

任务 2-5　常用指令的使用规则

任务要求

熟记数控加工程序各有关指令的功能及使用规则。

技能目标

掌握数控加工程序的有关指令及规则。

相关知识

一、辅助指令

辅助指令由指令字 M 和其后的一或两位数字组成，主要用于控制零件程序的走向、机床各种辅助功能的开关动作及控制主轴起动、主轴停止、程序结束等功能。

通常，一个程序段中只有一条 M 指令有效。本系统中，一个程序段中最多可以指定 4 条 M 指令（同组的 M 指令不要在一行中同时指定）。M00、M01、M02、M30、M98、M99 等指令要求单行，即含上述 M 指令的程序行，不仅只能有一条 M 指令，而且不能有 G 指令、T 指令等其他执行指令。

M 指令有非模态 M 指令和模态 M 指令两种形式。

（1）非模态 M 指令（当段有效指令）：只在书写了该指令的程序段中有效。

（2）模态 M 指令（续效指令）：一组可相互注销的 M 指令，这些指令的功能在被同一组的另一条指令注销前一直有效。

模态 M 指令中包含一个缺省功能，即数控装置上电时将被初始化为该指令有效。

另外，M 指令还可分为前作用 M 指令和后作用 M 指令两类。

（1）前作用 M 指令：在程序段编制的轴运动之前执行。

（2）后作用 M 指令：在程序段编制的轴运动之后执行。

（一）M00 程序暂停指令

当数控装置执行到 M00 指令时，将暂停执行当前程序，以方便操作者进行刀具和工件的尺寸测量、工件调头、手动变速等操作。暂停时，机床进给停止，而全部现存的模态信息保持不变，欲继续执行后续程序，按操作面板上的“循环启动”按钮即可。

M00 指令为非模态后作用 M 指令。

（二）M01 选择停指令

如果操作者按亮操作面板上的“选择停”按钮，当数控装置执行到 M01 指令时，将暂停执行当前程序，以方便操作者进行刀具和工件的尺寸测量、工件调头、手动变速等操作。暂停时，机床的进给停止，而全部现存的模态信息保持不变，欲继续执行后续程序，按操作面板上的“循环启动”按钮即可。

如果操作者没有激活操作面板上的“选择停”按钮，当数控装置执行到 M01 指令时，程序不会暂停而继续往下执行。

M01 指令为非模态后作用 M 指令。

（三）M02 程序结束指令

M02 指令编制在主程序的最后一个程序段中。当数控装置执行到 M02 指令时，机床的主轴、进给、切削液全部停止，加工结束。

使用 M02 指令的程序结束后，若要重新执行该程序，就得重新调用该程序，或在自动加工子菜单下，按“重运行”按钮，然后再按操作面板上的“循环启动”按钮。

M02 指令为非模态后作用 M 功能指令。

（四）M30 程序结束并返回指令

M30 指令和 M02 指令的功能基本相同，只是 M30 指令还兼有控制返回到零件程序头的作用。

使用 M30 指令的程序结束后，若要重新执行该程序，只需再次按操作面板上的“循环启动”按钮即可。

（五）M98/M99 子程序调用指令

如果程序含有固定的顺序或频繁重复的模式，这样的一个顺序或模式可以设计为一个子程序以简化该程序，可以从主程序调用一个子程序，且一个被调用的子程序还可以再调用另一个子程序。

子程序的结构	
O××××；	子程序号
⋮	子程序内容
M99；	子程序返回
子程序调用（M98）	
M98P□□□□L△△△	
□□□□：被调用的子程序号（为阿拉伯数字）；△△△：子程序重复调用的次数。	

1. 子程序嵌套调用

当主程序调用子程序时，被当作一级子程序调用。子程序调用最多可嵌套 8 级，如图 2-16 所示。

2. 在主程序中使用 M99

如果在主程序中执行 M99 指令，则控制返回到主程序的开始处，从头开始执行主

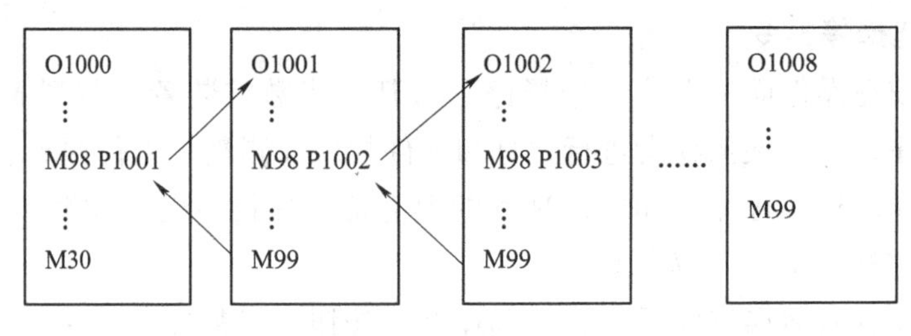

图 2-16　子程序嵌套

程序。

（六）M03/M04/M05 主轴控制指令

M03 指令为起动主轴以程序中编制的主轴速度顺时针方向（从 *Z* 轴正向朝 *Z* 轴负向看）旋转。

M04 指令为起动主轴以程序中编制的主轴速度逆时针方向旋转。

M05 指令为控制主轴停止旋转。

M03、M04 指令为模态前作用 M 指令，M05 指令为模态后作用 M 指令和缺省指令。

M03、M04、M05 指令可相互注销。

（七）M07/M08/M09 切削液控制指令

M07、M08 指令用于打开切削液，M09 指令用于关闭切削液。

M07、M08 指令为模态前作用 M 指令，M09 指令为模态后作用 M 指令和缺省指令。

二、S 指令

S 指令控制主轴转速，其后的数值表示主轴速度，单位为转/分钟（r/min）。S 指令是模态指令，只有在主轴速度可调节时有效。

三、F 指令

F 指令控制工件被加工时刀具相对于工件的合成进给速度，F 的单位取决于 G94（每分钟进给量，mm/min）或 G95（每转进给量，mm/r）。

当工作在 G01、G02 或 G03 指令下，编程的 F 指令一直有效，直到被新的 F 指令所取代，而工作在 G00、G60 指令下，快速定位的速度是各轴的最高速度，与所编制的 F 指令无关。

借助操作面板上的倍率按键，合成进给速度可在一定范围内修调。当执行攻螺纹循环指令 G32、G82、G76 时，倍率开关失效，进给倍率固定在 100%。

四、T 指令

T 指令用于选刀，其后的 4 位数字分别表示选择的刀具号和刀具补偿号。T 指令与刀具的关系由机床制造厂规定。

在加工时，若已知工件坐标系原点到机床坐标系原点的有向距离，则可在数控车床中使用绝对刀偏 T 指令，输入试切直径和试切长度即可确定，如图 2-17 所示。

执行 T 指令，转动转塔刀架，选用指定的刀具，同时调入刀补寄存器中的补偿值（刀具的几何补偿值即偏置补偿与磨损补偿之和），该值不立即移动，而是当后面有移动指令时一并执行。

当一个程序段同时包含 T 指令与刀具移动指令时，先执行 T 指令，而后执行刀具移动指令。示例如下。

%0012	
N01　T0101；	此时换刀，设立坐标系，刀具不移动
N02　M03　S800；	
N03　G00　X45　Z0；	当有移动性指令时，加入刀偏
N04　G01　X100　F200；	
N05　G00　X100　Z50；	
N06　T0202；	此时换刀，设立坐标系，刀具不移动
N07　G00　X100　Z50；	当有移动性指令时，执行刀偏
N08　G01　Z-30　F100；	
N09　G00　X80　Z30；	
M10　M30；	

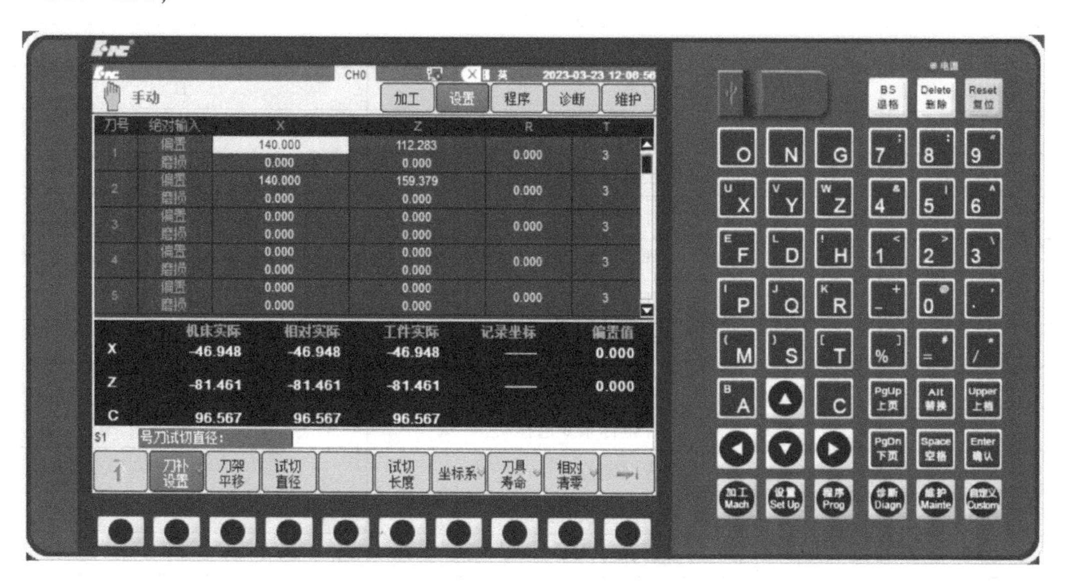

图 2-17　刀具补偿表

五、准备指令

准备指令由 G 和 G 后一或二位数值组成，用来规定刀具和工件的相对运动轨迹、机床坐标系、坐标平面、刀具补偿、坐标偏置等。

华中数控 HNC-808DiM 型数控装置 G 指令见表 2-4。

表 2-4　G 指令

G 代码	组	功　能	参数（后续地址字）
G00	01	快速定位	X，Z
【G01】		直线插补	X，Z
G02		顺圆插补	X，Z，I，K，R
G03		逆圆插补	X，Z，I，K，R
G04	00	暂停	X，P
G09		准停校验	—
G10	07	可编程数据输入	P，L，R
【G11】		可编程数据输入取消	—
G20	08	英寸输入	—
【G21】		毫米输入	—
G28	00	返回到参考点	X，Z
G29		由参考点返回	X，Z
G32	01	螺纹切削	—
【G36】	17	直径编程	—
G37		半径编程	—
【G40】	09	刀具半径补偿取消	—
G41		左刀补	D
G42		右刀补	D
G52	00	局部坐标系设定	X，Z
G53	11	直接机床坐标系编程	—
【G54】		工件坐标系 1 选择	—
G55		工件坐标系 2 选择	—
G56		工件坐标系 3 选择	—
G57		工件坐标系 4 选择	—
G58		工件坐标系 5 选择	—
G59		工件坐标系 6 选择	—
G60	00	单方向定位	X，Z
【G61】	12	精确停止校验方式	—
G64		连续方式	—
G65	00	宏非模态调用	—
G71	06	内（外）径粗车复合循环	X，Z，U，R，W，P，Q，E，F
G72		端面粗车复合循环	
G73		闭合车削复合循环	
G76		螺纹切削复合循环	X，Z，C，R，E，A，I， K，U，V，P，E，F
G80		内（外）径切削循环	X，Z，I，K，F

（续）

G 代码	组	功　　能	参数（后续地址字）
G81	06	端面切削循环	X，Z，I，K，F
G82		螺纹切削循环	X，Z，R，E，C，P，F
G74		端面深孔钻加工循环	X/U，Z/W，Q，R，I，P
G75		外径切槽循环	X/U，Z/W，Q，R，I，P
【G90】	13	绝对值编程	—
G91		增量值编程	—
G92	00	工件坐标系设定	X，Z
G93	14	反比时间进给	—
【G94】		每分钟进给	—
G94，2		每分钟进给	—
G95		每转进给	—
G96	19	圆周恒线速度控制开	S
【G97】		圆周恒线速度控制关	—
G108【STOC】	00	主轴切换为 *C* 轴	—
G109【CTOS】		*C* 轴切换为主轴	—
G115		回转轴角度分辨率重定义	—

1. 系统上电后，表 2-4 中标注“【】”符号的为同组中的初始模态。
2. 00 组中的 G 指令是非模态的，其他组的 G 指令是模态的。

G 指令分为非模态 G 指令和模态 G 指令。

（1）非模态 G 指令只在所规定的程序段中有效，程序段结束时被注销。

（2）模态 G 指令是一组可相互注销的 G 指令，这些指令一旦被执行，则一直有效，直到被同一组的 G 指令注销为止。

模态 G 指令组中包含一个缺省 G 指令（表 2-4 中标记“【】”者），没有共同参数的不同组 G 指令可以放在同一程序段中，而且与顺序无关。例如，G90、G17 可与 G01 放在同一程序段。

任务实施

根据常用指令的使用规则内容，熟记数控加工程序的各有关指令的功能及使用规则。

思考与练习

（1）什么是指令？什么是模态指令？什么是缺省指令？

（2）叙述调用子程序时，数控装置运行子程序的过程。

第3章

数控车床的加工编程

任务 3-1　简单轴类零件的加工编程

任务要求

图 3-1 所示为定位销零件图，毛坯尺寸为 ϕ60mm×100mm，材料为 45 钢。根据零件的精度要求，完成定位销的加工。

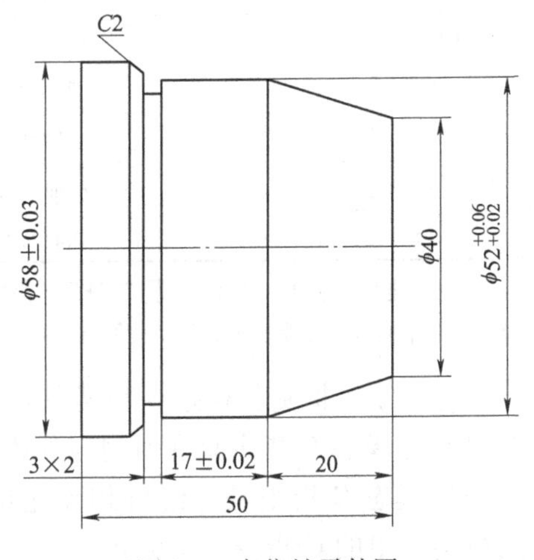

图 3-1　定位销零件图

技能目标

能根据图样要求，确定定位销的加工工艺，选择合适的刀具进行加工。掌握相应 G 指令的应用，编制合理、正确的加工程序。

相关知识

一、功能指令

（一）尺寸单位选择指令 G20、G21

可以通过 G20、G21 指令选择输入尺寸的单位。

格式：G20

　　　G21

说明：

G20 指令指定英制输入制式，对线性轴，单位为英寸；对旋转轴，单位为（°）。

G21 指令指定米制输入制式，对线性轴，单位为 mm；对旋转轴，单位为（°）。

（1）G20、G21 指令为模态指令，可相互注销，G21 指令为默认指令。

（2）G 指令中输入数据的单位与人机界面（HMI）显示的数据单位没有任何关联。

G20、G21 指令只是用来选择加工 G 指令中输入数据的单位，而不改变 HMI 上显示的数据单位。

（二）进给速度单位设定指令 G94、G95

格式：G94 F_

　　　G95 F_

说明：

G94 指令为指定每分钟进给。

G95 指令为指定每转进给。

G94 指令为每分钟进给。对于线性轴，F 指令的单位依 G20、G21 指令的设定而为 in[⊖]/min、mm/min；对于旋转轴，F 指令的单位为（°）/min 或脉冲当量/min。

G95 指令为每转进给，即主轴转一周时刀具的进给量。F 指令的单位依 G20、G21、G22 指令的设定而为 mm/r、in/r、脉冲当量/r。这条指令只在主轴装有编码器时才能使用。

G94、G95 指令为模态指令，可相互注销，G94 指令为默认指令。

（三）绝对值编程指令 G90 与增量值编程指令 G91

格式：G90

　　　G91

说明：

G90 指令为绝对值编程指令，每个坐标轴上的编程值是相对于程序原点而言的。

G91 指令为增量值编程指令，每个坐标轴上的编程值是相对于前一位置而言的，该值等于沿轴移动的距离。

G90、G91 指令为模态指令，可相互注销，G90 指令为默认指令。

G90、G91 指令可用于同一程序段中，但要注意其顺序所造成的差异，如图 3-2 所示。

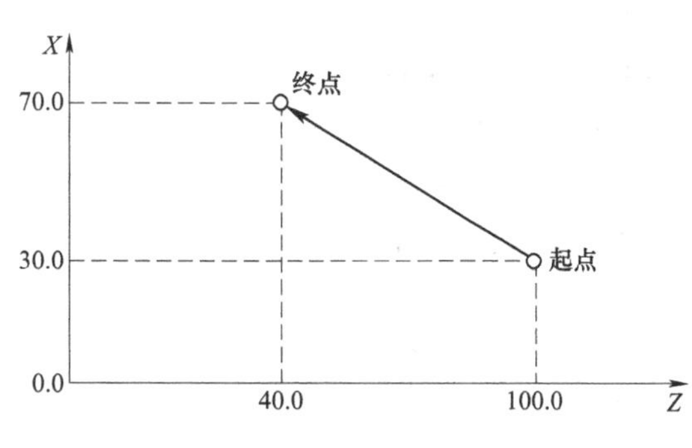

图 3-2　G90、G91 指令示意

选择合适的编程方式可使编程简化。当图样尺寸由一个固定基准给定时，采用绝对方式编程较为方便；而当图样尺寸是以轮廓顶点之间的间距给出时，采用增量方式编程则较为方便。

另外，当采用增量编程时，还可以用 U、W 来表示增量值，U 后表示 *X* 轴的增量值，W 后表示 *Z* 轴的增量值。但是 U、W 不能用于循环指令中，如 G80、G81、G71 等指令，但可以用于定义精加工轮廓的程序中。

（四）直径方式和半径方式编程指令 G36、G37

格式：G36

　　　G37

⊖ 1in = 25.4mm。

说明：

G36 指令为直径编程指令。

G37 指令为半径编程指令。

数控车床加工的零件外形通常是旋转体，其 X 轴尺寸可以用两种方式指定：直径方式和半径方式。G36 指令为默认指令，出厂一般设置为直径编程。

HNC-808DiT 默认方式为直径编程，数控装置界面的显示值也是直径值。下面的程序中未经说明均为直径编程。但程序中可用 G36、G37 指令改变编程状态。

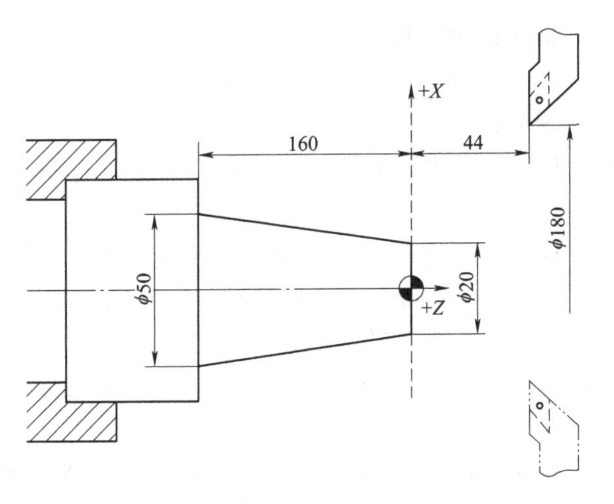

图 3-3　直径/半径方式编程示例

例 3-1　按同样的轨迹分别用直径方式、半径方式编程，加工图 3-3 所示的工件。

1. 直径方式编程

```
%0001
N1 T0101
N2 G00 X180 Z44
N3 G36 M03 S800
N4 G01 X20 Z0
N5 X50 Z-160
N6 G00 X180 Z44
N7 M30
```

2. 半径方式编程

```
%0002
N1 T0101
N2 G37 M03 S800
N3 G00 X90 Z44
N4 G01 X10 Z0
N5 X25 Z-160
N6 G00 X90 Z44
N7 M30
```

3. 混合方式编程

```
%0003
N1 T0101
N2 M03 S600
N3 G37 G00 X90 Z44
```

N4 G01 X10 W-44

N5 G36 U30 Z-160

N6 G00 X180 Z44

N7 M30

（五）坐标系设定指令 G92

G92 指令通过设定刀具起点（对刀点）与坐标系原点的相对位置建立工件坐标系。工件坐标系一旦建立，绝对值编程时的指令值就是在此坐标系中的坐标值。

格式：G92 X_ Z_

说明：

X、Z 为对刀点到工件坐标系原点的有向距离。

当执行 G92 Xα Zβ 指令后，数控装置即建立一个使刀具当前点坐标值为（α，β）的坐标系，数控装置控制刀具在此坐标系中按程序进行加工。该指令的执行只建立了一个坐标系，刀具并不产生运动。

G92 指令为非模态指令，执行该指令时，若刀具当前点恰好在工件坐标系的（α，β）点上，即刀具当前点在对刀点位置上，此时建立的坐标系即为工件坐标系，加工原点与程序原点重合；若刀具当前点不在工件坐标系的（α，β）点上，则加工原点与程序原点不一致，加工出的产品就有误差或报废，甚至出现事故。因此执行该指令时，刀具当前点必须恰好在对刀点上，即在工件坐标系的（α，β）点上。

由上可知，要正确加工零件，加工原点与程序原点必须一致，故编程时加工原点与程序原点考虑为同一点，实际操作时使两点一致并由对刀完成图 3-4 所示的坐标系设定，当以工件左端面为工件原点时，建立坐标系应执行以下程序段：

G92 X180 Z254

当以工件右端面为工件原点时，建立坐标系应执行以下程序段：

G92 X180 Z44

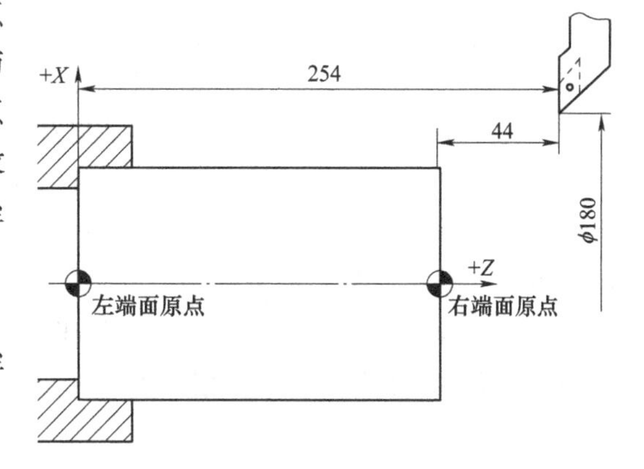

图 3-4　G92 指令设立坐标系

显然，当 α、β 不同或改变刀具位置时，即刀具当前点不在对刀点位置上，则加工原点与程序原点不一致，因此在执行程序段 G92 Xα Zβ 前，必须先对刀。

（六）工件坐标系选择指令 G54～G59

格式：G54

G55

G56

G57

G58

G59

说明：

G54～G59 指令是数控装置预定的 6 个工件坐标系，如图 3-5 所示。可根据需求自由选择这 6 个预定工件坐标系的原点在机床坐标系中的值。工件零点偏置值可通过手动数据输入（MDI）方式输入，并由数控装置自动存储。一旦选定工件坐标系，后续程序段中使用绝对值编程时的指令值都将是相对该工件坐标系原点的值。G54～G59 指令为模态指令，可以相互注销，其中 G54 指令为默认指令。

注意：数控车床确定工件坐标系常用刀偏表——设置刀偏值来确定工件坐标系的位置。

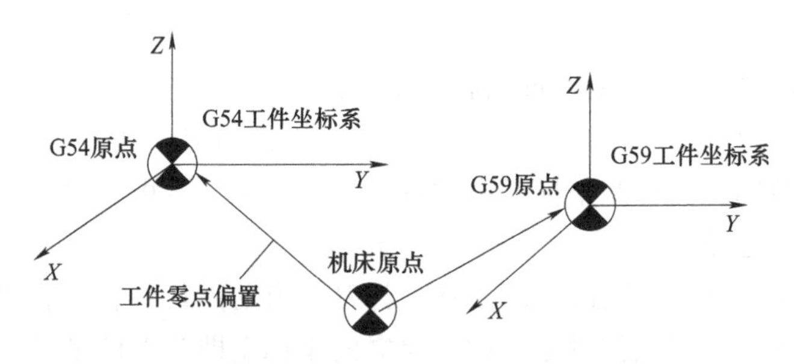

图 3-5　工件坐标系选择（G54～G59）

（七）局部坐标系设定指令 G52

在工件坐标系上编程时，为了方便，可以在工件坐标系中再创建一个子工件坐标系。这样的子坐标系称为局部坐标系。

G52 X_ Z_ A_;　　　　　　　设定局部坐标系

G52 X0 Z0;　　　　　　　　取消局部坐标系

使用 G52 X_ Z_ A_指令：可在所有的工件坐标系内设定局部坐标系，各自的局部坐标系的原点成为各自的工件坐标系中的 *X*、*Z*、*A* 的位置。一旦设定了局部坐标系，之后指定的轴的移动指令为局部坐标系下的坐标；如果要取消局部坐标系或在工件坐标系中指定坐标值时，应将局部坐标系原点和工件坐标系原点重合。

（八）直接机床坐标系编程指令 G53

格式：G53

说明：

G53 指令用于机床坐标系编程。在含有 G53 指令的程序段中，绝对值编程指令的值是在机床坐标系中的坐标值，G53 指令为非模态指令。

二、进给控制指令

（一）快速定位指令 G00

格式：G00 X(U)_ Z(W)_

说明：

X、Z 为绝对值编程时，快速定位终点在工件坐标系中的坐标。

U、W 为增量值编程时，快速定位终点相对于起点的位移量。

G00 指令刀具相对于工件以各轴预先设定的速度，从当前位置快速移动到程序段指定的定位目标点。

G00 指令中的快移速度由机床参数中快移进给速度对各轴分别设定，不能用 F 指令指定。

G00 指令一般用于加工前快速定位或加工后快速退刀；快移速度可由面板上的“快速修调”按钮修正。

G00 指令为模态指令，可由 G01、G02、G03 或 G32 指令注销。

在执行 G00 指令时，由于各轴以各自速度移动，不能保证各轴同时到达终点，因而联动直线轴的合成轨迹不一定是直线，操作者必须格外小心，以免刀具与工件发生碰撞，常见的做法是，将 *X* 轴移动到安全位置，再放心地执行 G00 指令。

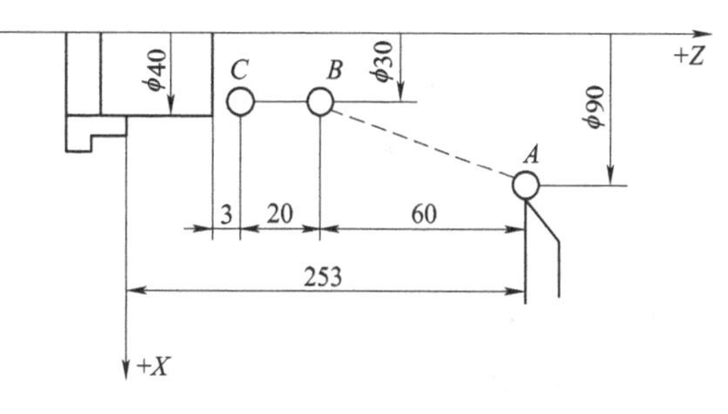

图 3-6　G00 指令折线进给路线

例 3-2　如图 3-6 所示，如果 *X* 轴的快速进给速度为 300mm/min，*Z* 轴的快速进给速度为 600mm/min，刀具的起始点位于工件坐标系的 *A* 点。当程序为如下程序时，刀具不是从 *A* 点走一条直线到 *C* 点，而是先沿 *X*、*Z* 轴移至 *B* 点，再沿 *Z* 轴移至 *C* 点的，程序如下：

```
%0002
N01 G92 X90 Z253;            建立工件坐标系
N02 G90 G00 X30 Z173;        或 G91 G00 X-60 Z-80
N03 X30 Z253;                或 X60 Z80
N04 M02;
```

（二）线性进给指令 G01

格式：G01 X(U)_ Z(W)_ F_

说明：

X、Z 为绝对值编程时终点在工件坐标系中的坐标。

U、W 为增量值编程时终点相对于起点的位移量。

F 为合成进给速度。

G01 指令刀具以联动的方式，按 F 规定的合成进给速度，从当前位置按线性路线（联动直线轴的合成轨迹为直线）移动到程序段指令的终点。

G01 指令是模态指令，可由 G00、G02、G03 或 G32 指令注销。

例 3-3　如图 3-7 所示，用 G01 指令粗、精加工简单圆柱零件。

用绝对坐标方式编程如下：

```
%0001
N1 T0101 M03 S500
N2 G00 X80 Z10
```

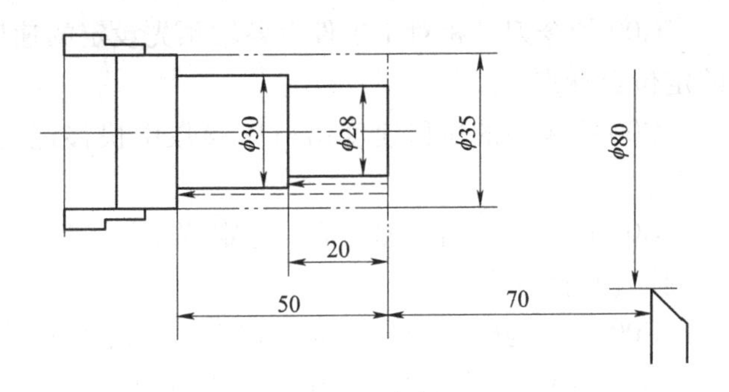

图 3-7 实例

```
N3 G00 X31 Z3
N4 G01 Z-50 F100
N5 G00 X36
N6 Z3
N7 X29
N8 G01 Z-20 F100
N9 G00 X36
N10 Z3
N11 X28 S1000
N12 G01 Z-20 F40
N13 X30
N14 Z-50
N15 G00 X36
N16 X80 Z10
N17 M05
N18 M30
```

用相对坐标方式编程如下：

```
%0002
N1 T0101
N2 M03 S500
N3 G00 X80 Z10
N4 G00 X31 Z3
N5 G01 W-53 F100
N6 G01 U5
N7 G01 W53
N8 G01 U-7
N9 G01 W-23
N10 G01 U5
N11 G01 W23
N12 G01 U-4
N13 G01 W-53
N14 G01 U6
N15 G01 W53
N16 G01 U-8
N17 G01 W-23
N18 G01 U10
N19 W50
N20 M30
```

例 3-4 用 G01 指令粗、精加工图 3-8 所示零件。

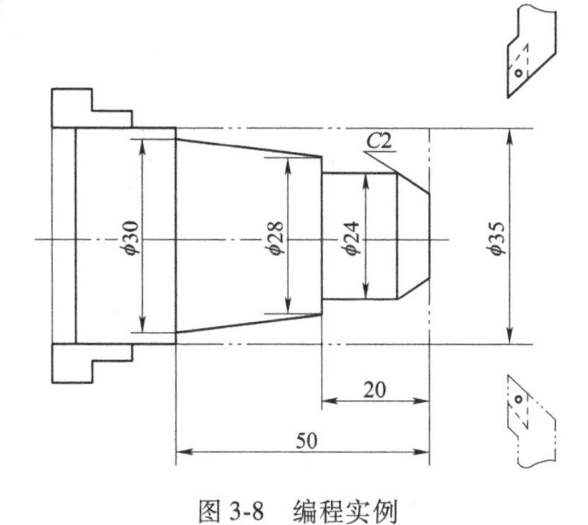

图 3-8 编程实例

```
%0003
N1 T0101
N2 M03 S800
N3 G00 X100 Z40
N4 G00 X31 Z3
N5 G01 Z-50 F100
N6 G00 X36
N7 Z3
N8 X25
N9 G01 Z-20 F100
N10 G00 X36
N11 Z3
N12 X15
N13 G01 U14 W-7 F100
N14 G00 X36
N15 X100 Z40
N16 T0202
N17 G00 X100 Z40
N18 G00 X14 Z3
N19 G01 X24 Z-2 F80
N20 Z-20
N22 X30 Z-50
N23 G00 X36
N24 X80 Z10
N24 M30
```

（三）倒角指令

倒角指令可以在两相邻轨迹之间插入直线倒角或圆弧倒角。

1. 直线倒角

格式：G01 X_ Z_ C_

指令中 X、Z 在绝对坐标方式时（见图 3-9a）为两相邻直线的交点，即假想拐角交点 *G* 的坐标值，在相对坐标方式时，为假想拐角交点 *G* 相对于直线起始点 *A* 的移动距离，*C* 为倒角尺寸。

2. 圆弧倒角

格式：G01 X_ Z_ R_

指令中 X、Z 值与直线倒角一样，R 值是倒角圆弧的半径值，如图 3-9b 所示。

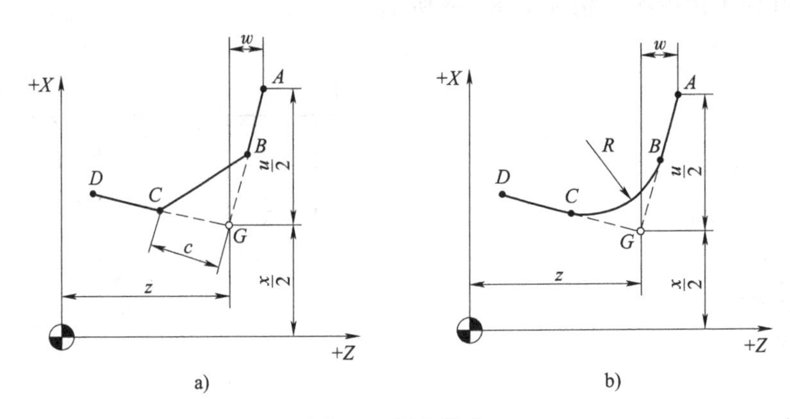

图 3-9　倒角指令

a）直线倒角　b）圆弧倒角

例 3-5　如图 3-10 所示，编制其轮廓加工程序。

用绝对坐标方式编程如下：

%0001	
N1 G92 X70 Z80；	在 *A* 点建立工件坐标
N2 G90 G01 X0 Z70 F300 M03；	*B* 点
N3 G01 X26 C3；	*D* 点
N4 Z48 R3；	*G* 点
N5 X65 Z34 C3；	*J* 点
N6 Z0；	*L* 点
N7 G00 X70 Z80；	*A* 点
N8 M05；	主轴停
N9 M02；	主程序结束

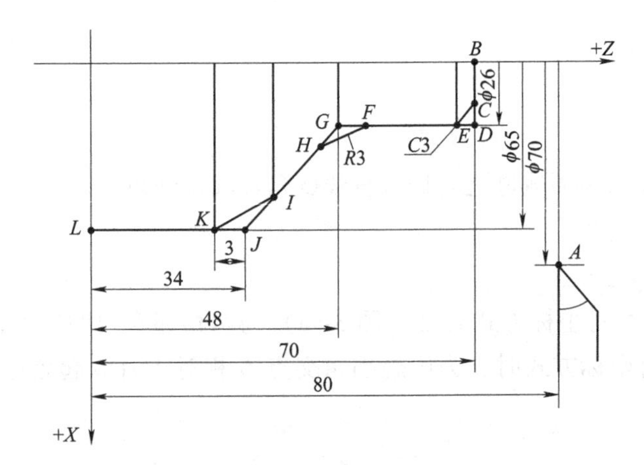

图 3-10　直线倒角、圆弧倒角的 G01 指令

用相对坐标方式编程如下

```
%0002
N1  G92  X70  Z80;                      在A点建立工件坐标
N2  G91  G01  X-70  Z-10  F300  M03;    B点
N3  G01  X26  C3  F300;                 D点
N4  Z-22  R3;                           G点
N5  X39  Z-14  C3;                      J点
N6  Z-34;                               L点
N7  G00  X5  Z80;                       A点
N8  M05;                                主轴停
N9  M02;                                主程序结束
```

注意：

（1）用相对坐标方式进行倒角控制时，程序的 N3、N4 程序段的指令必须分别从 *D*、*G* 点开始计算距离，而不是从 *E*、*H* 点开始。

（2）在单段工作方式下，刀具将在 *D*、*G* 点停止前进，而非停于 *E*、*H* 点。

（3）在螺纹切削程序段中不得出现倒角控制指令。

（4）如果 *X*、*Z* 轴指定的移动量比指定的 R 或 C 小时，数控装置将报警。

（5）在 G01 指令状态下，C、R 指令均出现时，以后出现的为准。

任务实施

一、零件工艺性分析

图 3-11 所示零件属于轴类零件，加工内容包括圆柱、圆锥、沟槽、倒角。

（1）装夹时采用自定心卡盘夹紧，以坯料轴线和左端面为定位基准。

（2）刀具选用。

1）外圆机夹车刀 T0101：车端面，粗、精车各外圆。

2）切断刀（宽 3mm）T0202：用于切槽和切断。

（3）工件坐标系原点设置在工件右端面中心位置。

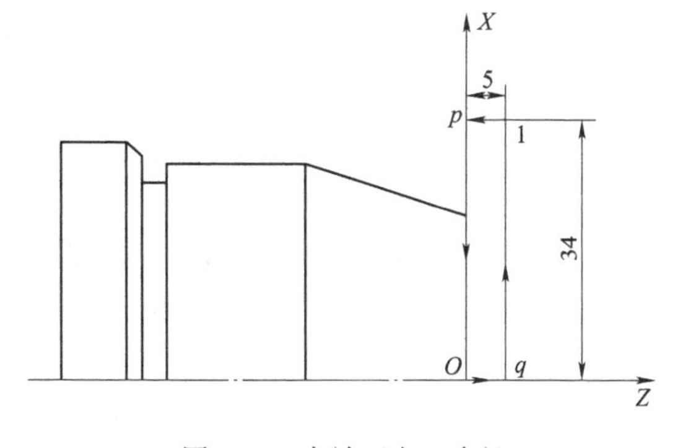

图 3-11　车端面走刀路径

（4）走刀路径。

1）车端面走刀路径：1→*p*→*O*→*q*→1，如图 3-11 所示。

2）粗车各外圆的走刀路径：1→2→3→4→1→5→6→7→1，如图 3-12 所示。

3）粗车锥面的走刀路径：*a*→*f*→*c*→*a*→*f*→*e*→*a*→*f*→*g*→*a*，如图 3-13 所示。

4）精加工的走刀路径：*A*→*B*→*C*→*D*→*E*→*F*，如图 3-14 所示。

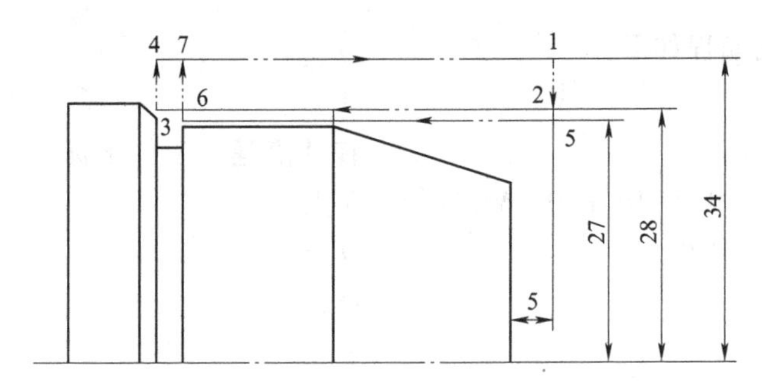

图 3-12　粗车各外圆的走刀路径

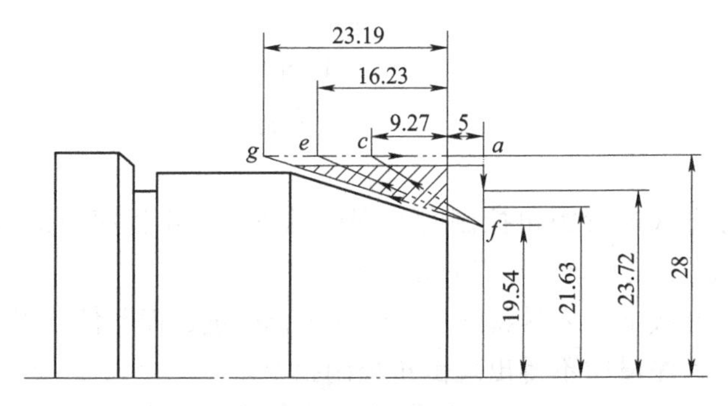

图 3-13　粗车锥面的走刀路径

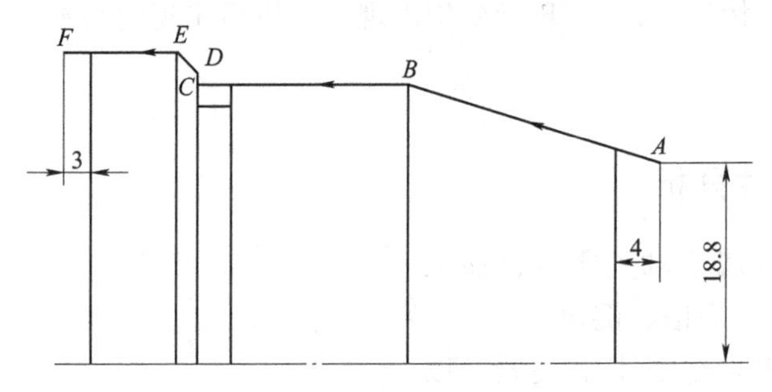

图 3-14　精加工的走刀路径

5）切槽的走刀路径：$A_1 \to A_2 \to A_1$，如图 3-15 所示。

6）切断的走刀路径：$A_3 \to A_4 \to A_3$，如图 3-15 所示。

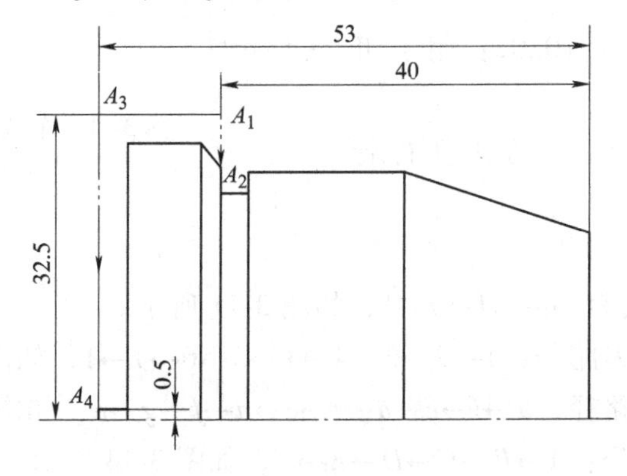

图 3-15　切槽与切断的走刀路径

二、编制数控加工工序卡

零件数控加工工序卡见表 3-1。

表 3-1 零件数控加工工序卡

<table>
<tr><td colspan="5" rowspan="2">数控加工工序卡</td><td colspan="2">产品名称</td><td colspan="2">零件名称</td><td colspan="2">零件图号</td></tr>
<tr><td colspan="2">—</td><td colspan="2">定位销轴</td><td colspan="2">C01</td></tr>
<tr><td>工序号</td><td>程序编号</td><td>材料</td><td colspan="2">数量</td><td colspan="2">夹具名称</td><td colspan="2">使用设备</td><td colspan="2">车间</td></tr>
<tr><td>10</td><td>O1001</td><td>45</td><td colspan="2">20</td><td colspan="2">自定心卡盘</td><td colspan="2">CK7150A</td><td colspan="2">数控加工车间</td></tr>
<tr><td rowspan="2">工步号</td><td colspan="2" rowspan="2">工步内容</td><td colspan="4">切削用量</td><td colspan="2">刀具</td><td colspan="2">量具</td></tr>
<tr><td>v/(m/min)</td><td>n/(r/min)</td><td>f/(mm/r)</td><td>a_p/mm</td><td>编号</td><td>名称</td><td>编号</td><td>名称</td></tr>
<tr><td>1</td><td colspan="2">车端面</td><td>150</td><td>800</td><td>0.2</td><td>1</td><td>T0101</td><td>外圆机夹车刀</td><td>1</td><td>游标卡尺</td></tr>
<tr><td>2</td><td colspan="2">粗车各外圆</td><td>150</td><td>800</td><td>0.2</td><td>2</td><td>T0101</td><td>外圆机夹车刀</td><td>1</td><td>游标卡尺</td></tr>
<tr><td>3</td><td colspan="2">半精车各外圆</td><td>220</td><td>1200</td><td>0.1</td><td>0.5</td><td>T0101</td><td>外圆机夹车刀</td><td>2</td><td>外径千分尺</td></tr>
<tr><td>4</td><td colspan="2">切槽、切断</td><td>75</td><td>400</td><td>0.05</td><td>—</td><td>T0202</td><td>切断刀</td><td>1</td><td>游标卡尺</td></tr>
<tr><td>编制</td><td></td><td>审核</td><td colspan="3"></td><td>批准</td><td></td><td>共 页</td><td colspan="2">第 页</td></tr>
</table>

三、参考程序

```
%1001
T0101
M03 S800
G00 X65 Z5
Z0
G01 X0 F200
G00 Z5
X56
G01 Z-40
G00 X60
Z5
X54
G01 Z-37
```

```
G00 X56
Z5
X38.2
G01 X56 Z-9.27
G00 Z5
X38.2
G01 X56 Z-16.23
G00 Z5
X38.2
G01 X56 Z-23.19
G00 Z5
X38.2
M03 S1200
G01 X52 Z-20 F150
Z-40
X58 C2
Z-53
G00 X64
X150
Z150
T0202
M03 S400
G00 X65 Z-40
G01 X48 F50
X65
G00 Z-53
G01 X1
X65
G00 X150
Z150
M05
M30
```

思考与练习

图 3-16 所示为定位销零件图，毛坯尺寸为 25mm×100mm，材料为 45 钢，根据零件的图样精度的要求完成定位销的加工。

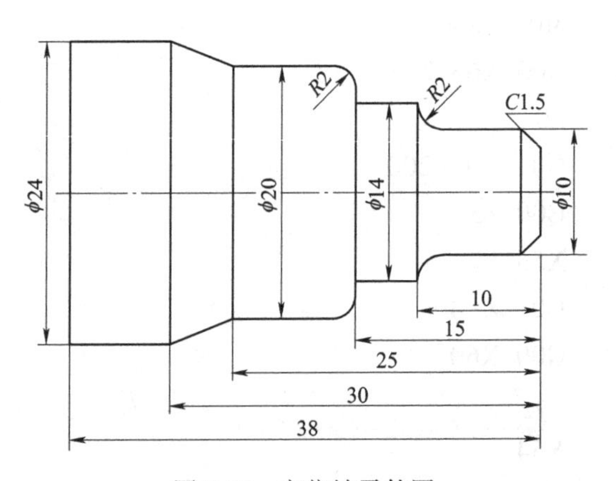

图 3-16　定位销零件图

任务 3-2　带曲面螺纹零件的加工

任务要求

图 3-17 所示为带曲面螺纹的零件图，毛坯尺寸为 ϕ40mm×75mm，材料为 45 钢。根据零件的图样精度要求，完成零件的加工。

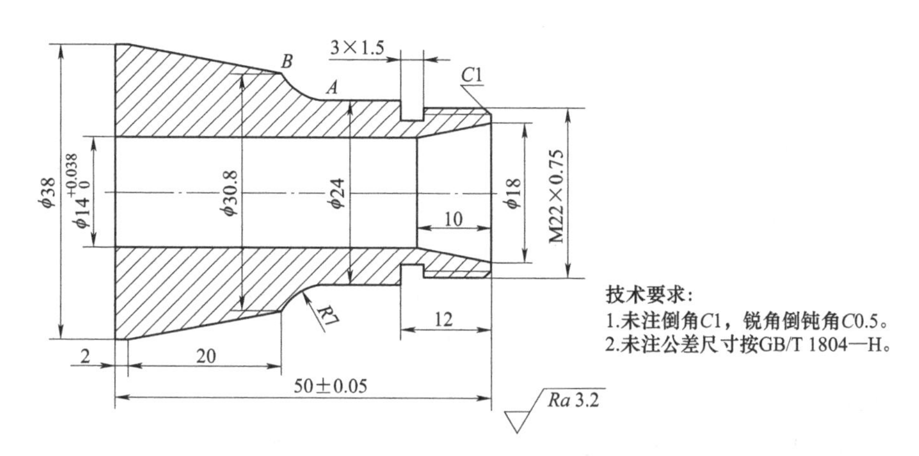

图 3-17　带曲面螺纹的零件图

技能目标

能根据图样要求，确定其加工工艺，选择合适的刀具进行加工。掌握相应 G 指令的应用，编制合理、正确的加工程序。

相关知识

一、圆弧插补指令 G02、G03

圆弧插补指令指定刀具在加工平面内按给定的进给速度 F 做圆弧运动，切削出圆弧轮廓。

格式：$\left.\begin{matrix}\text{G02}\\\text{G03}\end{matrix}\right\}\text{X(U)\_Z(W)\_}\left\{\begin{matrix}\text{I\_K\_}\\\text{R\_}\end{matrix}\right\}\text{F\_}$

说明：

（1）G02 为顺时针方向圆弧插补，G03 为逆时针方向圆弧插补。

（2）X、Z：绝对坐标方式编程时，圆弧终点为工件坐标系中的坐标。

（3）U、W：相对坐标方式编程时，圆弧终点相对于圆弧起点的位移量。

（4）I、K：圆心相对于圆弧起点的增加量（等于圆心的坐标减去圆弧起点的坐标），当采用绝对坐标方式、相对坐标方式编程时，都是以增量方式指定；当采用直径、半径方式编程时，I 都是半径值。

（5）R：圆弧半径。

（6）F：被编程的两个轴的合成进给速度。

圆弧插补指令分为顺时针方向插补指令（G02）和逆时针方向插补指令（G03）。数控车床的刀架位置有两种形式，即刀架在操作者一侧或在操作者外侧，因此，应根据刀架的位置判别圆弧插补时的顺逆，如图 3-18 所示。

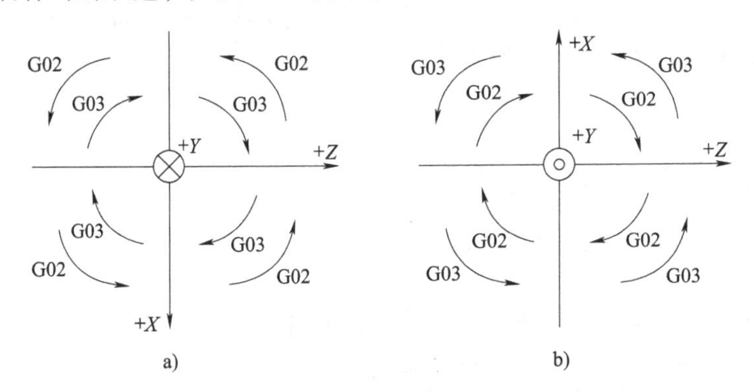

图 3-18　圆弧的顺、逆时针方向与刀架位置的关系

a）前置刀架　b）后置刀架

注意事项：

（1）在图 3-19 中，X、Z 在绝对坐标方式时为圆弧终点坐标值，在相对坐标方式时为圆弧终点相对于始点的距离；I、K 为圆心在 *X*、*Z* 轴方向上相对于圆弧起点的坐标值增量（等于圆心的坐标减去圆弧起点的坐标），无论是直径方式编程还是半径方式编程，I、K 均为半径量，当 I、K 为零时可以省略。I、K 和 R 在程序段中等效，在一程序段中同时指定了 I、K、R 时，R 有效。

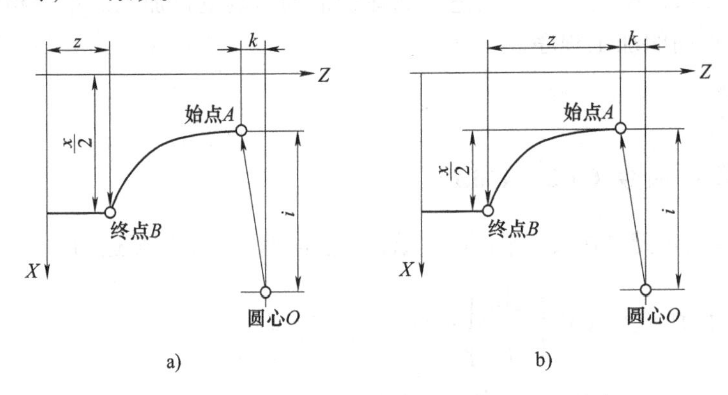

图 3-19　绝对坐标方式指令与相对坐标方式指令

a）绝对坐标方式　b）相对坐标方式

（2）R 是圆弧半径，当圆弧所对的圆心角小于或等于 180°时，R 取正值；当圆弧所对的圆心角为 180°~360°时，R 取负值。

（3）用半径 R 指定圆心位置时，不能描述整圆。

例 3-6　如图 3-20 所示，用圆弧插补指令编程。

```
%0001
N1 T0101
N2 M03 S600
N3 G00 X100 Z40
N4 G00 X0 Z3
N5 G01 Z0 F100
N6 G03 X20 Z-10 R10
(N6 G03 X20 Z-10 K-10)
N7 G01 Z-20
N8 G02 X24 Z-24 R4
(N9 G02 X24 Z-24 I4)
N9 G01 Z-40
N10 G00 X30
N11 X100 Z40
N12 M30
```

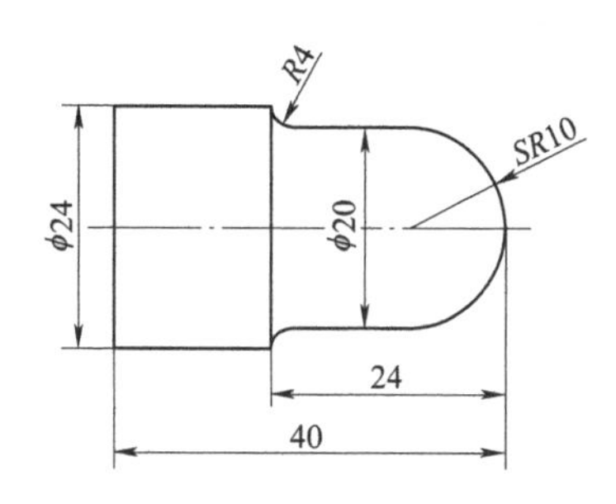

图 3-20　用圆弧插补指令编程

二、恒线速度指令 G96、G97

在数控编程中，为了精确控制切削过程，常常需要引入恒线速度指令 G96 和 G97。其中，G96 指令用于设定主轴的恒定切削线速度模式，即无论刀具位置如何变化，都保持切削线速度恒定。而 G97 指令则用于取消此模式，使主轴转速恢复到常规控制状态。

在 G96 模式下，S 之后指定的圆周速度（即刀具与工件之间的相对速度）会根据刀具位置的变化而自动调整，以确保主轴时刻以该指定的圆周速度旋转。这种设计使得在加工过程中，即使切削点离主轴中心的距离发生了变化，切削线速度也能保持不变，从而有助于提高加工精度和表面质量。

格式：

G96 P_ S_;　　　激活指定轴恒线速度控制功能

G46 X_ P_;　　　极限主轴转速限定

G97 S_;　　　　取消主轴恒线速度控制功能

说明：

（1）P：在 G96 指令中指定恒线速度控制轴，指定的轴由系统轴参数决定，1~3 分别表示 X、Y、Z 轴；在 G46 指令中指定恒线速时的主轴最高速限定（r/min）。

（2）S：在 G96 指令中指定恒线速度（mm/min 或 in/min）；在 G97 指令中取消恒线速度后，指定主轴转速（r/min）。如默认，则为执行 G96 指令前的主轴转速。

（3）X：指定恒线速时主轴的最低速限定（r/min）。

（4）G96/G97 指令为相互注销的一对模态指令。

（5）G46 指令功能只在恒线速度功能有效时存在。

（6）使用恒线速度功能，主轴必须能自动变速（如：伺服主轴、变频主轴）。

（7）进行恒线速度控制时，当主轴的设定转速大于最高主轴转速时，将被钳制在最高转速。

注意：G96 指令后面必须跟 G46 指令，以限制主轴的最高转速及最低转速。

例 3-7 恒线速度切削示例如图 3-21 所示，编制其精加工程序，并保证加工的表面质量。

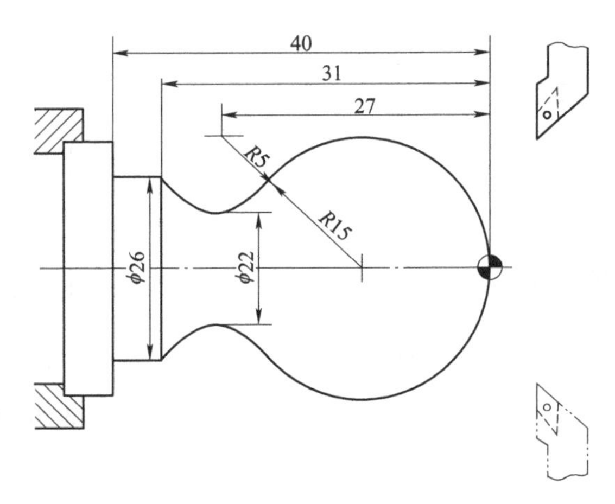

图 3-21 恒线速度切削示例

%0001	
N1 T0101;	设立坐标系，选 1 号刀
N2 G00 X40 Z5;	移到起始点的位置
N3 M03 S460;	主轴以 460r/min 旋转
N4 G96 P0 S80;	恒线速度有效，线速度为 80m/min
N5 G46 X400 P900;	限定主轴转速范围：400~900r/min
N6 G00 X0;	刀具移动到中心，转速升高，直到主轴达到最大限速 900r/min
N7 G01 Z0 F60;	刀具接触工件
N8 G03 U24 W-24 R15;	加工 R15mm 圆弧段
N9 G02 X26 Z-31 R5;	加工 R5mm 圆弧段
N10 G01 Z-40;	加工 ϕ26mm 外圆
N11 X40 Z5;	回对刀点
N12 G97 S300;	取消恒线速度功能，设定主轴转速为 300r/min
N13 M30;	主轴停止，主程序结束并复位

三、刀尖半径补偿指令

加工程序一般是针对刀具上的某一点——刀位点，按工件轮廓尺寸编制的。车刀的刀位点一般为理想状态下的假想刀尖 A 点或刀尖圆弧圆心 O 点。但实际加工中的车刀，由于工艺或其他要求，刀尖往往不是一理想点，而是一段圆弧。当切削加工时刀具切削点在刀尖圆弧上变动，使实际切削点与刀位点之间的位置有偏差，从而会导致过切或少切。这种由于刀尖不是一个理想点而是一段圆弧造成的加工误差，可用刀尖半径补偿指令来消除，如图 3-22 所示。

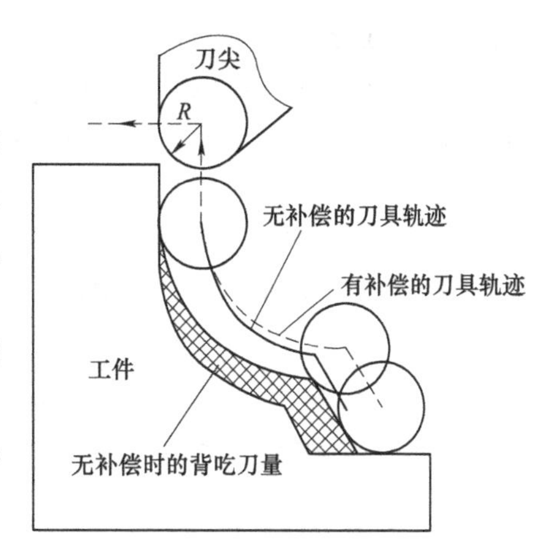

图 3-22　刀尖半径补偿

（一）假想刀尖

在图 3-23b 中，在位置 *A* 的刀尖实际上并不存在。把实际的刀尖半径中心设在起始位置要比把假想刀尖设在起始位置困难得多，因而需要假想刀尖。

当使用假想刀尖时，编程中不需要考虑刀尖半径。

当刀具设定在起始位置时，位置关系如图 3-23a 所示。

说明：刀尖圆弧半径补偿是通过 G41、G42、G40 指令及 T 指令指定的刀尖圆弧半径补偿号，来加入或取消半径补偿。

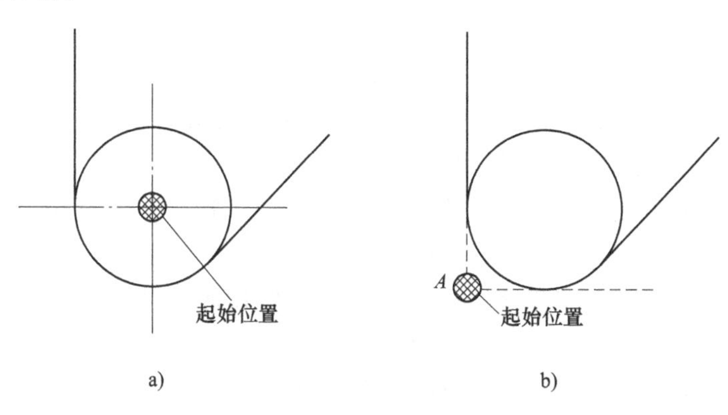

图 3-23　假想刀尖

a）使用刀尖中心编程时　b）使用假想刀尖编程时

G40 为取消刀尖半径补偿指令。

G41 为左刀补（在刀具前进方向左侧补偿）指令，如图 3-24 所示。G42 为右刀补（在刀具前进方向右侧补偿）指令，如图 3-25 所示。

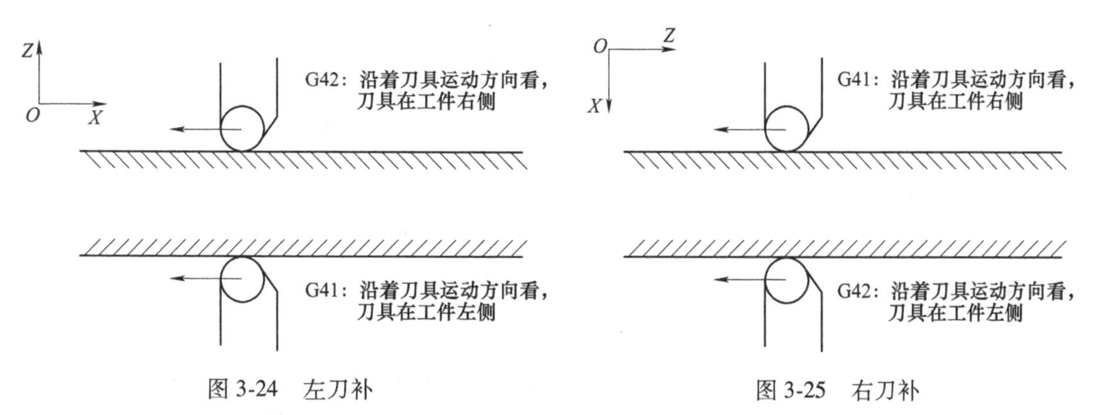

图 3-24　左刀补　　　　图 3-25　右刀补

（二）方位定义

车刀刀尖的方向号定义了刀具刀位点与刀尖圆弧中心的位置关系，它从 0 到 9 有十个方向。图 3-26、图 3-27 所示为后刀架与前刀架刀尖方位。

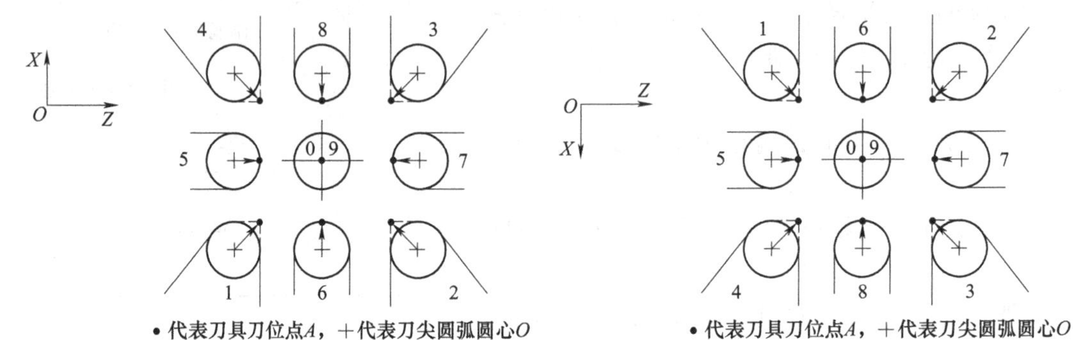

图 3-26　后刀架刀尖方位　　　图 3-27　前刀架刀尖方位

注意：

（1）G40、G41、G42 指令都是模态指令，可相互注销。

（2）G41/G42 指令不带参数，其补偿号（代表所用刀具对应的刀尖半径补偿值）由 T 指令指定。其刀尖圆弧补偿号与刀具偏置补偿号对应。

（3）刀尖半径补偿的建立与取消只能用 G00 或 G01 指令，不得用 G02 或 G03 指令。起刀从 G40 方式变为 G41 或 G42 方式的程序段称为起刀程序段。

G41：起刀程序段，在起刀程序段中执行刀具偏置过渡运动。在起刀段的下一个程序段的起点位置，刀尖中心定位于编程轨迹的垂线上，如图 3-28 所示。

由 G41 或 G42 方式变为 G40 方式的程序段称为偏置取消程序段。

G40：偏置取消程序段，在取消程序段之前的程序段中，刀尖中心运动到垂直于编程轨迹的位置。刀具定位于偏置取消程序段（G40）的终点位置，如图 3-29 所示。

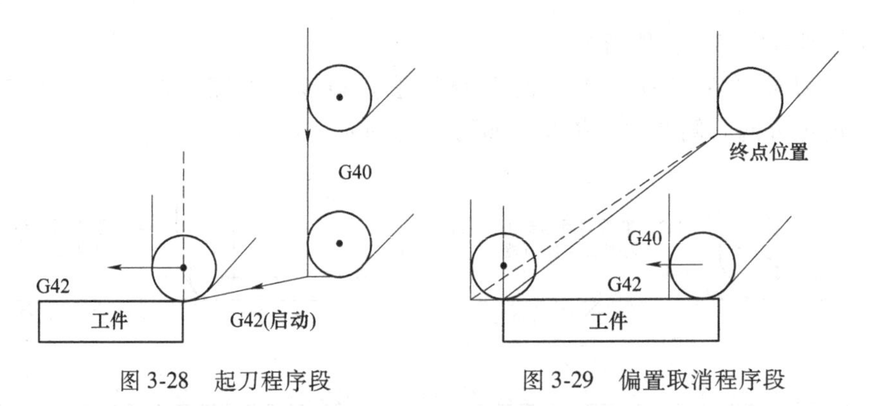

图 3-28　起刀程序段　　　图 3-29　偏置取消程序段

例 3-8　考虑刀尖半径补偿，编制图 3-30 所示零件的加工程序。

%0001

N1 T0101;　　　　换 1 号刀，确定其坐标系

N2 M03 S400;　　　　主轴以 400r/min 的速度正转

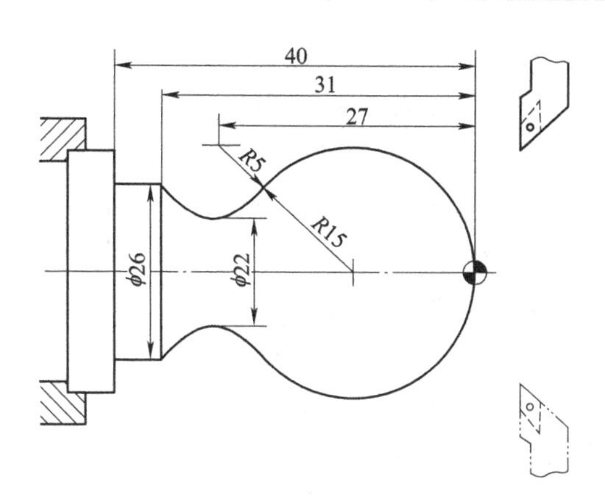

图 3-30　刀尖半径补偿零件

N3 G00 X40 Z5；	到程序起点位置
N4 G00 X0；	刀具移到工件中心
N5 G01 G42 Z0 F60；	加入刀具圆弧半径补偿，刀具接触工件
N6 G03 U24 W-24 R15；	加工 $R15$mm 圆弧段
N7 G02 X26 Z-31 R5；	加工 $R5$mm 圆弧段
N8 G01 Z-40；	加工 $\phi26$mm 外圆
N9 G00 X30；	退出已加工表面
N10 G40 X40 Z5；	取消半径补偿，返回程序起点位置
N11 M30；	主轴停止、主程序结束并复位

四、螺纹加工指令 G32

螺纹加工的类型包括：内（外）圆柱螺纹和圆锥螺纹、单线螺纹和多线螺纹、恒螺距螺纹与变螺距螺纹，螺纹加工的前提条件是主轴上有位移测量系统。恒螺距螺纹形式如图 3-31 所示。

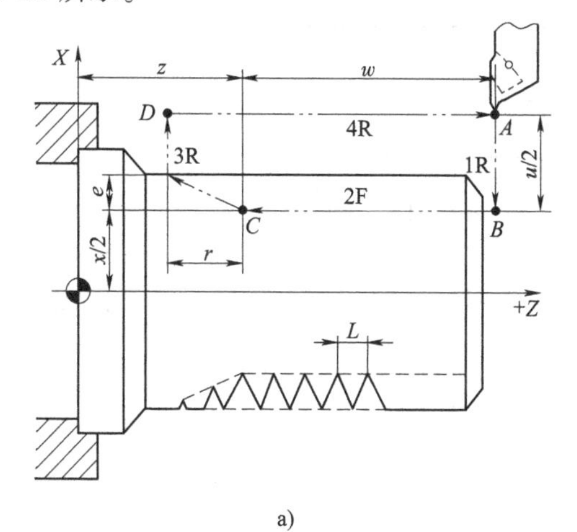

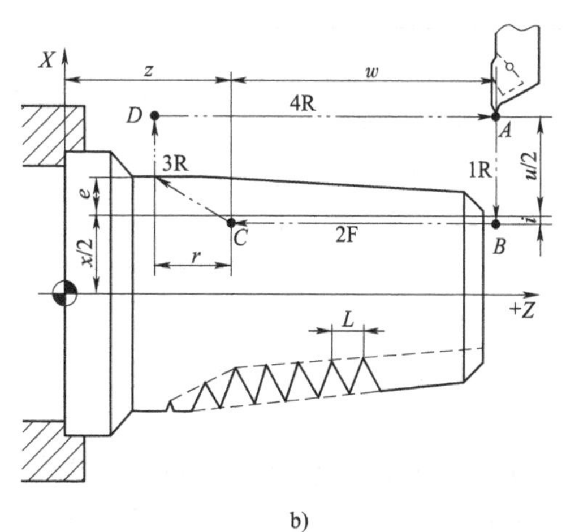

图 3-31　恒螺距螺纹形式

a）圆柱螺纹　b）圆锥螺纹

格式：G32 X/U_ Z/W_ F_

在 G32 指令中，X、Z 在绝对坐标方式时为螺纹加工轨迹终点 B 的坐标值，如图 3-32 所示；在相对坐标方式时为螺纹加工轨迹终点 B 相对于始点 A 的距离；F 表示螺纹的螺距。

在螺纹加工轨迹中，应设置足够的升速进刀段 δ 和降速退刀段 δ，以消除伺服滞后造成的螺距误差。当螺纹的收尾处没有退刀槽时，一般按 45°退刀收尾。当加工锥螺纹时，斜角 α 在 45°以下，F 为 Z 轴方向螺纹螺距；斜角 α 在 45°以上，F 为 X 轴方向螺纹螺距。

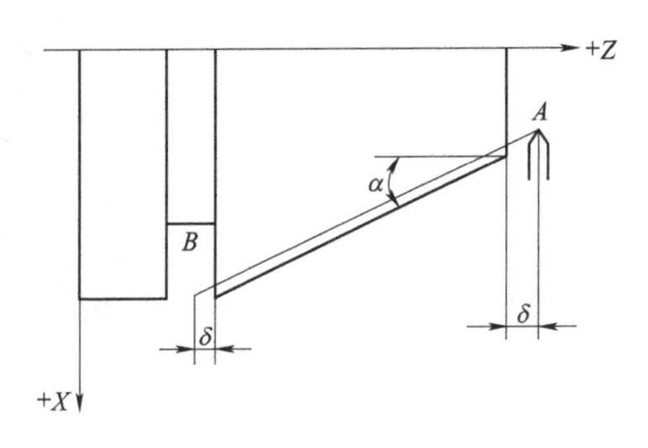

图 3-32　螺纹加工 G32

螺纹车削加工为成形车削，其切削量较大，一般要求分数次进给。表 3-2 所示为常用螺纹切削的进给次数与吃刀量。

表 3-2　常用螺纹切削的进给次数与吃刀量　　（单位：mm）

螺距		1.0	1.5	2	2.5	3	3.5	4
牙深（半径量）		0.649	0.974	1.299	1.624	1.949	2.273	2.598
进给次数及吃刀量（直径量）	1 次	0.7	0.8	0.9	1.0	1.2	1.5	1.5
	2 次	0.4	0.6	0.6	0.7	0.7	0.7	0.8
	3 次	0.2	0.4	0.6	0.6	0.6	0.6	0.6
	4 次	—	0.16	0.4	0.4	0.4	0.6	0.6
	5 次	—	—	0.1	0.4	0.4	0.4	0.4
	6 次	—	—	—	0.15	0.4	0.4	0.4
	7 次	—	—	—	—	0.2	0.2	0.4
	8 次	—	—	—	—	—	0.15	0.3
	9 次	—	—	—	—	—	—	0.2

（1）从螺纹粗加工到精加工，主轴的转速必须保持一常数。

（2）在没有停止主轴旋转的情况下，停止螺纹的切削非常危险。

（3）在螺纹加工中不使用恒定线速度控制功能。

（4）车螺纹时，必须设置升速段和降速段。

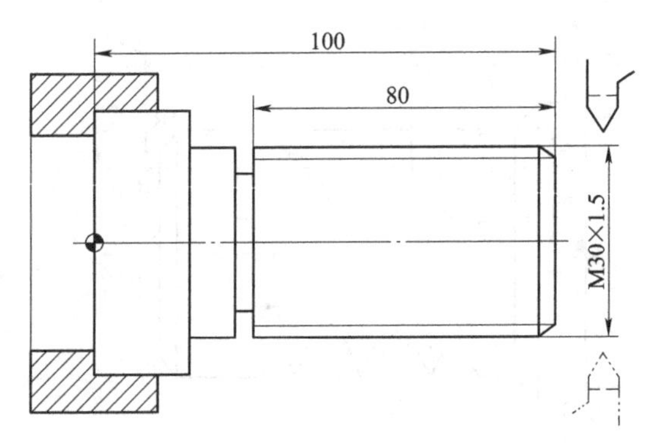

图 3-33　螺纹加工案例

例 3-9　对图 3-33 所示案例进行编程。螺纹螺距为 1.5mm，每次吃刀量（直径值）分别为 0.8mm、0.6mm、0.4mm、0.16mm。

```
%3316
N1 T0101;                     设立坐标系，选 1 号刀
N2 G00 X50 Z120;              移到起始点的位置
N3 M03 S300;                  主轴以 300r/min 旋转
N4 G00 X29.2 Z101.5;          到达螺纹起点，升速段 1.5mm，吃刀量 0.8mm
N5 G32 Z19 F1.5;              切削螺纹到螺纹切削终点，降速段 1mm
N6 G00 X40;                   X 轴方向快退
N7 Z101.5;                    Z 轴方向快退到螺纹起点处
N8 X28.6;                     X 轴方向快进到螺纹起点处，吃刀量 0.6mm
N9 G32 Z19 F1.5;              切削螺纹到螺纹切削终点
N10 G00 X40;                  X 轴方向快退
N11 Z101.5;                   Z 轴方向快退到螺纹起点处
N12 X28.2;                    X 轴方向快进到螺纹起点处，吃刀量 0.4mm
N13 G32 Z19 F1.5;             切削螺纹到螺纹切削终点
N14 G00 X40;                  X 轴方向快退
N15 Z101.5;                   Z 轴方向快退到螺纹起点处
N16 U-11.96;                  X 轴方向快进到螺纹起点处，吃刀量 0.16mm
N17 G32 W-82.5 F1.5;          切削螺纹到螺纹切削终点
N18 G00 X40;                  X 轴方向快退
N19 X50 Z120;                 回对刀点
N20 M05;                      主轴停
N21 M30;                      主程序结束并复位
```

任务实施

1. 加工工艺要求

图 3-34 所示零件包括 M22 螺纹加工、退刀槽加工、*R*7mm 圆弧面加工、锥面加工、内圆柱面及圆锥面的加工等，其中孔 ϕ14mm 有严格的尺寸精度和表面质量要求，零件材料为 45 钢，无热处理和硬度要求。

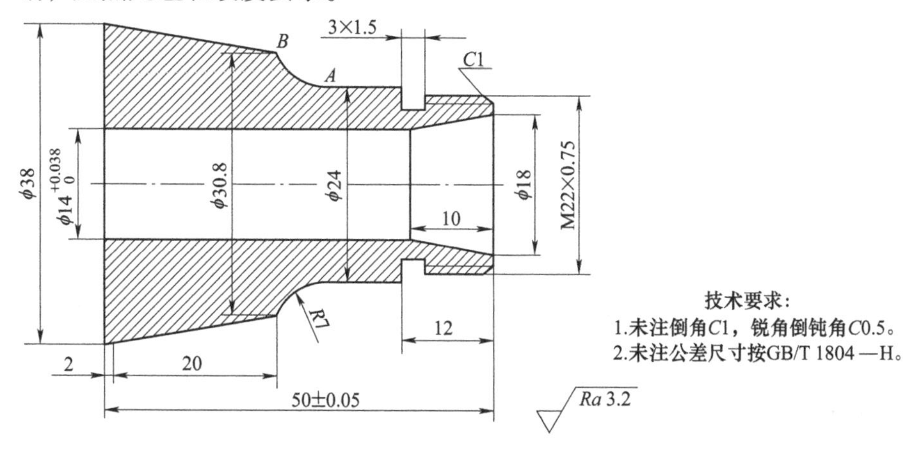

图 3-34　零件加工案例

（1）毛坯的选择。零件外形特征较多，适合单件小批量生产，考虑加工余量，毛坯选用 ϕ40mm×75mm 的 45 钢棒料。

（2）此零件选择外圆柱面为定位基准，选择自定心卡盘装夹，通过一次装夹完成全部内容加工，注意工件的装夹伸出长度，伸出 65mm 左右。

（3）加工步骤与刀具及切削参数的确定。

加工步骤与刀具及切削参数见表 3-3。

表 3-3 加工步骤与刀具及切削参数

加工步骤			刀具与切削参数			
工序	刀号	加工内容	刀具规格	主轴转速/(r/min)	进给速度/(mm/min)	背吃刀量/mm
1	—	钻内孔预孔	ϕ12mm 麻花钻	500	100	—
2	T0404	粗、精车内孔	内孔车刀	600	60~80	0.5
3	T0101	粗、精车外圆	外圆车刀	800	120~160	1
4	T0202	切退刀槽	切槽刀	600	30~50	—
5	T0303	车 M30 的细牙螺纹	螺纹刀	720	1.5	—
6	T0202	切断	切断刀	600	30~50	—

（4）设置坐标系。选取工件右端面的中心点为工件坐标系原点，正确设置多把刀具的坐标系。

2. 参考程序

```
%0001
T0404
M03 S600
G00 X11 Z2
X13
G01 Z-50 F50
G00 X11
Z2
X14
G01 Z-50 F50
G00 X11
Z2
G00 X15 Z0
G01 X14 Z-10
G00 X11
Z2
G01 X14 Z-10
G00 X11
```

```
Z2
G01 X14 Z-10
G00 X11
Z2
G01 X18 Z0
G01 X14 Z-10
G00 X11
Z200
X100
T0101
M03 S800
G00 X42 Z2
⋮                          此处外圆粗车程序省略
G42 G01 X16 Z2             外圆精车程序
G01 X22 Z-1
Z-12
X24
Z-21.997
G02 X30.8 Z-28R7
G01 X38 Z-18
N2 Z-50
G00 G40 X100
Z200
T0202
M03 S600
G00 X30 Z2
Z-12
G01 X19 F30
G04 P4
G00 X100
Z200
T0303
M03 S800
G00 X30 Z2
X21.5
G32 Z-10 F0.75
Z2
X21.2
```

```
G32 Z-10 F0.75
G00 X30
Z2
X21
G32 Z-10 F0.75
G00 X100
Z200
T0202
M03 S600
G00 X30 Z2
Z-53
G01 X10 F30
G00 X100
Z200
M05
M30
```

思考与练习

编制程序加工图 3-35、图 3-36 所示零件。

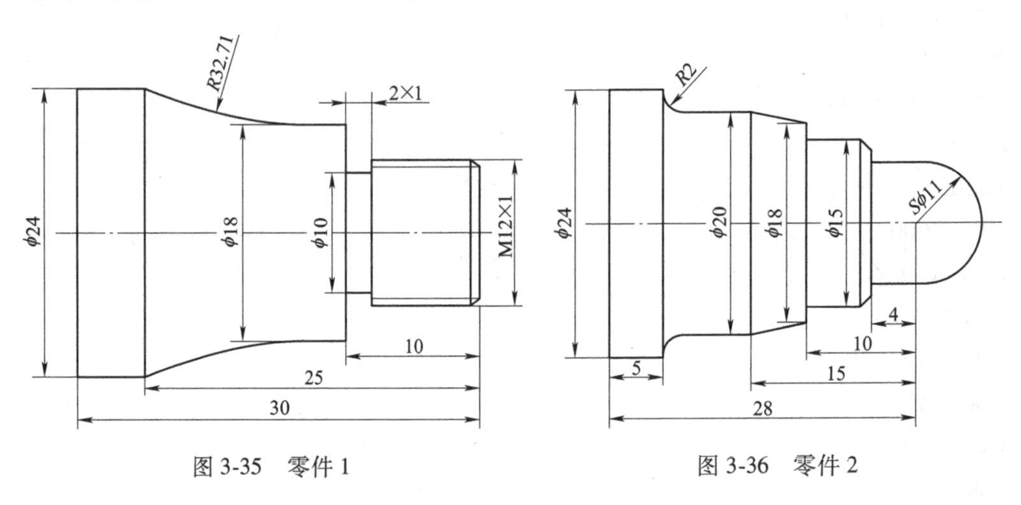

图 3-35　零件 1　　　　图 3-36　零件 2

任务 3-3　复杂轴套类零件的加工

任务要求

图 3-37 所示为复杂轴套类零件图，毛坯尺寸为 φ60mm×105mm，材料为 45 钢，根据零件的图样精度要求，完成复杂轴套类零件的加工。

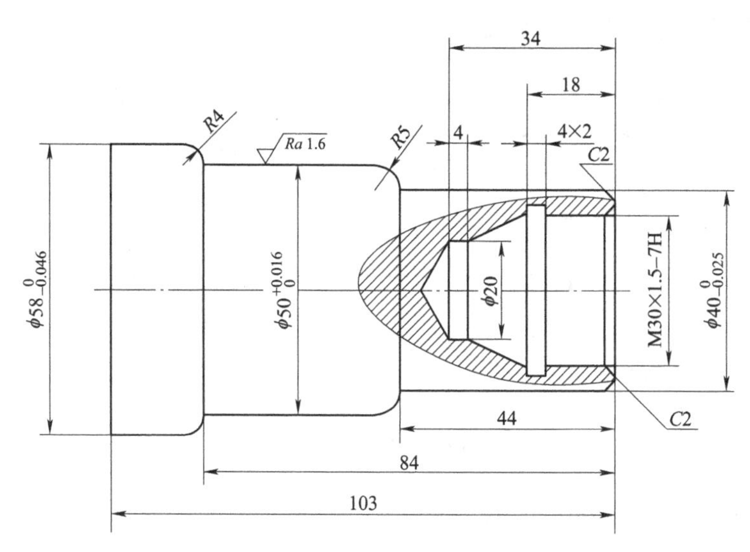

图 3-37　复杂轴套类零件图

技能目标

能根据图样要求，确定其加工工艺，选择合适的刀具进行加工，掌握相应 G 指令的应用编制合理、正确的加工程序。

相关知识

在要多次重复加工才能去除全部余量的情况下若采用简单的直线移动指令（G00/G01），只能完成一步的加工，而车外圆的定位、退刀都需要程序来控制，故会导致程序又长又烦琐，增加手工编程的工作量。

循环是用一个含 G 指令的程序段完成用多个程序段指令的加工操作，可以使程序简化。为了简化编程，数控装置提供了不同形式的固定循环功能，如内、外径切削循环 G80、G81 和 G82 等指令就能解决上述的问题，编程者只需要按数控装置规定的格式书写即可完成加工的定位、退刀。

（一）内、外径切削循环指令 G80

1. 圆柱面的内、外径切削循环指令 G80

格式：G80 X/U_ Z/W_ F_

说明：

X/U 在绝对坐标方式编程时，为切削终点 *C* 在工件坐标系下的坐标。

Z/W 在相对坐标方式编程时，为切削终点 *C* 相对于循环起点 *A* 的有向距离，图形中用 *u*、*w* 表示。

F 为进给速度（表示以指定速度 F 移动）（mm/min）。

切削过程为图 3-38 所示的 *A*→*B*→*C*→*D*→*A* 的轨迹。执行该指令时，刀具从循环起点 *A* 开始，经 *A*→*B*→*C*→*D*→*A* 四段，其中 *AB*、*DA* 段按快速 R 移动，*BC*、*CD* 段按指令速度 F 移动，X、Z 值在绝对坐标方式时为切削终点 *C* 的坐标值；在相对坐标方式时，为切削终点 C 相对于循环起点 A 的有向距离。

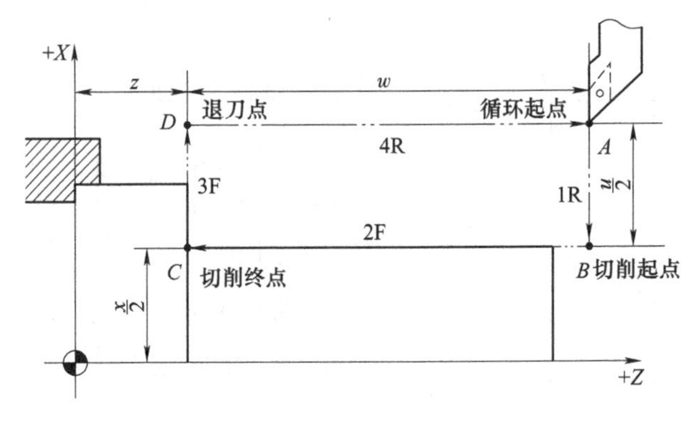

图 3-38 圆柱面的内、外径切削循环

例 3-10 加工图 3-39 所示工件，用 G80 指令粗、精加工简单圆柱零件。

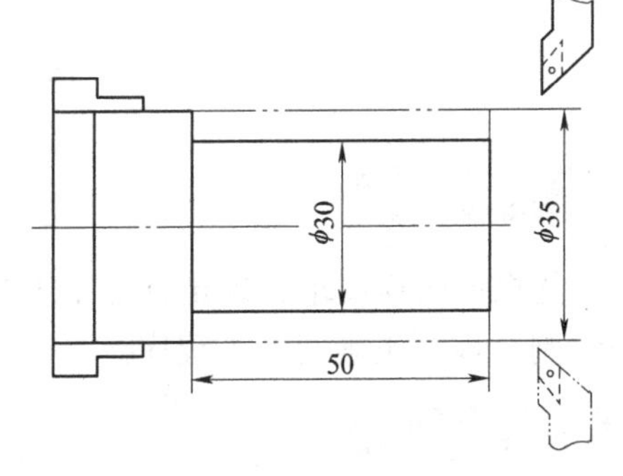

图 3-39 圆柱面的内、外径切削循环示例

```
%0001
N1 T0101
N2 M03 S460
N3 G00 X90 Z20
N4 X40 Z3
N5 G80 X31 Z-50 F100
N6 G80 X30 Z-50 F80
N7 G00 X90 Z20
N8 M30
```

2. 圆锥面的内、外径切削循环 G80

格式：G80 X/U_ Z/W_ I_ F_

说明：

X/U 在绝对坐标方式编程时，为切削终点 C 在工件坐标系下的坐标。

Z/W 在相对坐标方式编程时，为切削终点 C 相对于循环起点 A 的有向距离，图形中用 u、w 表示。

I 为切削起点 B 与切削终点 C 的半径差，其符号为差的符号（无论是绝对坐标方式编程还是相对坐标方式编程）。

F 为进给速度（表示以指定速度 F 移动）（mm/min）。

该指令的执行如图 3-40 所示，切削过程为 A→B→C→D→A 的轨迹。

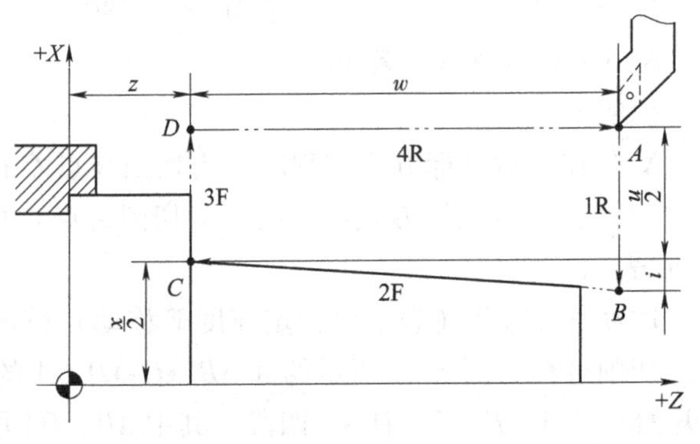

图 3-40 圆锥面的内、外径切削循环

例 3-11 如图 3-41 所示，用 G80 指令编程，双点画线代表毛坯。

```
%0002
N1 T0101
N2 G00 X100 Z40 M03 S460
N3 G00 X40 Z5
N4 G80 X31 Z-50 I-2.2 F100
N5 G00 X100 Z40
N6 T0202
N7 G00 X40 Z5
N8 G80 X30 Z-50 I-2.2 F80
N9 G00 X100 Z40
N10 M05
```

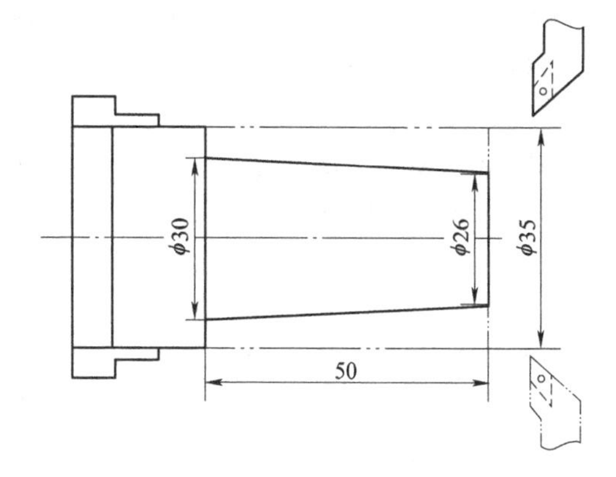

图 3-41　圆锥面内、外径切削循环示例

（二）端面切削循环指令 G81

1. 端平面切削循环指令 G81

格式：G81 X/U_ Z/W_ F_

说明：

X/U 在绝对坐标方式编程时，为切削终点 *C* 在工件坐标系下的坐标。

Z/W 在相对坐标方式编程时，为切削终点 *C* 相对于循环起点 *A* 的有向距离，图形中用 *u*、*w* 表示。

F 为进给速度（表示以指定速度 F 移动）（mm/min）。

该指令的执行如图 3-42 所示，切削过程为 *A*→*B*→*C*→*D*→*A* 的轨迹。

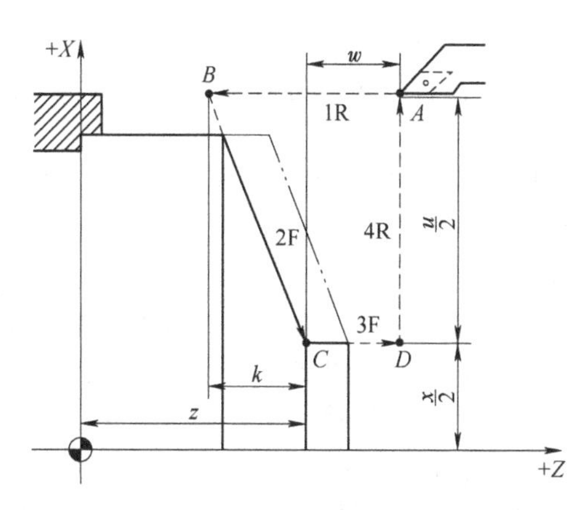

图 3-42　端平面切削循环

2. 圆锥端面切削循环指令 G81

格式：G81 X/U_ Z/W_ K_ F_

说明：

X/U 在绝对坐标方式编程时，为切削终点 *C* 在工件坐标系下的坐标。

Z/W 在相对坐标方式编程时，为切削终点 *C* 相对于循环起点 *A* 的有向距离，图形中用 *u*、*w* 表示。

K 为切削起点 *B* 相对于切削终点 *C* 的 Z 向有向距离。

F 为进给速度，表示以指定速度 F 移动（mm/min）。

该指令的执行如图 3-43 所示，切削过程为 *A*→*B*→*C*→*D*→*A* 的轨迹。

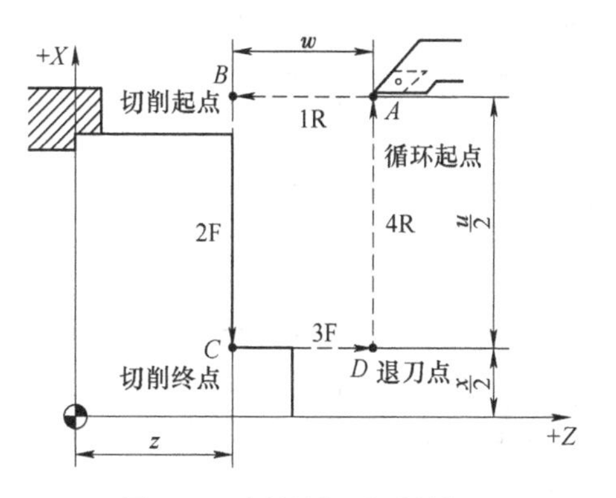

图 3-43　圆锥端面切削循环

例 3-12 加工图 3-44 所示工件，用 G81 指令编程，双点画线代表毛坯。

%0003

N1 T0101；	设立坐标系、选 1 号刀
N2 G00 X60 Z45；	移到循环起点的位置
N3 M03 S460；	主轴正转
N4 G81 X25 Z31.5 K-3.5 F100；	加工第 1 次循环，吃刀量 2mm
N5 X25 Z29.5 K-3.5；	每次吃刀量均为 2mm
N6 X25 Z27.5 K-3.5；	每次切削起点位置，距工件外圆面 5mm，故 K 值为-3.5mm
N7 X25 Z25.5 K-3.5；	加工第 4 次循环，吃刀量 2mm
N8 M05；	主轴停
N9 M30；	主程序结束并复位

（三）螺纹切削循环指令 G82

1. 直螺纹切削循环指令 G82

格式：G82 X/U_ Z/W_ R_ E_ C_ P_ F_

说明：

X/U 在绝对坐标方式编程时，为螺纹终点 C 在工件坐标系下的坐标。

Z/W 在相对坐标方式编程时，为螺纹终点 C 相对于循环起点 A 的有向距离，图形中用 u、w 表示。

R、E 为螺纹切削的退尾量，R、E 均为向量，R 为 Z 向回退量，E 为 X 向回退量。正值表示朝 X、Z 正方向退尾，负值表示朝 X、Z 负方向退尾。R、E 可以省略，表示不用回退功能。

C 为螺纹头数，为 0 或 1 时为切削单头螺纹。

P 在单头螺纹切削时，为主轴基准脉冲处距离切削起始点的主轴转角（默认值为 0）；P 在多头螺纹切削时，为相邻螺纹头的切削起始点之间对应的主轴转角。

F 为毫米制螺纹螺距。

该指令的执行如图 3-45 所示，切削过程为 $A\rightarrow B\rightarrow C\rightarrow D\rightarrow E\rightarrow A$ 的轨迹。

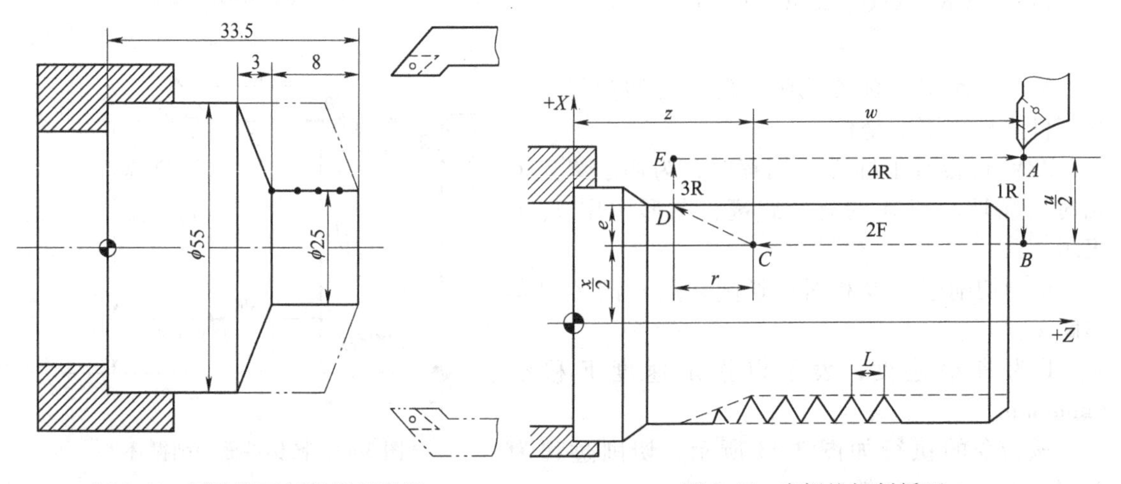

图 3-44 圆锥端面切削循环示例　　图 3-45 直螺纹切削循环

2. 锥螺纹切削循环指令 G82

格式：G82 X/U_ Z/W_ I_ R_ E_ C_ P_ F_

说明：

X/U 在绝对坐标方式编程时，为螺纹终点 *C* 在工件坐标系下的坐标。

Z/W 在相对坐标方式编程时，为螺纹终点 *C* 相对于循环起点 *A* 的有向距离，图形中用 *u*、*w* 表示。

I 为螺纹起点 *B* 与螺纹终点 *C* 的半径差，其符号为差的符号（无论是绝对坐标方式编程还是相对坐标方式编程）。

R、E 为螺纹切削的退尾量，R、E 均为向量，R 为 Z 向回退量，E 为 X 向回退量。R、E 可以省略，表示不用回退功能。

C 为螺纹头数，为 0 或 1 时为切削单头螺纹。

P 在单头螺纹切削时为主轴基准脉冲处距离切削起始点的主轴转角，默认值为 0；P 在多头螺纹切削时为相邻螺纹头的切削起始点之间对应的主轴转角。

F 为毫米制螺纹螺距。

该指令的执行如图 3-46 所示，切削过程为 *A*→*B*→*C*→*D*→*E*→*A* 的轨迹。

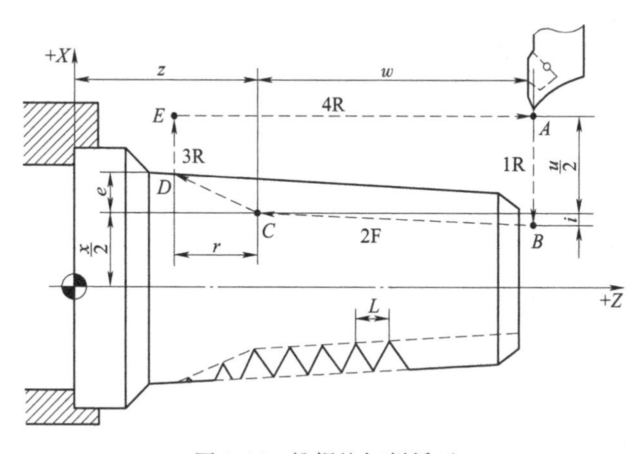

图 3-46　锥螺纹切削循环

注意：

（1）若需要回退功能，则 R、E 值的正负号要与螺纹切削方向协调，朝螺纹加工反方向退尾有可能会损伤螺纹。同时可以只指定 R 而不指定 E，但是若指定了 E 则必须指定 R。

（2）G82 螺纹切削循环同 G32 螺纹切削一样，在进给保持状态下，该循环在完成全部动作之后才会停止运动。

例 3-13　如图 3-47 所示工件，用 G82 指令编程，毛坯外形已加工完成。

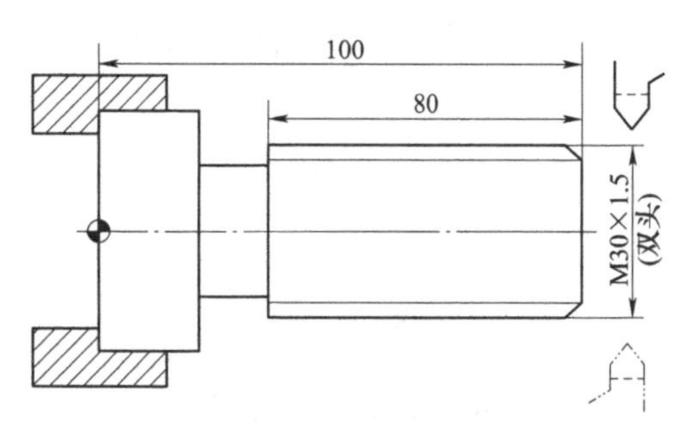

图 3-47　螺纹切削循环示例

```
%0004
N1  G54  G00  X35  Z104;                    选定坐标系 G54，到循环起点
N2  M03  S300;                              主轴以 300r/min 的速度正转
N3  G82  X29.2  Z18.5  C2  P180  F3;        第 1 次循环切前螺纹，吃刀量 0.8mm
N4  X28.6  Z18.5  C2  P180  F3;             第 2 次循环切前螺纹，吃刀量 0.4mm
N5  X28.2  Z18.5  C2  P180  F3;             第 3 次循环切前螺纹，吃刀量 0.4mm
N6  X28.04  Z18.5  C2  P180  F3;            第 4 次循环切前螺纹，吃刀量 0.16mm
N7  M30;                                    主轴停止，主程序结束并复位
```

(四) 外径切槽循环指令 G75

格式：G75 X/U_ Z/W_ Q(ΔK) R(e) I(i) P(p)

说明：

X/U 在绝对坐标方式编程时，为孔底终点在工件坐标系下 X 方向的坐标；在相对坐标方式编程时，为孔底终点相对于循环起点的有向距离，图形中用 U 表示。

Z/W 在绝对坐标方式编程时，为孔底终点在工件坐标系下 Z 方向的坐标；在相对坐标方式编程时，为孔底终点相对于循环起点的有向距离，图形中用 W 表示，此值可以不填。

R 为 X 方向的退刀量，只能为正值，可以不填。

Q 为每次进刀的深度，只能为正值。

该指令的执行轨迹如图 3-48 所示，用于对工件外径进行切槽加工。

例 3-14　图 3-49 所示工件，用外径切槽循环指令 G75 编程。

```
%0005
T0101
M03  S500
G01  X50  Z50  F2000
G75  X10  Z60  R1  Q5  I3  P2
M30
```

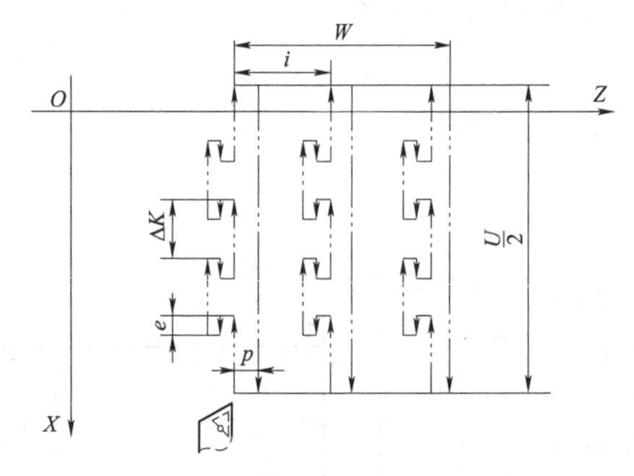

图 3-48　外径切槽循环指令轨迹

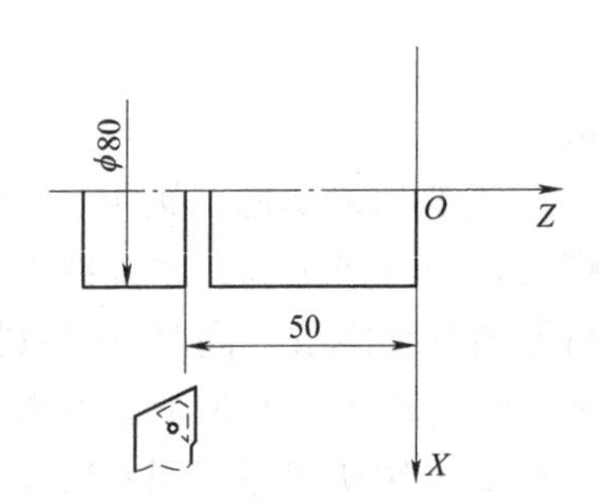

图 3-49　外径切槽循环指令示例

(五) 复合循环指令的编程

复合循环应用于切除非一次加工即能加工到规定尺寸，非一刀加工即能加工到规定轮廓形状的场合。利用复合循环指令，只用编写出最终加工轮廓路线，给出每次的背吃刀

量、进给速度等切削加工参数，数控装置便会自动计算出粗加工路线和走刀次数。

1. 内、外径粗加工循环指令 G71

（1）无凹槽内、外径粗加工复合循环指令。

格式：G71 U(Δd)_ R(r)_ P(ns)_ Q(nf)_ X(Δx)_ Z(Δz)_ F(f)_ S(s)_ T(t)_

说明：

U 为背吃刀量（每次切削量），指定时不加符号，方向由矢量$\overrightarrow{AA'}$决定。

R 为每次退刀量，指定时不加符号。该值是模态值，可以由用户宏参数 54001 指定，参数由程序指令决定。

P 为精加工路径第一程序段（即图 3-50 中的 AA'）的顺序号。

Q 为精加工路径最后程序段（即图 3-50 中的 $B'B$）的顺序号。

X 为 X 方向精加工余量。

Z 为 Z 方向精加工余量。

F、S、T 指定粗加工时 G71 中编程的 F、S、T 有效，而精加工时处于 ns 到 nf 程序段之间的 F、S、T 有效。

用该指令执行如图 3-50 所示的粗加工，并且刀具回到循环起点。精加工路径 $A\rightarrow A'\rightarrow B'\rightarrow B$ 的轨迹按后面的指令循序执行。只要用此指令，就可实现背吃刀量为 Δd(该量为半径值，无正负，方向由$\overrightarrow{AA'}$决定)，R(r)为退刀量；ns 为精加工路线的第一个程序段的顺序号，即图 3-50 中 AA' 段的顺序号；nf 为精加工路线的最后一个程序段的顺序号，即图中 $B'B$ 段程序的顺序号。

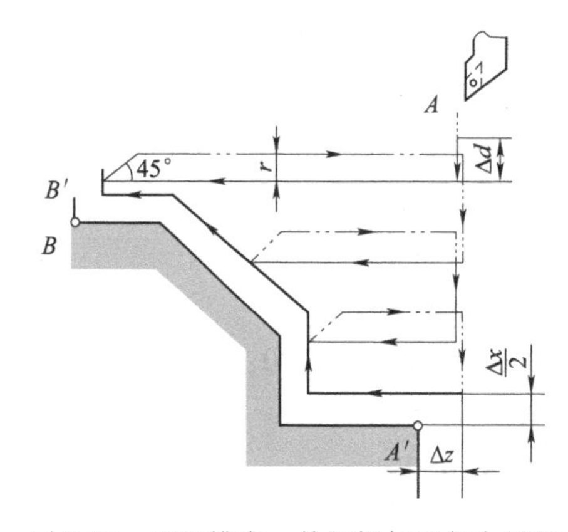

图 3-50　无凹槽内、外径粗加工复合循环

在 G71 切削循环下，切削进给方向平行于 Z 轴，因此适用于沿轴向切削的内、外径切削。

G71 切削循环为粗加工循环，需为后续的精加工保留适当的余量，其在 X/Z 轴方向保留的精加工余量为 X(Δx) 和 Z(Δz)，Δx 为 X 轴方向的余量大小及方向，Δz 为 Z 轴方向的余量大小及方向。

精加工余量的正负与进给方向的关系，如图 3-51 所示。其中（+）表示轮廓余量保留在轴的正向，（-）表示轮廓余量保留在轴的负向。

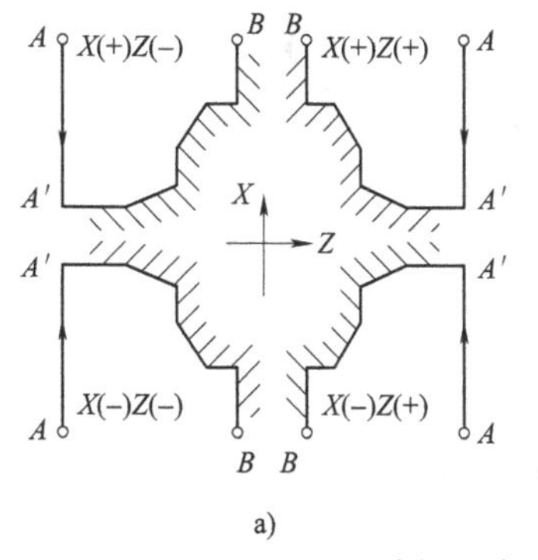

a)

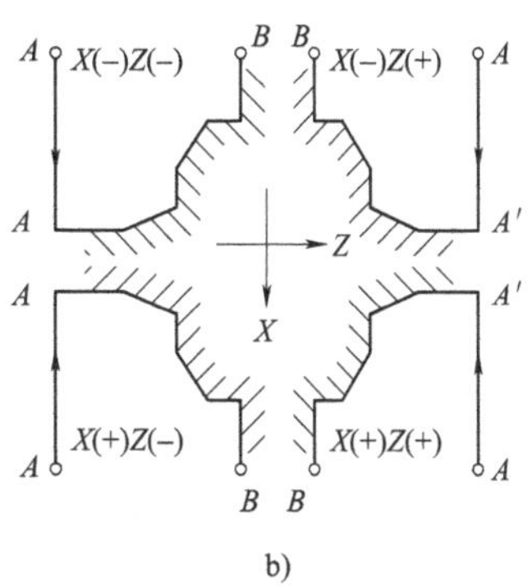

b)

图 3-51　精加工余量的正负与进给方向的关系

a）后置刀架机床　b）前置刀架机床

例 3-15 用外径粗加工复合循环编制如图 3-52 所示零件的加工程序。要求循环起始点为（46，3），背吃刀量为 1.5mm（半径量），退刀量为 1mm，*X* 方向精加工余量为 0.4mm，*Z* 方向精加工余量为 0.1mm，双点画线部分为工件毛坯。

程序	说明
%0006	
T0101;	设立坐标系，选 1 号刀
N1 G00 X80 Z80;	到程序起点位置
N2 M03 S400;	主轴以 400r/min 的速度正转
N3 G01 X46 Z3 F100;	刀具到循环起点位置
N4 G71 U1.5 R1 P5 Q14 X0.6 Z0.1;	粗切量为 1.5mm，精切量为 *X*0.6mm、*Z*0.1mm
N5 G00 X0;	精加轮廓起始行到倒角延长线
N6 G01 X10 Z-2;	精加工 *C*2mm 倒角
N7 Z-20;	精加工 ϕ10mm 外圆
N8 G02 U10 W-5 R5;	精加工 *R*5mm 圆弧
N9 G01 W-10;	精加工 ϕ20mm 外圆
N10 G03 U14 W-7 R7;	精加工 *R*7mm 圆弧
N11 G01 Z-52;	精加工 ϕ34mm 外圆
N12 U10 W-10;	精加工外圆锥
N13 W-20;	精加工 ϕ44mm 外圆
N14 U1;	精加工轮廓结束行
N15 X50;	退出已加工面
N16 G00 X80 Z80;	回对刀点
N17 M05;	主轴停
N18 M30;	主程序结束并复位

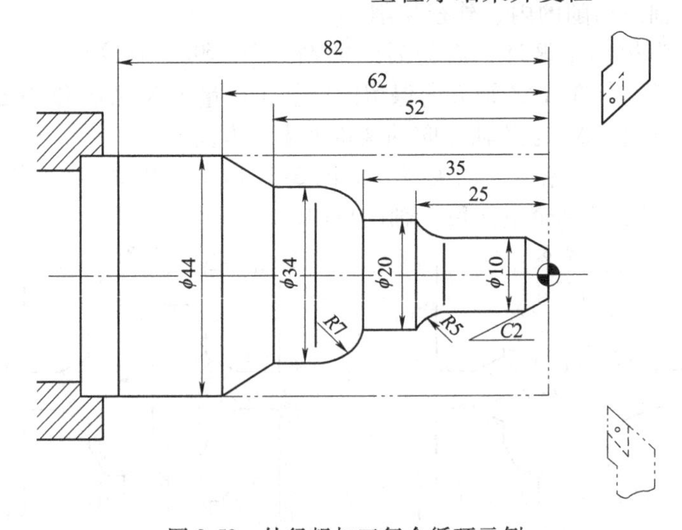

图 3-52　外径粗加工复合循环示例

例 3-16 用内径粗加工复合循环编制图 3-53 所示零件的加工程序，要求循环起始点在（46，3），背吃刀量为 1.5mm（半径量），退刀量为 1mm，X 方向精加工余量为 0.4mm，Z 方向精加工余量为 0.1mm，其中双点画线部分为工件毛坯。

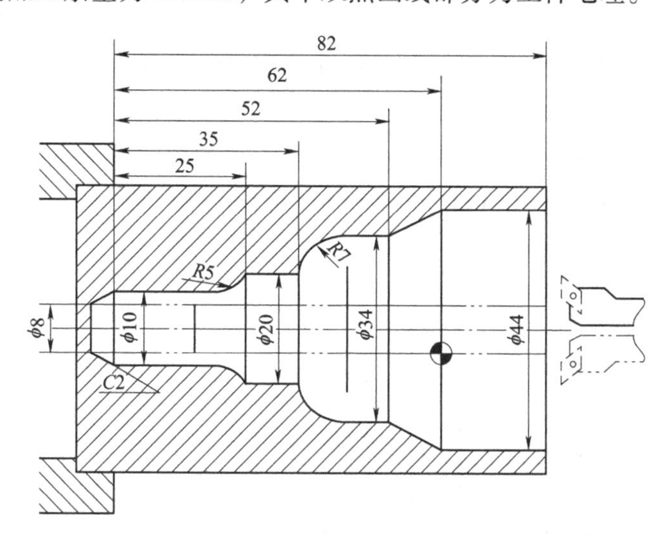

图 3-53　内径粗加工复合循环示例

程序	说明
%0007	
N1 T0101;	换 1 号刀，确定其坐标系
N2 G00 X80 Z80;	到程序起点或换刀点位置
N3 M03 S400;	主轴以 400r/min 的速度正转
N4 X6 Z5;	到循环起点位置
G71 U1 R1 P8 Q16 X-0.6 Z0.1 F100;	内径粗加工循环加工
N5 G00 X80 Z80;	粗加工后，到换刀点位置
N6 T0202;	换 2 号刀，确定其坐标系
N7 G00 G41 X6Z5;	2 号刀加入刀尖圆弧半径补偿
N8 G00 X44;	精加工轮廓开始，到 φ44mm 内圆处
N9 G01 Z-20 F80;	精加工 φ44mm
N10 U-10 W-10;	精加工内圆锥
N11 W-10;	精加工 φ34mm
N12 G03 U-14 W-7 R7;	精加工 R7mm 圆弧
N13 G01 W-10;	精加工 φ20mm
N14 G02 U-10 W-5 R5;	精加工 R5mm 圆弧
N15 G01 Z-80;	精加工 φ10mm
N16 U-4 W-2;	精加工倒 C2mm，精加工轮廓结束
N17 G40 X4;	退出已加工表面，取消刀尖圆弧半径补偿
N18 G00 Z80;	退出工件内孔
N19 X80;	回程序起点或换刀点位置
N20 M30;	主程序结束并复位

（2）有凹槽内、外径粗车复合循环指令。

格式：G71 U(Δd)_ R(r)_ P(ns)_ Q(nf)_ E(e)_ F(f)_ S(s)_ T(t)_

说明：

U 为背吃刀量（每次切削量），指定时不加符号，方向由矢量$\overrightarrow{AA'}$决定。

R 为每次退刀量。

P 为精加工路径第一程序段（即图 3-54 中的 AA'）的顺序号。

Q 为精加工路径最后程序段（即图 3-54 中的 $B'B$）的顺序号。

E 为精加工余量，其为 X 方向的等高距离，外径切削时为正，内径切削时为负。

F、S、T 指定粗加工时 G71 中编程的 F、S、T 有效，而精加工时处于 ns 到 nf 程序段之间的 F、S、T 有效。

该指令执行如图 3-54 所示的粗加工和精加工，其中精加工路径为 $A \rightarrow A' \rightarrow B' \rightarrow B$ 的轨迹。

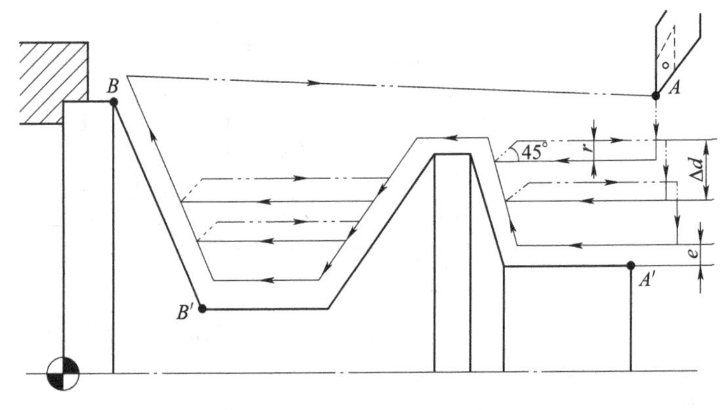

图 3-54 有凹槽内、外径加工复合循环

注意：

1）G71 指令必须带有 P、Q 地址 ns、nf，且与精加工路径起、止顺序号对应，否则不能进行该循环加工。

2）ns 的程序段必须为 G00/G01 指令，即从 A 到 A'的动作必须是直线或点定位运动。

3）在顺序号为 ns 到顺序号为 nf 的程序段中，不应包含子程序（在华中系统 4.03 版可以包含子程序）。

例 3-17 用有凹槽的外径粗加工复合循环编制图 3-55 所示零件的加工程序，其中双点画线部分为工件毛坯。

```
%0008
N1 T0101;                              换 1 号刀，确定其坐标系
N2 G00 X80 Z100;                       到程序起点或换刀点位置
M03 S400;                              主轴以 400r/min 的转速正转
N3 G00 X42 Z3;                         到循环起点位置
N4 G71 U1 R1 P8 Q19 E0.3 F100;         有凹槽粗切循环加工
N5 G00 X80 Z100;                       粗加工后，到换刀点位置
N6 T0202;                              换 2 号刀，确定其坐标系
N7 G00 G42 X42 Z3;                     2 号刀加入刀尖圆弧半径补偿
N8 G00 X10;                            精加工轮廓开始，到倒角延长线处
N9 G01 X20 Z-2 F80;                    精加工倒 C2mm 角
N10 Z-8;                               精加工 φ20mm 外圆
```

N11 G02 X28 Z-12 R4;	精加工 *R*4mm 圆弧
N12 G01 Z-17;	精加工 ϕ28mm 外圆
N13 U-10 W-5;	精加工下切锥
N14 W-8;	精加工 ϕ18mm 外圆
N15 U8.66 W-2.5;	精加工上切锥
N16 Z-37.5;	精加工 ϕ26.66mm 外圆
N17 G02 X30.66 W-14 R10;	精加工 *R*10mm 下切圆弧
N18 G01 W-10;	精加工 ϕ30.66mm 外圆
N19 X40;	退出已加工表面，精加工轮廓结束
N20 G00 G40 X80 Z100;	取消半径补偿，返回换刀点位置
N21 M30;	主轴停止，主程序结束并复位

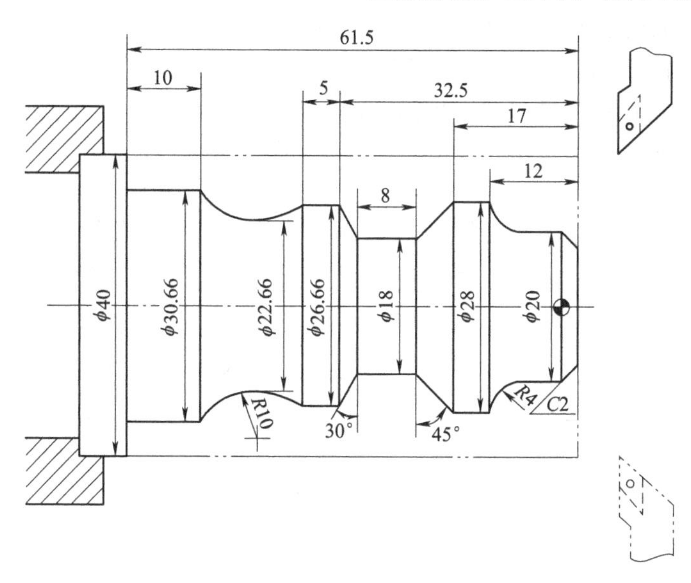

图 3-55　有凹槽的外径粗加工复合循环示例

2. 端面粗加工复合循环指令 G72

端面粗加工复合循环 G72 指令与 G71 指令类似，只是切削方向平行 *X* 轴。

格式：G72 W(Δd)_ R(r)_ P(ns)_ Q(nf)_ X(Δx)_ Z(Δz)_ F(f)_ S(s)_ T(t)_

说明：

W 为背吃刀量（每次切削量），指定时不加符号，方向由矢量$\overrightarrow{AA'}$决定。

R 为每次退刀量。

P 为精加工路径第一程序段（即图 3-56 中的 *AA'*）的顺序号。

Q 为精加工路径最后程序段（即图 3-56 中的 *B'B*）的顺序号。

X 为 *X* 方向精加工余量。

Z 为 *Z* 方向精加工余量。

F、S、T 指定粗加工时 G72 中编程的 F、S、T 有效，而精加工时处于 *ns* 到 *nf* 程序段之间的 F、S、T 有效。

该指令执行图3-56所示的粗加工和精加工，其中精加工路径为$A \to A' \to B' \to B$。

在G72切削循环下，切削进给方向平行于X轴，因此适用于沿X轴轴向切削的端面切削。

该循环为粗加工循环，需为后续的精加工保留适当的余量，其在X/Z轴方向保留的精加工余量为X(Δx)和Z(Δz)，Δx为X轴方向的余量大小及方向，Δz为Z轴方向的余量大小及方向。

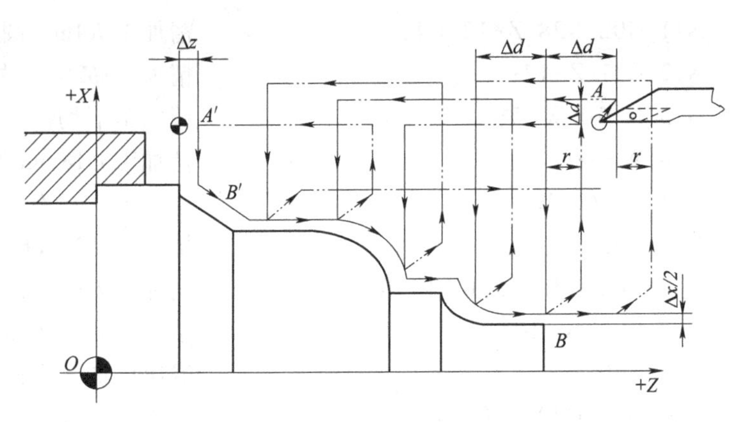

图3-56 端面粗加工复合循环

精加工余量的正负与进给方向的关系如图3-57所示，其中（+）表示轮廓余量保留在轴的正向，（-）表示轮廓余量保留在轴的负向。其中（+）表示沿轴的正方向移动，（-）表示沿轴负方向移动。

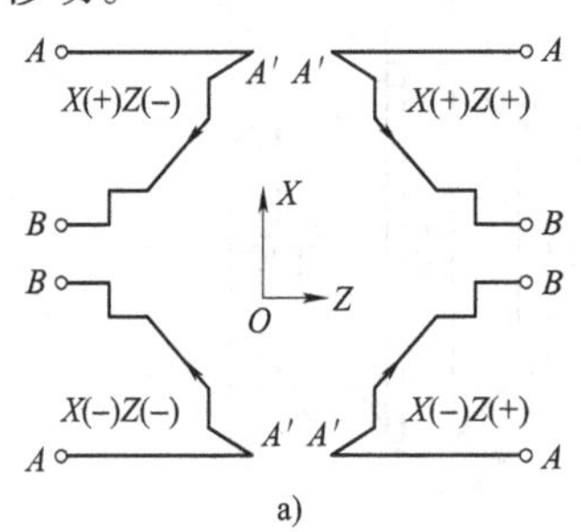

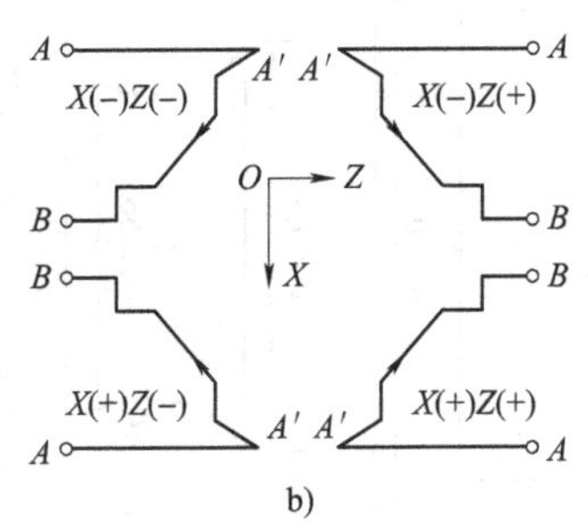

图3-57 精加工余量的正负与进给方向的关系

a）后置刀架机床 b）前置刀架机床

注意：

（1）G72指令必须带有P、Q地址，否则不能进行该循环加工。

（2）在ns的程序段中应包含G00/G01指令，进行由A到A'的动作，且该程序段中不应编有X向的移动指令。

（3）在顺序号为ns到顺序号为nf的程序段中，可以有G02/G03指令，但不应包含子程序。

例3-18 编制图3-58所示零件的加工程序。要求循环起始点在（80，1），背吃刀量为1.2mm，退刀量为1mm，X方向精加工余量为0.2mm，Z方向精加工余量为0.5mm，图中双点画线的部分为工件毛坯。

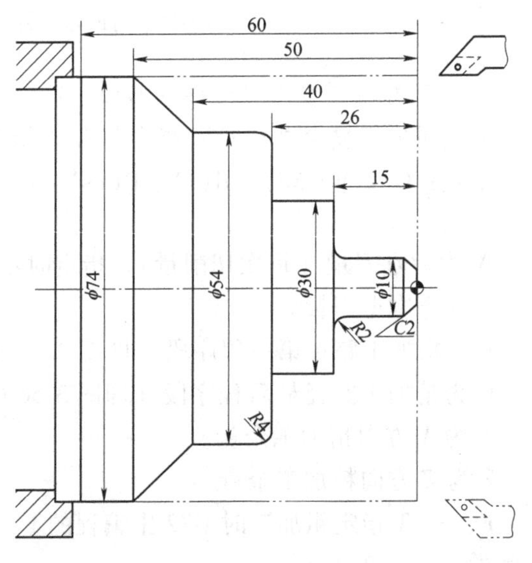

图3-58 G72外径粗切复合循环编程实例

```
%0009
N1 T0101;                                  换 1 号刀，确定其坐标系
N2 G00 X100 Z80;                           到程序起点或换刀点位置
N3 M03 S400;                               主轴以 400r/min 的速度正转
N4 X80 Z1;                                 到循环起点位置
N5 G72 W1.2 R1 P8 Q17 X0.2 Z0.5 F100;      外端面粗切循环加工
N6 G00 X100 Z80;                           粗加工后，到换刀点位置
N7 G42 X80 Z1;                             加入刀尖圆弧半径补偿
N8 G00 Z-56;                               精加工轮廓开始，到锥面延长线处
N9 G01 X54 Z-40 F80;                       精加工锥面
N10 Z-30;                                  精加工 φ54mm 外圆
N11 G02 U-8 W4 R4;                         精加工 R4mm 圆弧
N12 G01 X30;                               精加工 Z26 处端面
N13 Z-15;                                  精加工 φ30mm 外圆
N14 U-16;                                  精加工 Z15 处端面
N15 G03 U-4 W2 R2;                         精加工 R2mm 圆弧
N16 Z-2;                                   精加工 φ10mm 外圆
N17 U-6 W3;                                精加工倒 C2mm 角，精加工轮廓结束
N18 G00 X50;                               退出已加工表面
N19 G40 X100 Z8;                           取消半径补偿，返回程序起点位置
N20 M30;                                   主轴停止主程序结束并复位
```

例 3-19　编制图 3-59 所示零件的加工程序。要求循环起始点在（6，3），背吃刀量为

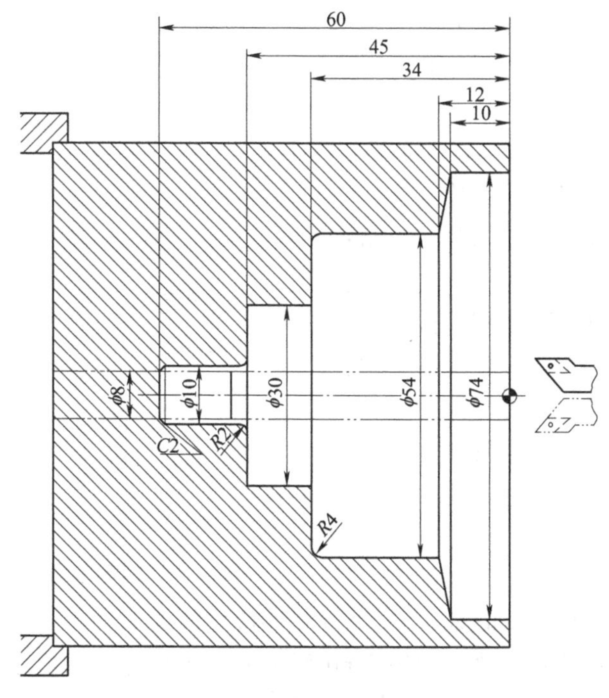

图 3-59　G72 内径粗切复合循环编程实例

1.2mm，退刀量为1mm，X方向精加工余量为0.2mm，Z方向精加工余量为0.5mm，图中双点画线部分为工件毛坯。

```
%0010
N1 G92 X100 Z80;                              设立坐标系，定义对刀点的位置
N2 M03 S400;                                  主轴以400r/min的速度正转
N3 G00 X6 Z3;                                 快速点定位到安全位置
G72 W1.2 R1 P5 Q15 X-0.2 Z0.5 F100;          外端面粗切循环加工
N5 G00 Z-61;                                  精加工轮廓开始，到倒角延长线处
N6 G01 U6 W3 F800;                            精加工倒C2mm角
N7 W10;                                       精加工φ10mm
N8 G03 U4 W2 R2;                              精加工R2mm圆弧
N9 G01 X30;                                   精加工Z45处端面
N10 Z-34;                                     精加工φ30mm
N11 X46;                                      精加工Z34处端面
N12 G02 U8 W4 R4;                             精加工R4mm圆弧
N13 G01 Z-20;                                 精加工φ54mm
N14 U20 W10;                                  精加工锥面
N15 Z3;                                       精加工φ74mm，精加工轮廓结束
N16 G00 X100 Z80;                             返回对刀点位置
N17 M30;                                      主轴停止，主程序结束并复位
```

3. 闭环车削复合循环指令 G73

闭环车削复合循环指令G73可以车削固定的图形。这种切削循环可以有效地切削铸造成形、锻造成形或已粗车成形的工件。

格式：G73 U(Δi)_ W(ΔK)_ R(r)_ P(ns)_ Q(nf)_ X(Δx)_ Z(Δz)_ F(f)_ S(s)_ T(t)_

说明：

U为X轴方向的粗加工总余量。

W为Z轴方向的粗加工总余量。

R为粗切削次数。

P为精加工路径第一程序段（即图3-60中的AA'）的顺序号。

Q为精加工路径最后程序段（即图3-60中的$B'B$）的顺序号。

X为X方向精加工余量。

Z为Z方向精加工余量。

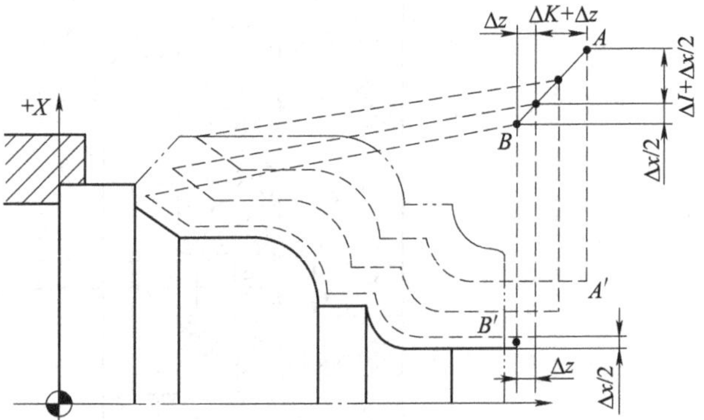

F、S、T指定粗加工时G73编程的F、S、T有效，而精加工时处于ns到nf程序段之间的F、S、T有效。

图3-60　闭环车削复合循环

该指令在切削工件时刀具轨迹为图3-60所示的封闭回路，刀具逐渐进给，使封闭切削回路逐渐向零件最终形状靠近，最终切削成工件的形状。

注意：

（1）ΔI 和 ΔK 表示粗加工时总的切削量，粗加工次数为 r，则每次 X、Z 方向的切削量为 $\Delta I/r$、$\Delta K/r$。

（2）按 G73 指令段中的 P 和 Q 值实现循环加工，要注意 Δx、Δz 及 ΔI、ΔK 的正负号。

例 3-20　编制图 3-61 所示零件的加工程序。设切削起始点在（60，5），X、Z 方向的粗加工余量分别为 3mm、0.9mm，粗加工次数为 3，X、Z 方向的精加工余量分别为 0.6mm、0.1mm，图中双点画线部分为工件毛坯。

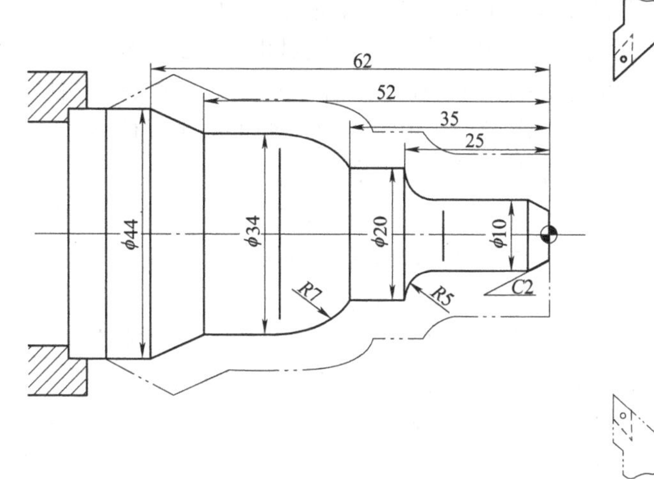

图 3-61　闭环车削复合循环编程示例

%0011	
N1 G54 G00 X80 Z80;	选定坐标系，到程序起点位置
N2 M03 S400;	主轴以 400r/min 的转速正转
N3 G00 X60 Z5;	到循环起点位置
N4 G73 U3 W0.9 R3 P5 Q13 X0.6 Z0.1 F120;	闭环粗切循环加工
N5 G00 X0 Z3;	精加工轮廓开始，到倒角延长线处
N6 G01 U10 Z-2 F80;	精加工倒 $C2$mm 角
N7 Z-20;	精加工 ϕ10mm 外圆
N8 G02 U10 W-5 R5;	精加工 $R5$mm 圆弧
N9 G01 Z-35;	精加工 ϕ20mm 外圆
N10 G03 U14 W-7 R7;	精加工 $R7$mm 圆弧
N11 G01 Z-52;	精加工 ϕ34mm 外圆
N12 U10 W-10;	精加工锥面
N13 U10;	退出已加工表面，精加工轮廓结束
N14 G00 X80 Z80;	返回程序起点位置
N15 M30;	主轴停止，主程序结束并复位

4. 螺纹切削复合循环指令 G76

格式：G76 C(c)_ R(r)_ E(r)_ A(a)_ X(x)_ Z(z)_ I(i)_ K(k)_ U(d)_ V(Δdmin)_ Q(Δd)_ P(p)_ F(L)_

说明：

C 为精整次数（1~99），为模态值。

R 为螺纹 Z 向退尾长度，为模态值。

E 为螺纹 X 向退尾长度，为模态值。

A 为刀尖角度（两位数字），为模态值，取值范围为 10°~80°。

X、Z 在绝对坐标方式编程时，为有效螺纹终点 C 的坐标；在相对坐标方式编程时，

为有效螺纹终点 C 相对于循环起点 A 的有向距离（使用 G91 指令定义为相对坐标方式编程，使用后用 G90 指令定义为绝对坐标方式编程）。

I 为螺纹两端的半径差，如 $i=0$，为直螺纹（圆柱螺纹）切削方式。

K 为螺纹高度，该值由 X 轴方向上的半径值指定。

U 为精加工余量（半径值）。

V 为最小背吃刀量（半径值），第 n 次背吃刀量为（$\Delta d\sqrt{n}-\Delta d\sqrt{n-1}$），当其值小于 Δdmin 时，则背吃刀量设定为 Δdmin。

Q 为第 1 次背吃刀量（半径值）。

P 为主轴基准脉冲处距离切削起始点的主轴转角。

F 为螺纹螺距（同 G32），F 代表毫米制。

用螺纹切削复合循环指令 G76 执行图 3-62 所示零件的加工轨迹，其单边切削及参数如图 3-63 所示。

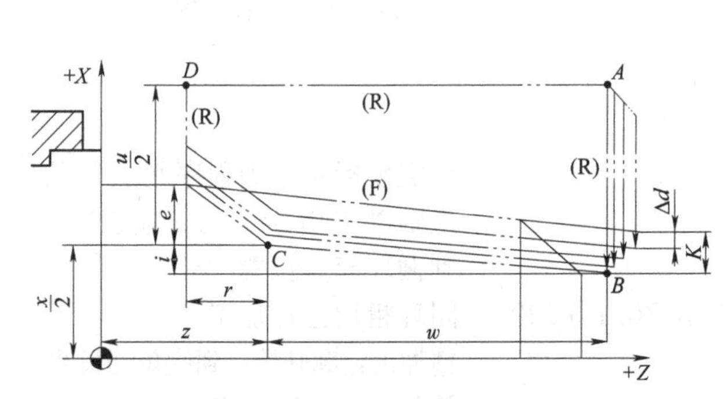

图 3-62　螺纹切削复合循环

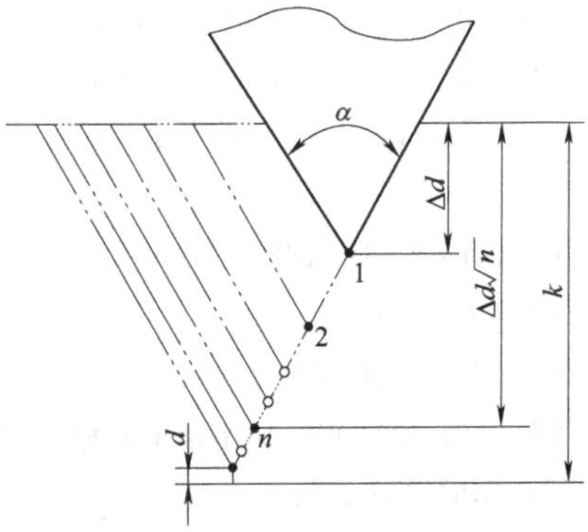

图 3-63　单边切削及参数

注意：

（1）按 G76 指令中的 X(x) 和 Z(z) 指令实现循环加工，使用相对坐标方式编程时，要注意 u 和 w 的正负号（由刀具轨迹 AC 和 CD 段的方向决定）。

（2）G76 指令循环进行单边切削，减小了刀尖的受力。第 1 次切削时背吃刀量为 Δd，第 n 次的总背吃刀量为 $\Delta d\sqrt{n}$，每次循环的背吃刀量为 $\Delta d(\sqrt{n}-\sqrt{n-1})$。

（3）在单边切削图中，B 点到 C 点的切削速度由螺纹切削速度指定，其他轨迹均为快速进给。

例 3-21　用螺纹切削复合循环指令 G76 编程，加工螺纹为 ZM60×2，工件尺寸如图 3-64 所示，其中括号内尺寸根据标准得到（tan1.79° = 0.03125）。

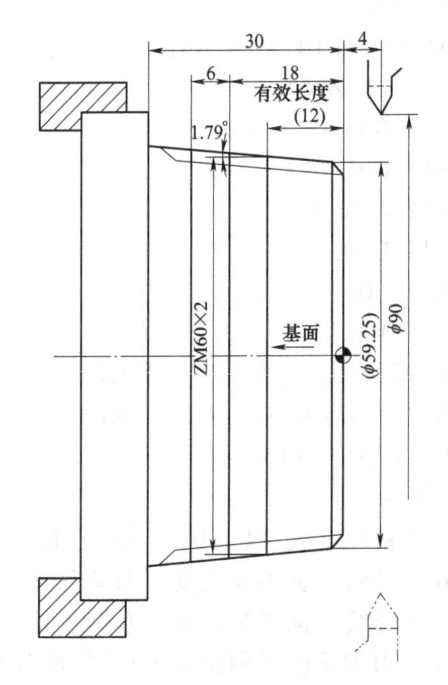

图 3-64　G76 循环切削编程实例

```
%0012
N1 T0101;                                    换 1 号刀，确定其坐标系
N2 G00 X100 Z100;                            到程序起点或换刀点位置
N3 M03 S400;                                 主轴以 400r/min 的转速正转
N4 G00 X90 Z4;                               到简单循环起点位置
N5 G80 X61.125 Z-30 I-0.94 F80;              加工锥螺纹外表面
N6 G00 X100 Z100 M05;                        到程序起点或换刀点位置
N7 T0202;                                    换 2 号刀，确定其坐标系
N8 M03 S300;                                 主轴以 300r/min 的转速正转
N9 G00 X90 Z4;                               到螺纹循环起点位置
N10 G76 C2 R-3 E1.3 A60 X58.15 Z-24 I-0.94 K1.299 U0.1 V0.1 Q0.9 F2
N11 G00 X100 Z100;                           返回程序起点位置或换刀点位置
N12 M05;                                     主轴停
N13 M30;                                     主程序结束并复位
```

复合循环指令注意事项如下：

（1）G71、G72、G73 复合循环指令中地址 P 指定的程序段，应有准备机能 01 组的 G00 或 G01 指令，否则会产生报警。

（2）在 MDI 方式下，不能运行 G71、G72、G73 指令，可运行 G76 指令。

（3）在复合循环指令 G71、G72、G73 中，由 P、Q 指定顺序号的程序段之间，不应包含 M98 子程序调用及 M99 子程序返回指令。

任务实施

1. 加工工艺要求

图 3-36 所示零件属于轴套类零件，加工内容包括外圆柱面、外圆弧面、外倒角、内圆柱面、内锥面、内沟槽、内螺纹和内倒角加工。

（1）毛坯的选择。零件外形特征较多，为单件小批量生产，考虑加工余量，毛坯选用 ϕ60mm×150mm 的 45 钢棒料。

（2）此零件选择外圆柱面为定位基准，选择自定心卡盘装夹，通过一次装夹完成全部内容加工，注意工件的装夹伸出长度，伸出 110mm 左右。

（3）确定坯料轴线和左端面为定位基准。

定位套的数控加工工序卡见表 3-4。

表 3-4　定位套的数控加工工序卡

数控加工工序卡				产品名称	零件名称	零件图号
				—	定位套	C03
工序号	程序编号	材料	数量	夹具名称	使用设备	车间
10	O3001	45	1	自定心卡盘	CK7150A	数控加工车间

（续）

工步号	工步内容	切削用量				刀具		量具	
		v/(m/min)	n/(r/min)	f/(mm/r)	a_p/mm	编号	名称	编号	名称
1	钻孔（采用手动方式）	25	398	0.1	20	T0505	ϕ20mm 麻花钻	1	游标卡尺
2	车端面	150	800	0.2	1	T0101	外圆车刀	1	游标卡尺
3	粗车、半精车外圆	150	800	0.2	1.5	T0101	外圆车刀	1	游标卡尺
4	精车外圆	220	1200	0.1	0.25	T0101	外圆车刀	2	外径千分尺
5	粗镗内孔	50	800	0.15	1	T0202	内孔镗刀	1	游标卡尺
6	精车内孔	94	1000	0.08	0.25	T0202	内孔镗刀	1	游标卡尺
7	车内退刀槽	35	400	—	0.05	T0303	内槽刀	—	—
8	车内螺纹	68	720	1.5	—	T0404	内螺纹车刀	3	M30×1.5-7H 塞规
9	切断	—	400	0.05	—	T0606	切断刀	1	游标卡尺
编制		审核		批准		共　页		第　页	

2. 参考程序

```
O3001
T0101
M03 S800
G00 X65 Z5
G81 X0 Z0 F0.2
G00 X61 Z5
G71 U1.5 R0.5 P1 Q2 X0.5 Z0.05 F0.2
M03 S1200
N1 G42 G01 X34
Z1
X40 Z2
Z-44
G03 X50 Z-49 R5
G01 Z-84
G01 Z-107
N2 G40 X61
G00 X150 Z150
T0202
```

```
M03 S800
G00 X19 Z5
G71 U1 R0.5 P3 Q4 X-0.5 Z0.05 F0.15
M03 S1000
N3 G1 X34.5
Z1
X28.5 Z-2
Z-18
X20 Z-30
Z-34
N4 X19
G00 X150 Z100
T0303
M03 S400
G00 X28 Z5
Z-18
G01 X34 F0.05
X28
Z-17
X34 F0.05
X28
G00 Z150
X150
T0404
M03 S720
G00 X25 Z5
G76 C2 R-3 E-1 A60 X28.052 Z-15 K0.974 U0.1 V0.1 F1.5
G00 X150 Z150
T0606
M03 S300
G00 X60 Z5
G01 X1 F0.05
X60 F0.2
G00 X150
Z150
M30
```

思考与练习

图 3-65 所示为复杂轴套类零件图，毛坯尺寸为 ϕ25mm×100mm，材料为 45 钢。根据零件的图样精度的要求，完成复杂轴套类零件的加工。

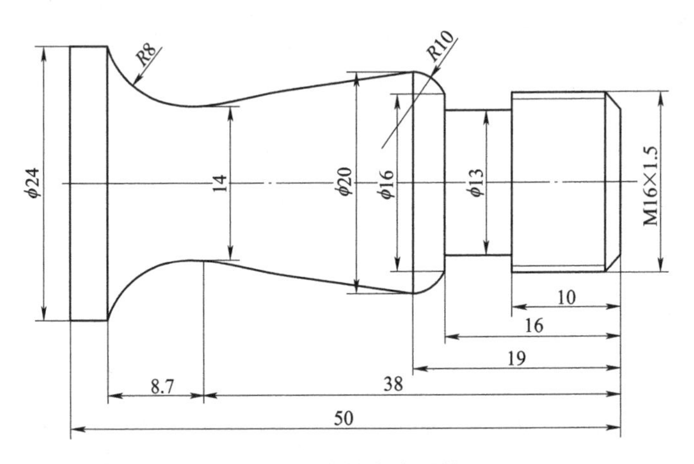

图 3-65　复杂轴套类零件图

第4章

数控铣床加工基础知识

数控技术是20世纪40年代后期发展起来的一种自动化加工技术，它综合了计算机、自动控制、电机、电气传动、测量、监控和机械制造等学科的内容。数控铣床是用计算机数字化信号控制的铣床。它将加工过程中所需的各种操作（如主轴变速、进刀与退刀、主轴起动与停止、选择刀具及供给切削液等步骤），以及刀具与工件之间的相对位移量都用数字化的代码表示，通过控制介质或数控面板等工具将数字信息送入专用或通用的计算机，由计算机对输入的信息进行处理与运算，发出各种指令来控制机床的伺服系统或其他执行机构，使机床自动加工出所需要的零件。

数控铣床是现代化高精度机床，在开始学习应用数控铣床加工零件以前，首先要了解数控铣床的组成、特点、加工零件的范围，以及使用的刀具、夹具等。最重要的是在使用数控铣床时要养成良好的工作习惯，这不仅对铣床的使用有好处，而且对铣床操作人员今后的工作也大有帮助。

任务4-1　认识数控铣床的结构及其特点

任务要求

说出数控铣床的组成与各组成部分的作用，以及数控铣床的加工特点与加工范围。

技能目标

了解数控铣床的组成，以及数控铣床加工零件的类型。

相关知识

一、数控铣床编程概述

数控铣床是机床设备中广泛应用的加工机床，适合于各种箱体类和板类零件的加工。它可以进行平面铣削、型腔铣削、外形轮廓铣削、三维及以上的复杂型面铣削，还可以进行钻削、镗削、螺纹切削等孔加工。数控铣床加工的零件如图4-1所示。加工中心、柔性制造单元都是在数控铣床的基础上产生和发展起来的。

图 4-1 数控铣床加工的零件

二、数控铣床的组成与分类

1. 数控铣床的分类

数控铣床是一种用途广泛的数控机床，根据分类方法的不同可分为以下几种。

(1) 按数控铣床结构分为立式数控铣床、卧式数控铣床及龙门式数控铣床（见图 4-2)。

(2) 按控制坐标轴数分为两坐标数控铣床、两坐标半数控铣床、三坐标数控铣床等。

(3) 按伺服系统方式分为闭环伺服系统数控铣床、开环伺服系统数控铣床、半闭环伺服系统数控铣床等。

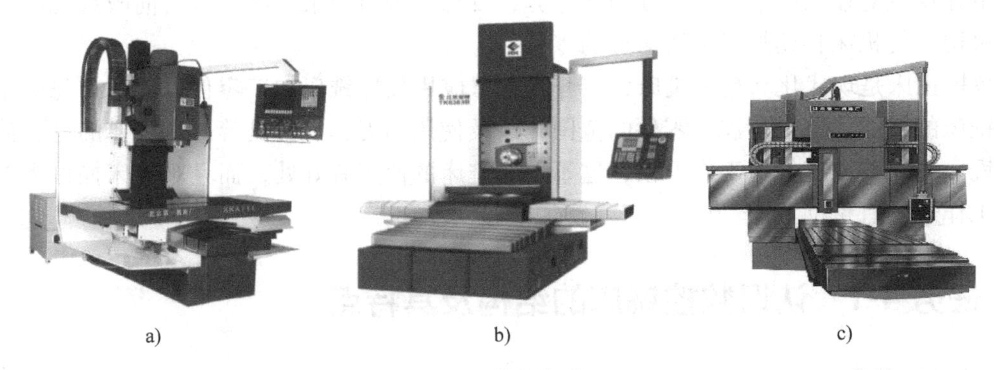

图 4-2 数控铣床

a) 立式数控铣床 b) 卧式数控铣床 c) 龙门式数控铣床

2. 数控铣床的组成

数控铣床主要由机床主体、控制部分、驱动部分及辅助装置组成，图 4-3 所示为立式数控铣床的基本结构。

(1) 机床主体：包括床身、工作台、立柱、主轴箱等。

(2) 控制部分：它是数控铣床的核心，由数控系统完成对数控铣床的控制，数控铣床操作控制面板如图 4-4 所示。

(3) 驱动部分：它是数控铣床执行机构的驱动部件，包括主轴电动机和进给伺服电动机等。

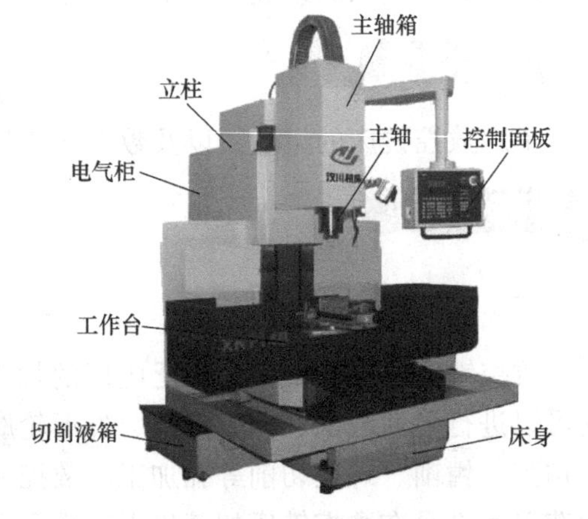

图 4-3 立式数控铣床的基本结构

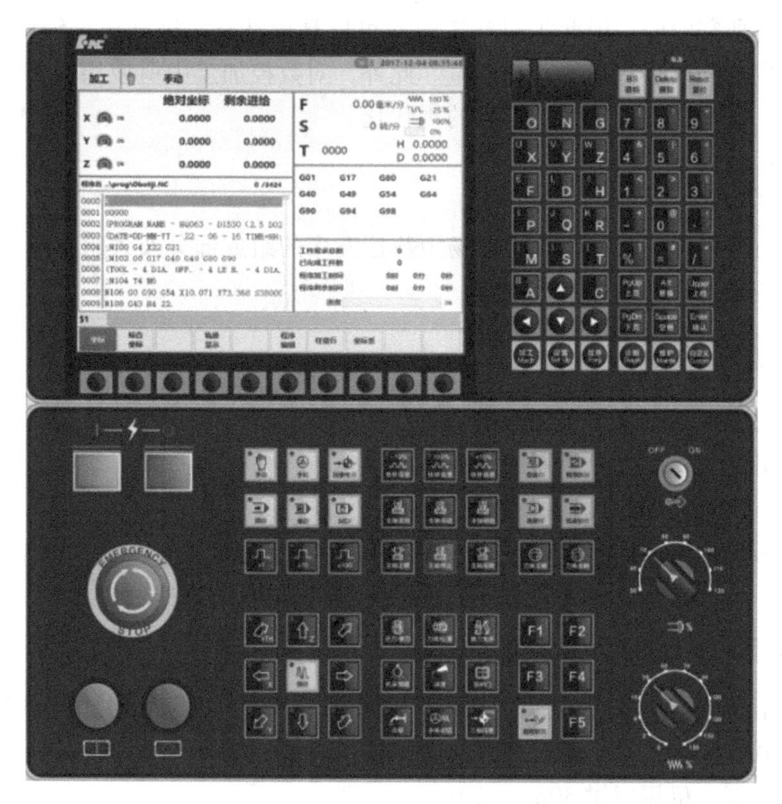

图 4-4　数控铣床操作控制面板

（4）辅助装置：包括液压、气动、润滑、冷却、排屑、防护等装置。

三、数控铣床加工的特点

与普通铣床加工方法相比，数控铣床加工具有以下特点：

（1）能完成复杂型面的零件加工。数控铣床一般都能完成平面铣削、型腔铣削、外形轮廓铣削、三维及以上的复杂型面铣削，还可以进行钻削、镗削、螺纹切削等孔加工。它与 CAD/CAM 技术有机地结合，形成的现代集成制造技术是普通铣床无法比拟的。

（2）加工精度高、质量稳定。数控装置的脉冲当量一般为 0.001mm，高精度的数控系统可达 0.0001mm，能保证工件精度。另外，数控加工还可避免工人的操作误差，同一批加工零件的尺寸同一性好，产品质量更稳定。

（3）生产率高。由于数控铣床的主轴转速、进给速度及其快速定位速度快，通过合理选择切削用量，充分发挥刀具的切削性能，可以减少零件的加工时间。此外，数控加工一般采用通用或组合夹具，零件在数控加工前不需画线，从而大大提高了产品的生产率。

（4）改善劳动条件。数控铣床加工前经调整好后，输入程序并起动，机床就能自动连续地进行加工，甚至到加工结束。操作者主要负责程序的输入、编辑、装卸零件、刀具准备、加工形态的观测、零件的检验等工作。这样极大地降低了劳动强度。此外，现代数控铣床一般采用封闭式加工，既清洁，又安全，使劳动条件得到了改善。

（5）有利于生产管理的现代化。因为相同工件所用时间基本一致，所以数控加工可预先估算加工工件所需时间，因此工时和工时费可以精确计算。这既便于编制生产进度表，又有利于均衡生产和取得更高的预计产量。此外，对数控加工中所使用的刀具、夹具可进行规范化管理。这些都有利于生产管理的现代化。

任务实施

根据上述内容指出数控加工车间现场中数控铣床的组成部分及各组成部分的作用，并说出数控铣床的加工特点与加工范围。

思考与练习

（1）简述数控铣床的工作原理及分类。

（2）对比普通铣床，说说数控铣床的优点。

任务 4-2　熟练使用数控铣床的常用工具

任务要求

（1）将一台机用虎钳安放在工作台上，利用百分表校正机用虎钳，使固定钳口与 X 轴平行度误差在 0.02mm 以内。再将尺寸为 120mm×80mm×50mm 的毛坯正确装夹在机用虎钳内，毛坯高度超出机用虎钳 30mm 以上。

（2）将一把 ϕ10mm 立铣刀夹持在铣刀柄上，伸出长度在 50mm 左右。

技能目标

能熟练使用常用工具、夹具及量具。

相关知识

一、数控铣床常用夹具

（一）机用虎装夹工件

数控铣床常用夹具是机用虎钳，适用于中小尺寸和形状规则的工件安装，它是一种通用夹具，一般有非旋转式（见图 4-5）和旋转式两种。前者刚性较好，后者底座上有一个刻度盘，能够将机用虎钳转成任意角度。安装机用虎钳时必须先将底面和工作台擦干净，用螺钉或配套压板将其固定在工作台上，并利用百分表校正钳口，使钳口与相应的坐标轴平行，以保证铣削的加工精度，最后将工件正确夹紧在机用虎钳内。

1. 机用虎钳的安装与校正

首先用紧固螺钉将机用虎钳一端适当锁紧作为旋转轴，另一端夹紧力小一些。如图 4-6 所示，将百分表固定杆 3 装在表座接杆 7 的位置，将磁性开关 5 旋至“ON”位，然后固定于机床主轴上，百分表测头 1 接触机用虎钳钳口（测量杆应大致与固定机用虎钳的面垂直），作为基准表针调整为零。手动沿 X 轴往复移动工作台，同时观察百分表的指针，校正钳口对 X 轴的平行度，直至百分表的指针变化范围不超过 0.01mm，锁紧紧固螺钉，再检验平行度。

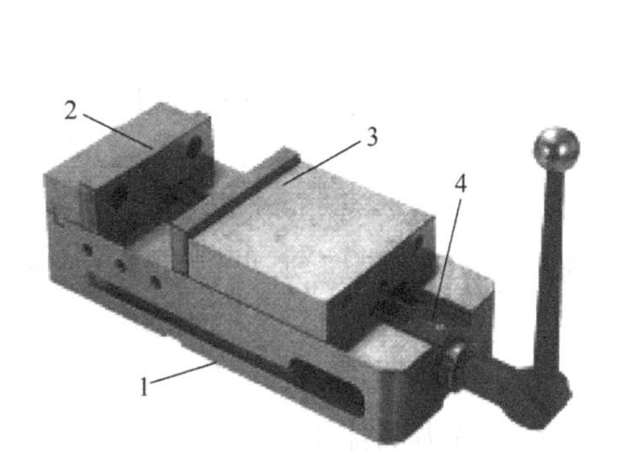

图 4-5　非旋转式机用虎钳

1—底座　2—固定钳口

3—活动钳口　4—螺杆

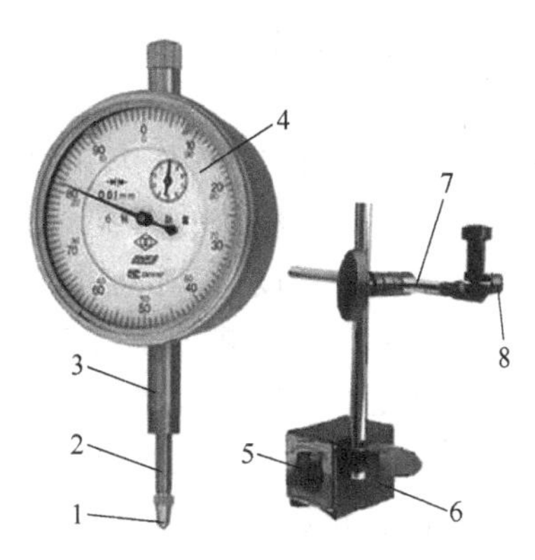

图 4-6　百分表与磁性表座

1—测头　2—测量杆　3—固定杆

4—刻度盘　5—磁性开关　6—磁座

7—接杆　8—夹表位

2. 用机用虎钳安装工件

机用虎钳安装好后，把工件放入钳口，并在工件的下面垫上比工件窄、厚度适当且加工精度较高的等高垫块，然后把工件夹紧（对于高度方向尺寸较大的工件，不需要加等高垫块便可直接装入机用虎钳）。为了使工件紧密地靠在垫块上，应用铜锤或木锤轻轻地敲击工件，直到用手不能轻易推动等高垫块时，再将工件夹紧在机用虎钳内。工件应紧固在钳口比较中间的位置，装夹高度以铣削尺寸高出钳口平面 3~5mm 为宜。用机用虎钳夹表面粗糙度值较大的工件时，应在两钳口与工件表面间垫一层铜皮，以免损坏钳口，并增加接触面（注意：当加工贯通的型腔孔时，不得加工到等高垫块，如有可能加工到，可考虑更换更窄的垫块）。

（二）压板装夹工件

对中型、大型和形状比较复杂的零件，一般采用压板将工件紧固在数控铣床的工作台面上，如图 4-7 所示，压板装夹工件时所用工具比较简单，主要是压板、垫铁、T 形螺栓

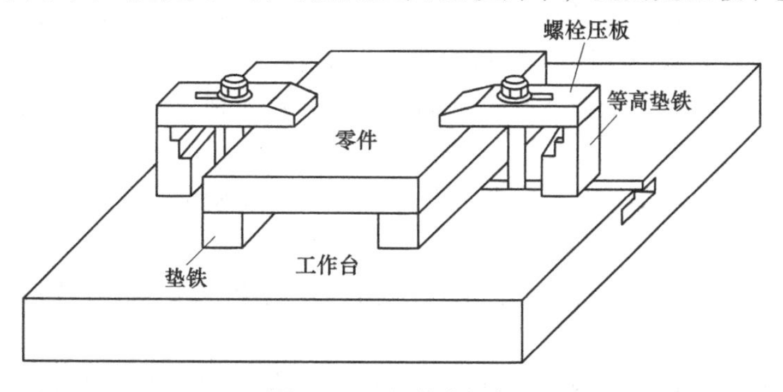

图 4-7　压板装夹工件

及螺母。但为了满足不同形状零件的装夹需要，压板的形状种类也较多。例如：箱体零件在工作台上的安装，通常用三面安装法，或采用一个平面和两个销孔的安装定位，而后用压板压紧固定。

（三）卡盘装夹工件

1. 自定心虎钳

自定心虎钳（见图 4-8）作为一种高效、精确的夹具，其核心功能在于其自动定心的能力。自定心虎钳通过精密的机械设计，可以自动对工件进行定位和夹持，确保了加工过程中工件的稳定性和精度。其特点包括：

（1）高精度：通过先进的制造工艺和精密的控制系统，自定心虎钳可以实现微米级的定位精度，能满足高精度加工需求。

（2）高效率：自动定心的功能大大减少了人工定位和校正的时间，提高了加工效率。

（3）稳定性：自定心虎钳的坚固结构和强大的夹持力确保了工件在加工过程中的稳定性，降低了因工件移动或振动导致的加工误差。

2. 永磁吸盘

永磁吸盘又名磁力吸盘（见图 4-9），是机械厂、模具厂等机械加工领域广泛应用的磁性夹具，可以大大提高导磁性钢铁材料的装夹效率。永磁吸盘是以高性能的稀土材料钕铁硼为基础，通过扳动吸盘手柄转动，改变吸盘内部钕铁硼的磁力系统，从而控制被加工工件的吸持或释放。

图 4-8　自定心虎钳

图 4-9　磁力吸盘

永磁吸盘有如下优点：

（1）高效稳定：永磁吸盘具有强大的磁力，可以快速、稳定地固定各种导磁性钢铁材料制成的工件，以确保加工过程中工件的稳定性和精度。

（2）操作简便：通过手动操作吸盘手柄，可以轻松实现工件的吸持和释放，操作简便快捷，大大提高了工作效率。

（3）适用范围广：适用于各种形状和尺寸的工件，特别适用于薄板工件的装夹，可以实现无形变加工。

（4）节能环保：永磁吸盘在工作过程中无需消耗电能，且无需冷却系统，具有节能环保的优点。

（5）维护简便：永磁吸盘内部没有运动部件，无需定期维护和保养，减少了使用成本和维护工作量。

二、数控铣床常用量具

（一）千分表

千分表是通过齿轮或杠杆将一般的直线位移（直线运动）转换成指针的旋转运动，然后再在刻度盘上进行读数的长度测量仪器。千分表是精密测量中用途很广的指示式量具。它属于比较量具，只能测量出相对数值，不能测量出绝对数值。它主要用来检查工件的形状和位置误差（如圆度、平面度、垂直度、圆跳动等），也常用于工件的精密找正。

从千分表的分度值来分，有 0.01mm、0.005mm、0.002mm 及 0.001mm 几种。分度值为 0.01mm 的数量较多，因此称这种千分表为百分表，其他为千分表。根据千分表的传动原理，千分表又可分为齿舱传动千分表、杠杆齿轮传动千分表及杠杆螺杆传动千分表等几种。

（二）其他量具

内径千分尺也称为螺旋百分尺，是一种常用于测量工件内径的精确测量工具。其测量范围通常为 1~1000mm，具有较高的测量精度和稳定性，如图 4-10a 所示。

游标深度卡尺是精密测量仪器，主要应用于测量工件的深度、台阶高度及孔的深度等。该仪器集游标卡尺与深度尺的功能于一体，确保了测量结果的精确性。游标深度卡尺的结构通常由一个带有刻度的尺身和一个可滑动的游标尺构成，游标尺用于精确读取尺身上的数值。使用时，将游标深度卡尺的测量爪或测头紧贴被测工件的表面，然后滑动游标尺，通过读取尺身与游标尺上的刻度来获得精确的测量数据，如图 4-10b 所示。

游标高度卡尺也为精密测量仪器，主要用于测量工件的高度、厚度及深度等尺寸。该仪器融合了游标卡尺与高度尺的功能，提供了精确的测量结果。游标高度卡尺一般由一个带有刻度的尺身和一个可滑动的游标尺组成，游标尺用于读取更精细的数值。通过精确对齐尺身与游标尺上的刻度，可以准确测量出工件的具体尺寸，如图 4-10c 所示。

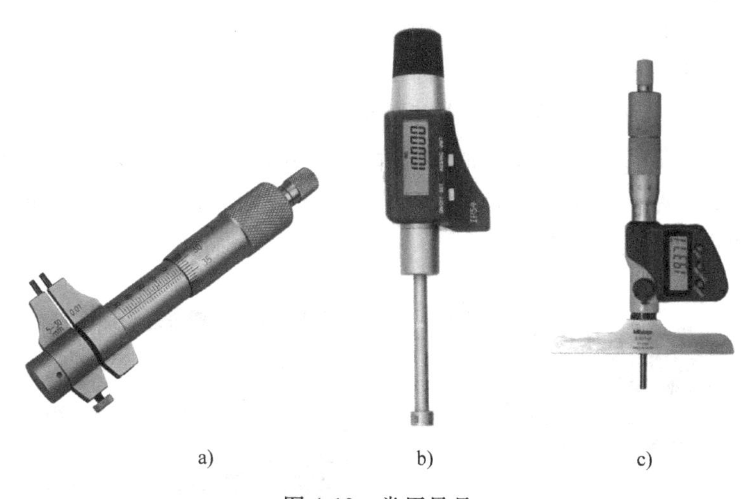

a)　　b)　　c)

图 4-10　常用量具

a）内径千分尺　b）游标深度卡尺　c）游标高度卡尺

三、数控铣床常用刀具

（一）铣削刀具

数控铣床所用的铣削刀具是一种多刃刀具，铣削是断续切削，切削厚度和切削面积随时在变化，因此，铣削具有一些特殊性。铣刀的刀齿分布在旋转表面上，其几何形状较复杂，种类较多。按铣刀的材料可分为高速钢铣刀、硬质合金铣刀等；按铣刀的结构形式可分为整体式铣刀、镶齿式铣刀、可转位式铣刀；按铣刀的形状和用途又可分为圆柱铣刀、面铣刀、立铣刀、键槽铣刀、圆角刀、球头铣刀等。数控铣床常用的孔加工刀具有中心钻、麻花钻、扩孔钻、锪孔钻、铰刀、镗刀、丝锥等。图 4-11 所示为常见的铣削刀具。

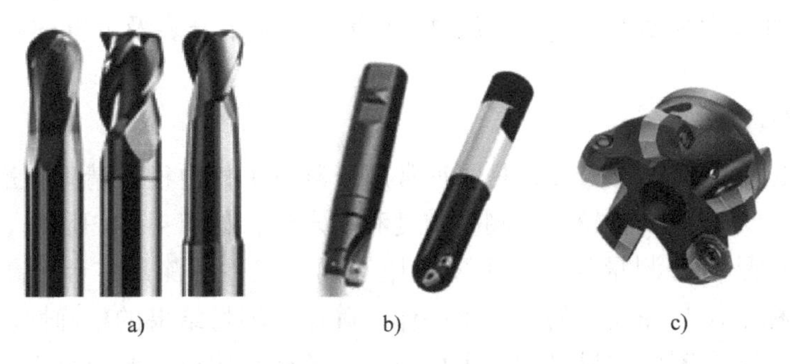

a)　　b)　　c)

图 4-11　常见的铣削刀具

a）整体式铣刀　b）镶齿式铣刀　c）可转位式铣刀

（二）刀柄

数控铣床使用的刀具是通过刀柄与主轴相连的，图 4-12 所示为常见铣刀柄。刀柄与主轴的配合锥面一般采用 7∶24 的锥度。目前国际和国家标准规定的型号中 BT-40 和 BT-50 系列为常用的刀柄型号。固定在锥柄尾部且与主轴内拉紧机构相配的拉钉也已标准化，标准拉钉分为 A 型和 B 型两种，选用哪种拉钉要根据机床主轴的拉紧机构尺寸确定。刀柄的前部根据所装刀具的不同配有不同大小孔的夹头，在刀具装夹之前，要将刀柄、拉钉、弹簧夹头、铣刀通过专用的锁刀座将其装配完成。图 4-13 与图 4-14 所示为锁刀座与卸刀扳手。

图 4-12　常见铣刀柄

图 4-13　锁刀座

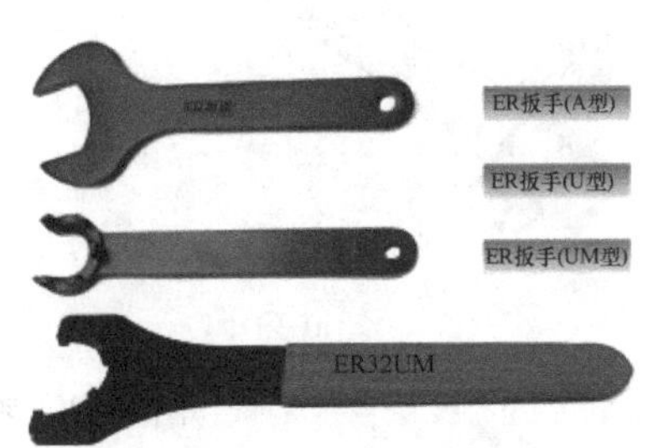

图 4-14　卸刀扳手

装卸刀具的操作步骤如下：首先，把刀柄横放在锁刀座上，锁刀座上的键对准刀柄上的键槽，使刀柄无法转动，再利用扳手将拉钉拧紧在刀柄尾部的螺纹孔中。然后，将刀柄立放在锁刀座上，同样将锁刀座上的键对准刀柄上的键槽，使刀柄无法转动，再选一把立铣刀和相对应规格的弹簧夹头，通过弹簧夹头把立铣刀装夹到刀柄中，并利用扳手锁紧螺母。

任务实施

根据上述内容的描述在数控加工车间进行现场操作，完成相应任务。

注意：

（1）在放置机用虎钳之前，应先将工作台与机用虎钳擦拭干净，以免影响位置精度。

（2）使用百分表校正机用虎钳时，应将两侧螺母稍微拧紧，用软榔头敲击机用虎钳两侧，直至固定钳口与 X 轴的平行度误差在 0.02mm 以内，然后将两侧螺母拧紧，拧紧时应注意两侧交替拧紧，直到螺母拧紧（拧紧螺母后，应再次校准百分表以确保机用虎钳的固定钳口精确对准，避免在拧紧过程中移动机用虎钳）。

（3）在安装刀具前，应将刀柄、弹簧夹头擦拭干净，以免划伤刀柄的配合表面。

思考与练习

数控铣床常用的刀具类型有哪些？分别有什么用途？

任务 4-3　典型数控铣削零件加工工艺分析

任务要求

图 4-15 所示为平面槽形凸轮零件图，外部轮廓尺寸已经由前道工序加工完，本工序的任务是在数控铣床上加工槽与孔。零件材料为 HT200，对其进行数控铣床加工的工艺分析。

技能目标

（1）通过本任务的学习后，能制订简单零件的数控加工工艺。

（2）根据零件特点选用合适刀具，掌握不同刀具的使用方法。

（3）根据零件的精度要求，设计合理的加工路线，选择相应的切削参数。

相关知识

数控铣削加工工艺基础如下。

（一）选择并确定数控铣削的加工部位及内容

一般情况下，并不是零件所有的表面都需要采用数控加工，应根据零件的加工要求和企业的生产条件进行具体的分析，确定具体的加工部位和内容及要求。具体而言，以下几

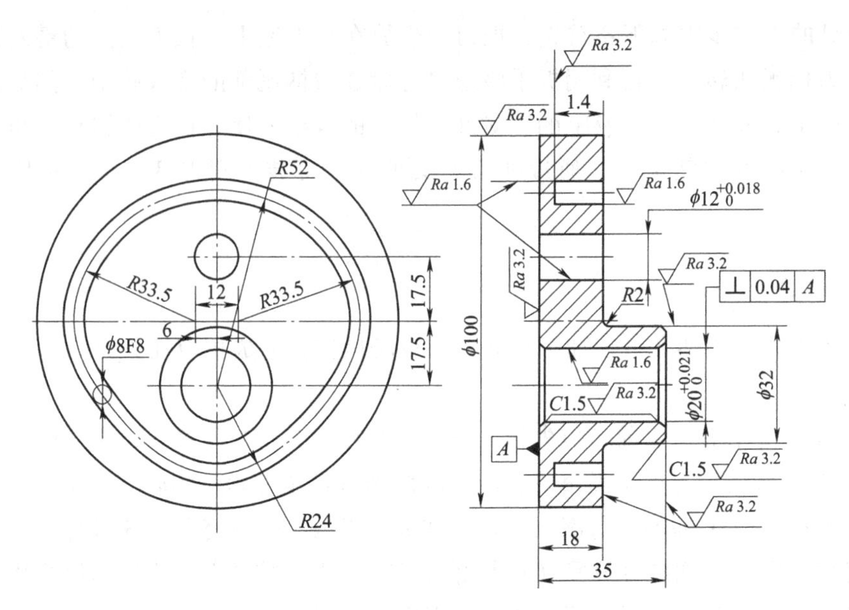

图 4-15　平面槽形凸轮零件图

方面适宜采用数控铣削加工：

（1）由直线、圆弧、非圆曲线及曲线构成的内外轮廓。

（2）空间曲线或曲面。

（3）形状虽然简单，但尺寸繁多、检测困难的部位。

（4）普通机床加工时难以观察、控制及检测的内腔、箱体内部等。

（5）有严格位置尺寸要求的孔或平面。

（6）能够在一次装夹中顺带加工出来的简单表面或形状。

（7）采用数控铣削加工能有效提高生产率、减轻劳动强度的一般加工内容。

而像简单的粗加工面、需要用专用工装协调的加工内容等则不宜采用数控铣削加工。在具体确定数控铣削的加工内容时，还应结合企业设备条件、产品特点及现场生产组织管理方式等具体情况进行综合分析，以优质、高效、低成本完成零件的加工为原则。

（二）数控铣削加工零件的工艺性分析

零件的工艺性分析是制定数控铣削加工工艺的前提，其主要内容包括：

1. 零件图及其结构工艺性分析

关于数控加工零件图和结构工艺性分析，在前面章节中已作了介绍，下面结合数控铣削加工的特点展开进一步说明。

（1）分析零件的形状、结构及尺寸的特点，确定零件上是否有妨碍刀具运动的部位；是否有会产生加工干涉或加工不到的区域；零件的最大形状尺寸是否超过机床的最大行程；零件的刚性随着加工的进行是否有太大的变化等。

（2）检查零件的加工要求，如尺寸加工精度、几何公差及表面质量在现有的加工条件下是否可以得到保证，是否还有更经济的加工方法或方案。

（3）在零件上是否存在对刀具形状及尺寸有限制的部位和尺寸要求，如过渡圆角、倒角、槽宽等，这些尺寸是否过于凌乱，是否可以统一。尽量使用最少的刀具进行加工，减少刀具规格、换刀及对刀次数和时间，以缩短总的加工时间。

（4）对于零件加工中使用的工艺基准应当着重考虑，它不仅决定了各个加工工序的前后顺序，还将对各个工序加工后的各加工表面之间的位置精度产生直接影响。应分析零件上是否有可以利用的工艺基准，对于一般加工精度要求，可以利用零件上现有的一些基准面或基准孔，或者专门在零件上加工出工艺基准。当零件的加工精度要求很高时，必须采用先进的统一基准定位装夹系统才能保证加工要求。

（5）分析零件材料的种类、牌号及热处理要求，了解零件材料的切削加工性能，合理选择刀具材料和切削参数。同时要考虑热处理对零件的影响，如热处理变形，并在工艺路线中安排相应的工序以消除这种影响。而零件的最终热处理状态也将影响工序的前后顺序。

（6）当零件上的一部分内容已经加工完成时，应充分了解零件的已加工状态，数控铣削加工的内容与已加工内容之间的关系，尤其是位置尺寸关系，以及这些内容之间在加工时如何协调，采用什么方式或基准来保证加工要求，如其他企业外协零件的加工。

（7）构成零件轮廓的几何元素（点、线、面）的条件（如相切、相交、垂直和平行等）是数控编程的重要依据。因此，在分析零件图样时，务必要分析几何元素的给定条件是否充分，发现问题应及时与设计人员协商解决。

2. 零件毛坯的工艺性分析

零件在进行数控铣削加工时，由于加工过程的自动化，故余量的大小、如何装夹等问题在设计毛坯时就要仔细考虑好。否则，如果毛坯不适合数控铣削，加工将很难进行下去。根据实践经验，下列几方面应作为毛坯工艺性分析的重点。

（1）毛坯应有充分、稳定的加工余量：毛坯主要指锻件、铸件。模锻时因欠压量与允许的错模量会造成余量的不等；铸造时也会因砂型误差、收缩量及金属液体的流动性差不能充满型腔等造成余量的不等。此外，锻造、铸造后，毛坯的挠曲与扭曲变形量的不同也会造成加工余量不充分、不稳定。因此，除板料外，不论是锻件、铸件还是型材，只要准备采用数控铣削加工，其加工面均应有较充分的余量。经验表明，数控铣削中最难保证的是加工面与非加工面之间的尺寸，这一点应该引起特别重视。如果已确定或准备采用数控铣削加工，就应事先对毛坯的设计进行必要更改或在设计时就加以充分考虑，即在零件图样注明的非加工面处也增加适当的余量。

（2）分析毛坯的装夹适应性：主要考虑毛坯在加工时定位和夹紧的可靠性与方便性，以便在一次安装中加工出较多表面。对不便于装夹的毛坯，可考虑在毛坯上另外增加装夹余量或工艺凸台、工艺凸耳等辅助基准。如图 4-16 所示，该工件缺少合适的定位基准，故在毛坯上铸出两个工艺凸台，在凸台上制出定位基准孔。

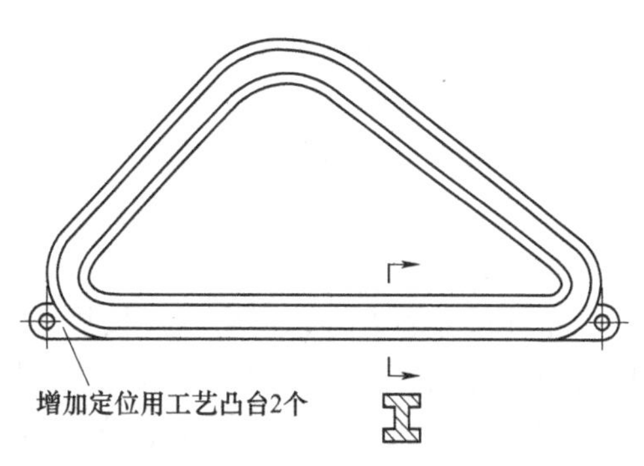

图 4-16 增加辅助基准示例

（3）分析毛坯的余量大小及均匀性：主要

考虑在加工时要不要分层切削；分几层切削；也要分析加工中与加工后的变形程度，考虑是否应采取预防性措施与补救措施。例如对于热轧中、厚铝板，经淬火时效后很容易在加工中与加工后变形，最好采用经预拉伸处理的淬火板坯。

（三）数控铣削加工工艺路线的拟订

随着数控加工技术的发展，在不同设备和技术条件下，同一个零件的加工工艺路线会有较大的差别。但关键的都是从现有加工条件出发，根据工件形状结构特点合理选择加工方法，划分加工工序，确定工件各个加工表面的加工顺序和加工路线，从而协调数控铣削工序与其他工序之间的关系，以及考虑整个工艺方案的经济性等。

1. 加工方法的选择

数控铣削加工对象的主要加工表面一般可采用表 4-1 所示的加工方案。

表 4-1　加工表面的加工方案

序号	加工表面	加工方案	所使用的刀具
1	平面内外轮廓	X、Y、Z 方向粗铣→内外轮廓方向分层半精铣，轮廓高度方向分层半精铣→内外轮廓精铣	整体高速钢或硬质合金立铣刀、机夹可转位硬质合金立铣刀
2	空间曲面	X、Y、Z 方向粗铣→曲面 Z 方向分层粗铣→曲面半精铣→曲面精铣	整体高速钢或硬质合金立铣刀、球头铣刀、机夹可转位硬质合金立铣刀、球头铣刀
3	孔	定尺寸刀具加工	麻花钻、扩孔钻、铰刀、镗刀
		铣削	整体高速钢或硬质合金立铣刀、机夹可转位硬质合金立铣刀
4	外螺纹	螺纹铣刀铣削	螺纹铣刀
5	内螺纹	攻螺纹	丝锥
		螺纹铣刀铣削	螺纹铣刀

（1）平面加工方法的选择：在数控铣床上加工平面主要采用面铣刀和立铣刀加工。粗铣的尺寸精度一般可达 IT11~13，表面粗糙度值 Ra 一般为 6.3~25μm；精铣的尺寸精度一般可达 IT8~10，表面粗糙度值 Ra 一般为 1.6~6.3μm。需要注意的是：当零件表面质量要求较高时，应采用顺铣方式。

（2）平面轮廓加工方法的选择：平面轮廓多由直线和圆弧或各种曲线构成，通常采用三坐标数控铣床进行两轴半坐标加工。图 4-17 所示为由直线和圆弧构成的零件平面轮廓 *ABCDEA*，采用半径为 R 的立铣刀沿周向加工，虚线 $A'B'C'D'E'A'$ 为刀具中心的运动轨迹。为保证加工面光滑，刀具沿 PA' 切入，沿 $A'K$ 切出。

（3）固定斜角平面加工方法的选择：固定斜角平面是与水平面成一固定夹角的斜面，常用的加工方法如下。

当零件尺寸不大时，可用斜垫板垫平后加工。如果机床主轴可以摆角，则可以摆成适当的定角，并用不同的刀具来加工，如图 4-18 所示。当零件尺寸很大，斜面斜度又较小时，常用行切法加工，但加工后，会在加工面上留下残留区域，需要用钳修方法加以清除，用三坐标立式数控铣床加工飞机整体壁板零件时常用此法。当然，加工斜面的最佳方法是采用五坐标数控铣床，主轴摆角后加工，可以不留残留区域。

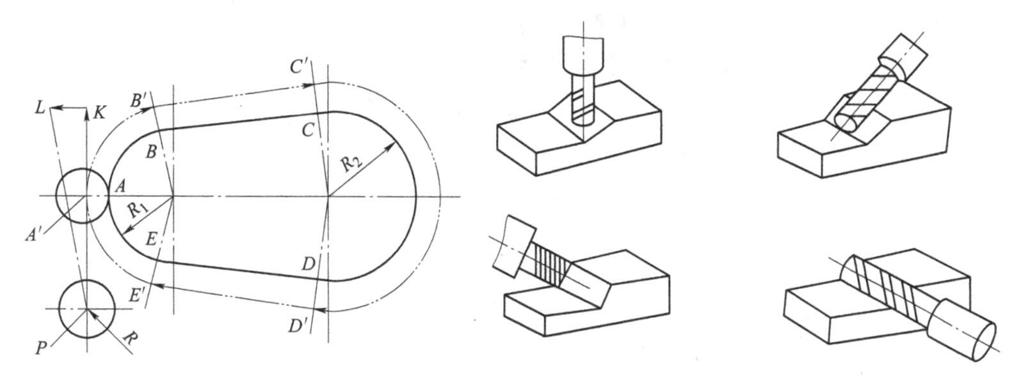

图 4-17　平面轮廓铣削　　　　图 4-18　主轴摆角加工固定斜面

（4）变斜角面加工方法的选择。

1）对曲率变化较小的变斜角面，选用 *X*、*Y*、*Z* 和 *A* 四坐标联动的数控铣床，采用立铣刀（但当零件斜角过大，超过机床主轴摆角范围时，可用角度成型铣刀加以弥补）以插补方式摆角加工。

2）对曲率变化较大的变斜角面，用四坐标联动加工难以满足加工要求，最好用 *X*、*Y*、*Z*、*A* 和 *B*（或 *C* 转轴）的五坐标联动数控铣床，以圆弧插补方式摆角加工。

3）采用三坐标数控铣床两坐标联动，利用球头铣刀和鼓形铣刀，以直线或圆弧插补方式进行分层铣削加工，加工后的残留面积用钳修方法清除，即为图 4-19 所示的用鼓形铣刀分层铣削变斜角面的情形。由于鼓形铣刀的鼓径可以做得比球头铣刀的球径大，所以加工后的残留面积高度小，加工效果比球头刀好。

（5）曲面轮廓加工方法的选择：立体曲面的加工应根据曲面形状、刀具形状及精度要求采用不同的铣削加工方法，如两轴半、三轴、四轴及五轴等联动加工。

1）对曲率变化不大和精度要求不高的曲面的粗加工，常用两轴半坐标的行切法加工，即 *X*、*Y*、*Z* 三轴中任意两轴进行联动插补，第三轴作单独的周期进给。如图 4-20 所示，将 *X* 向分成若干段，球头铣刀沿 *YZ* 面所截的曲线进行铣削，每一段加工完后进给 ΔX，再加工另一相邻曲线，如此依次切削即可加工出整个曲面。在行切法中，要根据轮廓表面质量的要求及刀头不干涉相邻表面的原则选取 ΔX。球头铣刀的刀头半径应选得大一些，有利于散热，但刀头半径应小于内凹曲面的最小曲率半径。

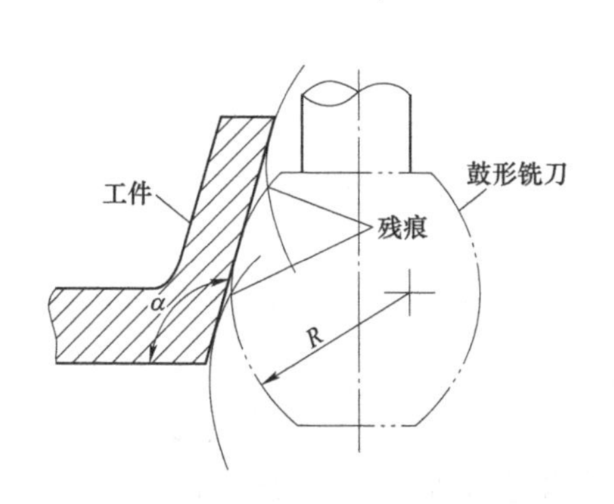

图 4-19　用鼓形铣刀分层铣削变斜角面

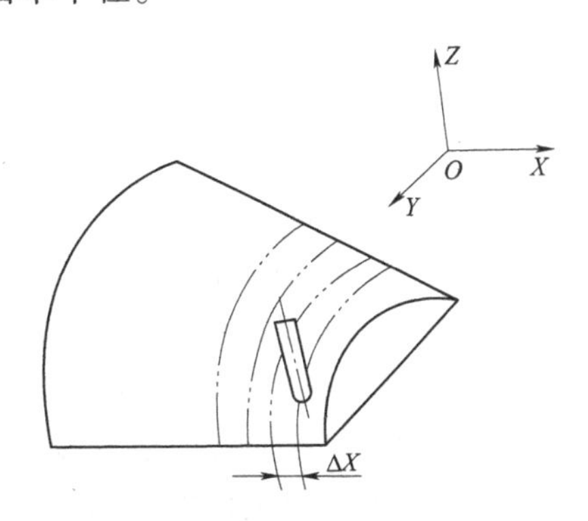

图 4-20　两轴半坐标行切法加工曲面

2）对曲率变化较大和精度要求较高的曲面的精加工，常用 X、Y、Z 三轴坐标联动插补的行切法加工。如图 4-21 所示，P_{yz}平面为平行于坐标平面的一个行切面，它与曲面的交线为 ab。由于是三坐标联动，球头刀与曲面的切削点始终处在平面曲线 ab 上，可获得较规则的残留沟纹。但这时的刀心轨迹 O_1O_2 不在 P_{yz}平面上，而是一条空间曲线。

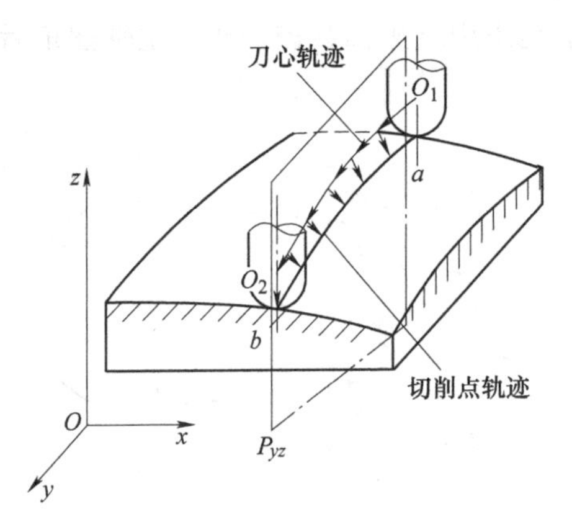

图 4-21　三轴坐标联动插补的行切法加工

3）像叶轮、螺旋桨这样的零件，因其叶片形状复杂，刀具容易与相邻表面干涉，故常用五轴坐标联动加工，其加工原理如图 4-22 所示。半径为 R_i 的圆柱面与叶面的交线 AB 为螺旋线的一部分，螺旋角为 ψ_i，叶片的径向叶型线（轴向割线）EF 的倾角 α 为后倾角，螺旋线 AB 用极坐标加工方法，并且以折线段逼近。逼近段 mn 由 C 坐标旋转 $\Delta\theta$ 与 Z 坐标位移 Δz 合成。当 AB 加工完后，刀具径向位移 ΔX，即改变极坐标半径 R_i，再加工相邻的另一条叶型线，依次加工即可形成整个叶面。由于叶面的曲率半径较大，所以常采用立铣刀加工，以提高生产率并简化程序。为保证铣刀端面始终与曲面贴合，铣刀还应做由坐标 A 和坐标 B 形成的摆角运动。在摆角的同时，还应做直角坐标的附加运动，以保证铣刀端面中心始终位于编程值所规定的位置上，所以需要五坐标加工。这种加工的编程计算相当复杂，一般采用自动编程。

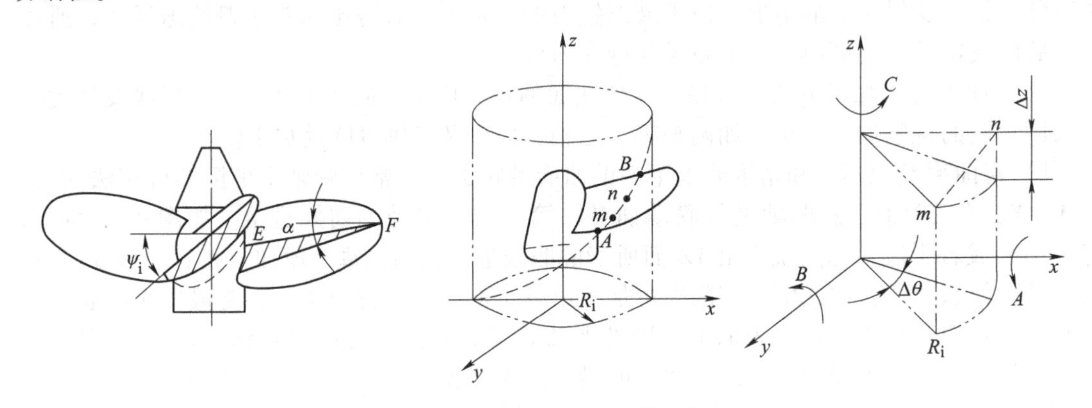

图 4-22　曲面的五轴坐标联动加工

2. 工序的划分

在确定加工内容和加工方法的基础上，根据加工部位的性质、刀具使用情况及现有的加工条件，将这些加工内容安排在一个或几个数控铣削加工工序中。

（1）当加工中使用的刀具较多时，为了减少换刀次数，缩短辅助时间，可以将一把刀具所加工的内容安排在一个工序（或工步）中。

（2）按照工件加工表面的性质和要求，将粗加工、精加工分为依次进行的不同工序（或工步）。先进行所有表面的粗加工，然后再进行所有表面的精加工。

一般情况下，为了减少工件在加工中的周转时间，提高数控铣床的利用率，保证加工精度的要求，在数控铣削工序划分的时候，应尽量使工序集中。当数控铣床的数量比较多，同时有相应的设备技术措施保证工件的定位精度时，为了更合理地分担机床的负荷，协调生产组织，也可以将加工内容适当分散。

3. 加工顺序的安排

在确定了某个工序的加工内容后，要进行详细的工步设计，即安排这些工序内容的加工顺序，同时考虑程序编制时刀具运动轨迹的设计。一般将一个工步编制为一个加工程序，因此，工步顺序实际上也就是加工程序的执行顺序。

一般数控铣削采用工序集中的方式，这时工步的顺序就是工序分散时的工序顺序。通常按照从简单到复杂的原则，即先加工平面、沟槽、孔，再加工外形、内腔，最后加工曲面；先加工精度要求低的表面，再加工精度要求高的部位等。

4. 加工路线的确定

在确定加工路线时，数控铣削应重点考虑以下几个方面：

（1）应能保证零件的加工精度和表面质量要求。铣削有顺铣和逆铣两种方式。顺铣是铣刀旋转方向与工件进给方向相同，逆铣是铣刀旋转方向与工件进给方向相反，如图 4-23 所示。当工件表面无硬皮，机床进给机构无间隙时，应选用顺铣，按照顺铣安排进给路线。因为采用顺铣加工后，零件已加工表面质量好，刀齿磨损小。精铣时，尤其是零件材料为铝镁合金、铁合金或耐热合金时，应尽量采用顺铣。当工件表面有硬皮，机床的进给机构有间隙时，应选用逆铣，按照逆铣安排进给路线。因为逆铣时，刀齿是从已加工表面切入，不会崩刃，且机床进给机构的间隙不会引起振动和爬行。

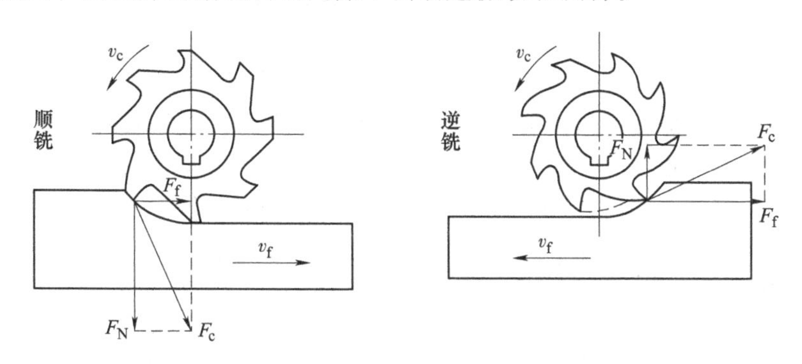

图 4-23　顺铣和逆铣

如图 4-24a 所示，当铣削平面零件外轮廓时，一般采用立铣刀侧刃切削。刀具切入工件时，不应沿零件外廓的法向切入，而应沿外廓曲线延长线的切向切入，以避免在切入处产生刀具的刻痕而影响表面质量，从而保证零件外廓曲线平滑过渡。同理，在切离工件时，也应避免在工件的轮廓处直接退刀，而应该沿零件轮廓延长线的切向逐渐切离工件。

铣削封闭的内轮廓表面时，若内轮廓曲线允许外延，则应沿切线方向切入切出。若内轮廓曲线不允许外延（见图 4-24b），刀具只能沿内轮廓曲线的法向切入切出，此时刀具的切入切出点应尽量选在内轮廓曲线两几何元素的交点处。当内部几何元素相切无交点时，为防止刀补取消时在轮廓拐角处留下凹口（见图 4-25a），刀具切入切出点应远离拐角（见图 4-25b）。

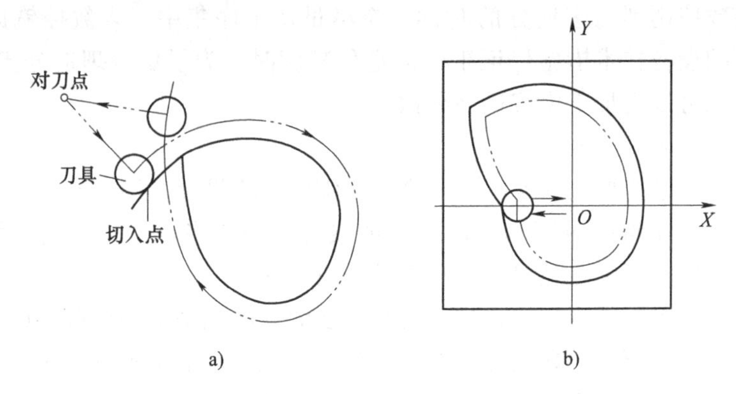

图 4-24　外轮廓与内轮廓加工刀具的切入和切出

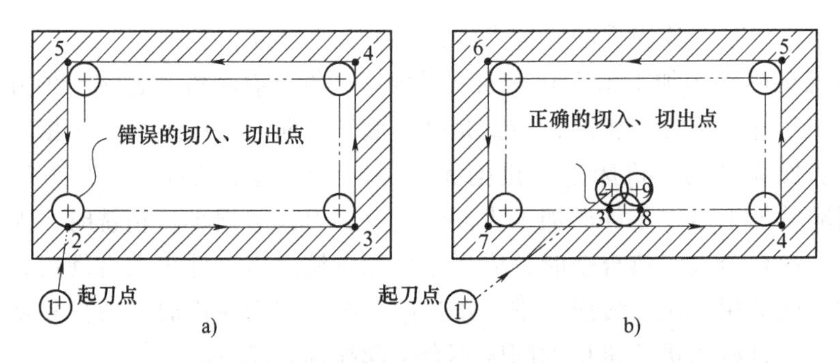

图 4-25　无交点内轮廓加工刀具的切入和切出

图 4-26 所示为圆弧插补方式铣削外整圆时的加工路线图。当整圆加工完毕时，不要在切点处直接退刀，而应让刀具沿切线方向多运动一段距离，以免取消刀补时，刀具与工件表面相碰，造成工件报废。铣削内圆弧时也要遵循从切向切入的原则，最好安排从圆弧过渡到圆弧的加工路线（见图 4-27），这样可以提高内孔表面的加工精度和加工质量。

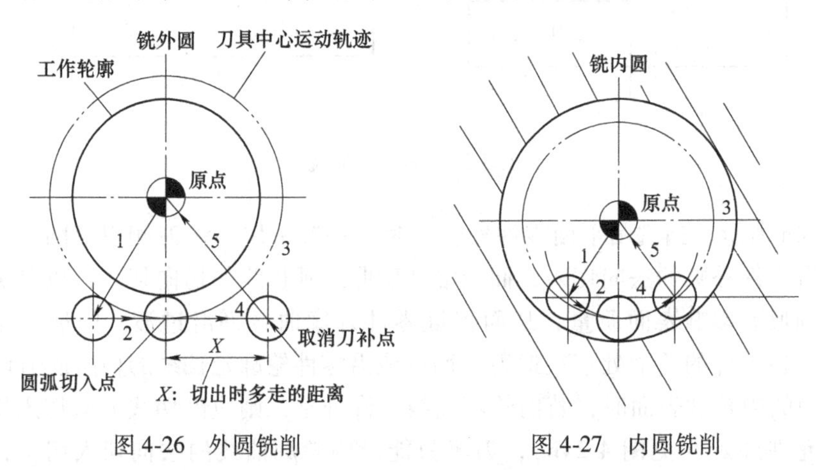

图 4-26　外圆铣削　　　　图 4-27　内圆铣削

对于孔位置精度要求较高的零件，如在精镗孔系时，镗孔路线一定要注意各孔的定位方向一致，即采用单向趋近定位点的方法，以避免传动系统反向间隙误差或测量系统的误差对定位精度的影响。图 4-28a 所示的孔系加工路线，在加工孔Ⅳ时，X 方向的反向间隙将会影响Ⅲ和Ⅳ两孔的孔距精度；如果改为图 4-28b 所示的加工路线，可使各孔的定位方向一致，从而提高孔距精度。

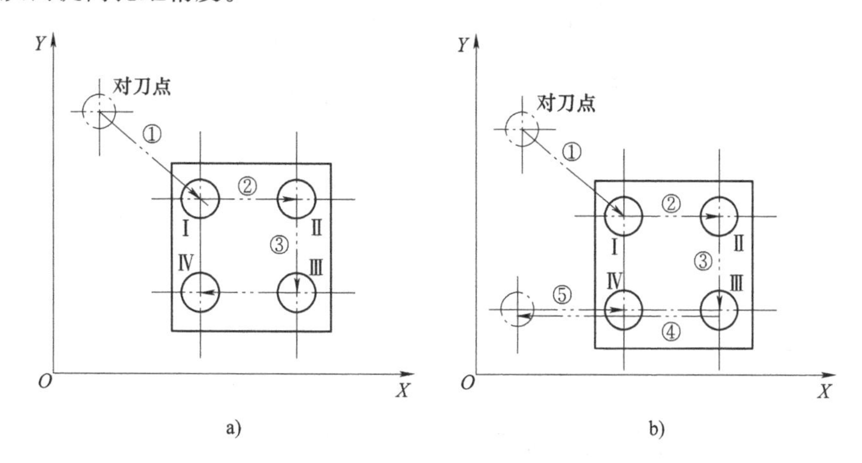

图 4-28　孔系加工路线方案比较

加工零件最终轮廓时为保证工件轮廓的表面质量要求，最终轮廓应安排在最后一次加工中连续加工出来。

图 4-29a 所示为用行切方式加工内腔的加工路线，这种加工能切除内腔中的全部余量，不留死角，不伤轮廓。但行切法会在两次加工的起点和终点间留下残留高度，而达不到表面质量要求。所以可采用图 4-29b 所示的加工路线，先用行切法，最后沿周向环切一刀，光整轮廓表面，从而获得较好的效果。图 4-29c 也是一种较好的加工路线方式。

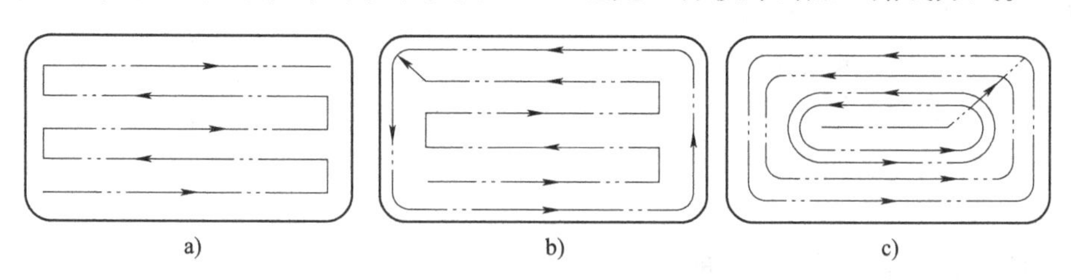

图 4-29　铣削内腔的三种加工路线
a）路线 1　b）路线 2　c）路线 3

铣削曲面时，常用球头刀采用行切法进行加工。所谓行切法是指刀具与零件轮廓的切点轨迹是一行一行的，而行间的距离是按零件加工精度的要求确定的。对于边界敞开的曲面加工，可采用两种加工路线。图 4-30 所示为发动机大叶片曲面加工的加工路线，当采用图 4-30a 所示的加工方案时，每次沿直线加工，刀位点计算简单，程序少，加工过程符合直纹面的形成，可以准确保证母线的直线度。当采用图 4-30b 所示的加工方案时，符合此类零件的数据要求，便于加工后检验，叶形的准确度较高，但程序较多。由于曲面零件的边界是敞开的，没有其他表面限制，所以边界曲面可以延伸，球头刀应从边界外开始加工。

此外，轮廓加工中应避免进给停顿。因为加工过程中的切削力会使工艺系统产生弹性变形并处于相对平衡状态，进给停顿时，切削力突然减小，会改变系统的平衡状态，使刀具在进给停顿处的零件轮廓上留下刻痕。

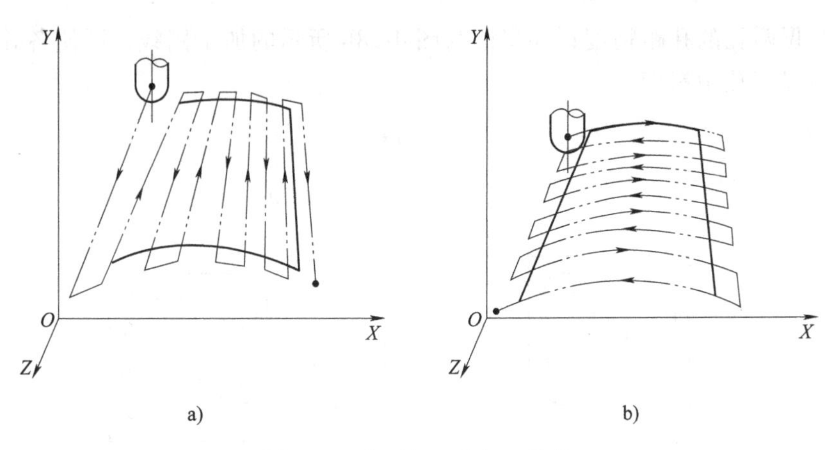

图 4-30　曲面加工的加工路线

为提高工件表面的精度并减小表面粗糙度值，可以采用多次加工的方法，精加工余量一般以 0. 2~0. 5mm 为宜。而且精铣时宜采用顺铣，以减小零件被加工表面粗糙度值。

（2）应使走刀路线最短，减少刀具的空行程时间，提高加工效率。图 4-31 所示为最短加工路线选择。按照一般习惯，总是先加工均布于同一圆周上的 8 个孔，再加工另一圆周上的孔，如图 4-31a 所示。但是对点位控制的数控铣床而言，要求定位精度高，定位过程尽可能快，因此这类数控铣床应按空程最短来安排加工路线，如图 4-31b 所示，以节省加工时间。

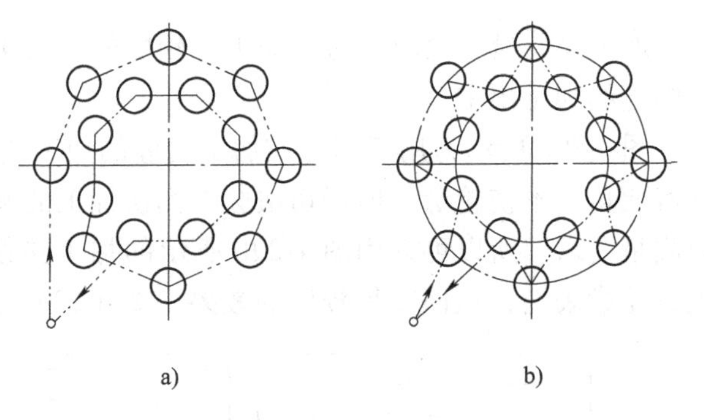

图 4-31　最短加工路线选择

（3）应使数值计算简单，程序段数量少，以减少编程工作量。

（四）数控铣削加工切削用量的选择

如图 4-32 所示，铣削加工切削用量包括主轴转速（切削速度）、进给速度、背吃刀量

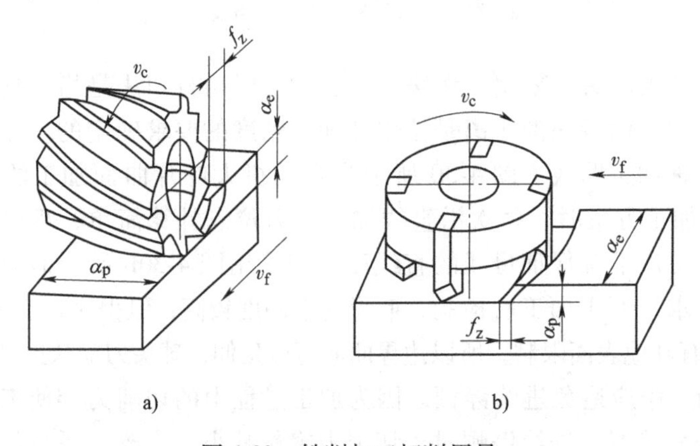

图 4-32　铣削加工切削用量

a）圆周铣　b）端铣

和侧吃刀量。切削用量的大小对切削力、切削功率、刀具磨损、加工质量和加工成本均有显著影响。在数控加工中选择切削用量，就是在保证加工质量和刀具寿命的前提下，充分发挥数控铣床性能和刀具切削性能，使切削效率最高，加工成本最低。

为保证刀具寿命，铣削用量的选择方法是，先选取背吃刀量或侧吃刀量，其次再确定进给速度，最后确定切削速度。

1. 背吃刀量（端铣）或侧吃刀量（圆周铣）的选择

背吃刀量 α_p 为平行于铣刀轴线测量的切削层尺寸，单位为 mm。端铣时，α_p 为切削层深度；而圆周铣削时，α_p 为被加工表面的宽度。

侧吃刀量 α_e 为垂直于铣刀轴线测量的切削层尺寸，单位为 mm。端铣时，α_e 为被加工表面宽度；而圆周铣削时，α_e 为切削层的深度。

背吃刀量或侧吃刀量的选取主要由加工余量和表面质量要求所决定。

（1）当工件表面粗糙度值 Ra 要求为 12.5~25μm 时，如果圆周铣削的加工余量小于 5mm，端铣的加工余量小于 6mm，则粗铣一次就可以达到要求。但在余量较大，工艺系统刚性较差或机床动力不足时，可分两次进给完成。

（2）当工件表面粗糙度值 Ra 要求为 3.2~12.5μm 时，可分粗铣和半精铣两步进行。粗铣时背吃刀量或侧吃刀量选取同前。粗铣后留 0.5~1.0mm 余量，在半精铣时切除。

（3）当工件表面粗糙度值 Ra 要求为 0.8~3.2μm 时，可分粗铣、半精铣、精铣三步进行。半精铣时背吃刀量或侧吃刀量取 1.5~2mm；精铣时圆周铣侧吃刀量取 0.3~0.5mm；面铣时刀背吃刀量取 0.5~1mm。

2. 进给量 f 与进给速度 v_f 的选择

铣削加工的进给量是指刀具转一周，工件与刀具沿进给运动方向的相对位移量，单位为 mm/r；进给速度是单位时间内工件与铣刀沿进给方向的相对位移量，单位为 mm/min。进给量与进给速度是数控铣床加工切削用量中的重要参数，须根据零件的表面质量、加工精度要求、刀具及工件材料等因素，参考《切削用量手册》选取或参考表 4-2 选取。当工件刚性差或刀具强度低时，应取小值。当铣刀为多齿刀具时，其进给速度 v_f，刀具转速 n，刀具齿数 Z 及每齿进给量 f_Z 的关系见式（4-1）。

$$v_f = nZf_Z \tag{4-1}$$

表 4-2　铣刀每齿进给量

工件材料	每齿进给量/(mm/z)			
	粗铣		精铣	
	高速钢铣刀	硬质合金铣刀	高速钢铣刀	硬质合金铣刀
钢	0.10~0.15	0.10~0.25	0.02~0.05	0.10~0.15
铸铁	0.12~0.20	0.15~0.30	—	—

3. 切削速度 v_c 的选择

根据已经选定的背吃刀量、进给量及刀具寿命选择切削速度，单位为 m/min。切削速度可用经验公式计算，也可根据生产实践经验在数控铣床说明书允许的切削速度范围内查阅《切削用量手册》或参考表 4-3 选取。

实际编程中，切削速度 v_c 确定后，还要按式（4-2）计算出数控铣床主轴转速 n（单位：r/min，对有级变速的数控铣床，须按数控铣床说明书选择与所计算转速 n 接近的转速），并填入程序单中。

$$n = 1000v_c/(\pi d) \tag{4-2}$$

表 4-3 铣削速度参考值

工件材料	硬度 HBW	铣削速度 v_c/(m/min)	
		高速钢铣刀	硬质合金铣刀
钢	<225	18~42	66~150
	225~325	12~36	54~120
	325~425	6~21	36~75
铸铁	<190	21~36	66~150
	190~260	9~18	45~90
	260~320	4.5~10	21~30

任务实施

平面槽形凸轮零件数控铣削加工工艺分析

1. 零件图工艺分析

凸轮槽形内、外轮廓由直线和圆弧组成，几何元素之间关系描述清楚完整，凸轮槽侧面与 $\phi20^{+0.021}_{0}$mm 和 $\phi12^{+0.018}_{0}$mm 两个内孔表面质量要求较高，Ra 为 1.6μm。凸轮槽内外轮廓面和 $\phi20^{+0.021}_{0}$mm 孔与底面有垂直度要求。零件材料为 HT200，切削加工性能较好。

根据上述分析，凸轮槽内、外轮廓及两个孔的加工应分粗、精加工两个阶段进行，以保证表面质量要求。同时应以底面 A 定位来提高装夹刚度以满足垂直度要求。

2. 确定装夹方案

根据零件的结构特点，加工 $\phi20^{+0.021}_{0}$mm 和 $\phi12^{+0.018}_{0}$mm 两个孔时，以底面 A 定位（必要时可设工艺孔），采用螺旋压板机构夹紧。加工凸轮槽内外轮廓时，采用“一面两孔”方式定位，即以底面 A 及 $\phi20^{+0.021}_{0}$mm 和 $\phi12^{+0.018}_{0}$mm 两个孔为定位基准，装夹示意图如图 4-33 所示。

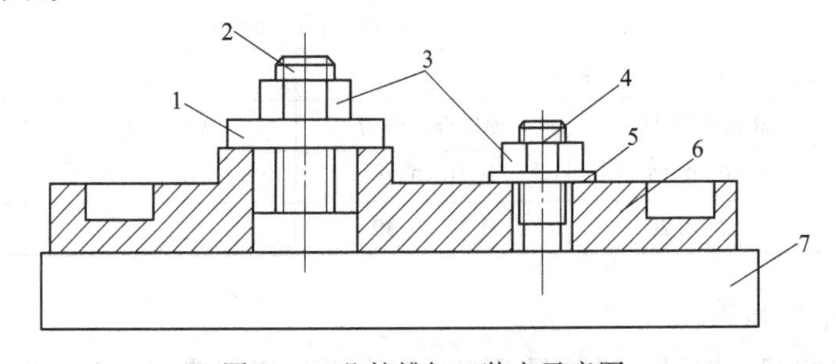

图 4-33 凸轮槽加工装夹示意图

1—开口垫圈 2—带螺纹圆柱销 3—压紧螺母 4—带螺纹削边销 5—垫圈 6—工件 7—垫块

3. 确定加工顺序及加工路线

加工顺序的拟定按照基面先行、先粗后精原则确定。因此应先加工用做定位基准的 $\phi20^{+0.021}_{0}$mm 和 $\phi12^{+0.018}_{0}$mm 两个孔，然后再加工凸轮槽内外轮廓表面。为保证加工精度，粗、精加工应分开，其中两个孔的加工采用钻孔→粗铰→精铰方案。走刀路线包括平面进给和深度进给两部分。平面内进给时，外凸轮廓从切线方向切入，内凹轮廓从过渡圆弧切入。为使凸轮槽表面具有较好的表面质量，采用顺铣方式铣削。深度进给有两种方法：一种方法是在 *xz* 平面（或 *yz* 平面）来回铣削逐渐进刀到既定深度；另一种方法是先打一个工艺孔，然后从工艺孔进刀到既定深度。

4. 刀具的选择

根据零件的结构特点，铣削凸轮槽内、外轮廓时，铣刀直径受槽宽限制，取为 ϕ6mm。

粗加工选用 ϕ6mm 高速钢立铣刀，精加工选用 ϕ6mm 硬质合金立铣刀。所选刀具及其加工表面见表 4-4 平面槽形凸轮数控加工刀具卡片。

5. 切削用量的选择

凸轮槽内、外轮廓精加工时留 0.1mm 铣削余量，精铰 ϕ20mm 和 ϕ12mm 两个孔时留 0.1mm 铰削余量。选择主轴转速与进给速度时，先查《切削用量手册》，确定切削速度与每齿进给量，然后按式（4-1）和式（4-2）计算主轴转速与进给速度。

6. 填写数控加工工序卡片

将各工步的加工内容、所用刀具和切削用量填入表 4-5 平面槽形凸轮数控加工工序卡片。

表 4-4 平面槽形凸轮数控加工刀具卡片

产品名称或代号	×××	零件名称	平面槽形凸轮	零件图号	×××	
序号	刀具号	刀具规格及名称	数量	刀长/mm	加工表面	备注
1	T01	ϕ5mm 中心钻	1	—	钻 ϕ5mm 中心孔	—
2	T02	ϕ19.6mm 钻头	1	45	ϕ20mm 孔粗加工	—
3	T03	ϕ11.6mm 钻头	1	30	ϕ12mm 孔粗加工	—
4	T04	ϕ20mm 铰刀	1	45	ϕ20mm 孔精加工	—
5	T05	ϕ12mm 铰刀	1	30	ϕ12mm 孔精加工	—
6	T06	90°倒角铣刀	1	—	ϕ20mm 孔倒角 *C*1.5mm	—
7	T07	ϕ6mm 高速钢立铣刀	1	20	粗加工内外轮廓	底圆角 *R*0.5mm
8	T08	ϕ6mm 硬质合金立铣刀	1	20	精加工凸槽内外轮廓	—
编制 ×××	审核 ×××	批准 ×××			年 月 日	共 页 第 页

表 4-5　平面槽形凸轮数控加工工序卡片

单位名称	×××	产品名称或代号	零件名称	零件图号
		数控铣工艺分析实例	平面槽形凸轮	mill-01
工序号	程序编号	夹具名称	使用设备	车间
001	millPrg-01	螺旋压板	XK714D	数控中心

工步号	工步内容	刀具号	刀具规格	主轴转速/(r/min)	进给速度/(mm/min)	背吃刀量/mm	备注
1	平端面	T01	ϕ120mm	300	—	—	手动
2	钻 ϕ5mm 中心孔	T02	ϕ19. 6mm	402	40	—	自动
3	钻底孔	T03	ϕ11. 6mm	402	40	—	自动
4	粗镗 ϕ32mm 内孔、15°斜面及 C0. 5mm 倒角	T04	ϕ20mm	120	20	0. 2	自动
5	精镗 ϕ32mm 内孔、15°斜面及 C0. 5mm 倒角	T05	ϕ12mm	130	20	0. 2	自动
6	调头装夹粗镗 1∶20 锥孔	T06	90°	402	20	—	手动
7	精镗 1∶20 锥孔	T07	ϕ6mm	1100	40	4	自动

编制	×××	审核	×××	批准	×××	年　月　日	共　页	第　页

思考与练习

以图 4-34 所示零件为例，认真分析其图样及技术要求，编制该零件的数控加工工序卡片，列出数控加工刀具卡片。

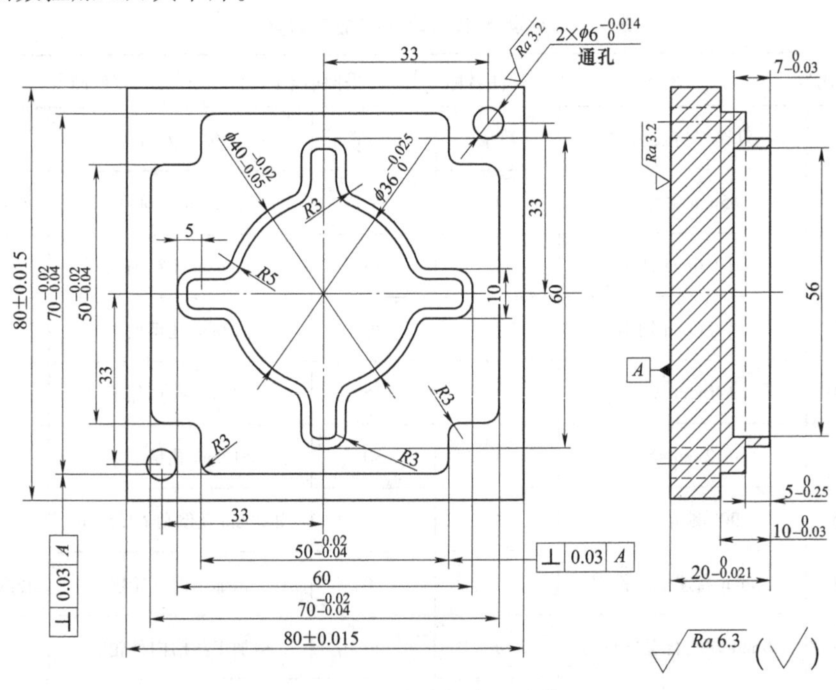

图 4-34　工艺分析练习零件

第 5 章

数控铣床的操作

任务 5-1　熟悉数控面板上各功能键的作用及其基本操作

任务要求

按照数控铣床操作规范开动三轴立式数控铣床，了解数控铣床的铣床坐标系和工件坐标系的含义，进行开机、回零、程序的编辑、手动、手轮、自动运行、MDI 运行及关机等操作练习。

技能目标

掌握数控铣床面板各功能键的功能与作用，并能正确操作数控铣床。

相关知识

数控面板是数控系统的控制面板，不同数控系统的数控面板是不相同的，但数控面板大多数功能是相同的。数控面板主要由显示器、手动数据输入（MDI）键盘及铣床控制面板组成。HNC-808DiM 型三轴立式数控铣床的数控面板、手持单元如图 5-1 所示。下面分别予以介绍。

1. 显示屏界面功能（见图 5-2）

（1）标题栏

1）工作方式：系统工作方式根据数控铣床控制面板上相应按键的状态可在自动（运行）、单段（运行）、手动（运行）、增量（运行）、回零、急停之间切换。

2）系统报警信息。

3）0 级主菜单名：显示当前激活的主菜单按键。

4）U 盘连接情况和网络连接情况。

5）系统标志、时间。

（2）图形显示窗口：这块区域显示的画面，根据所选菜单键的不同而不同。

（3）G 代码显示区：预览或显示加工程序的代码。

（4）输入框：在该栏输入需要输入的信息。

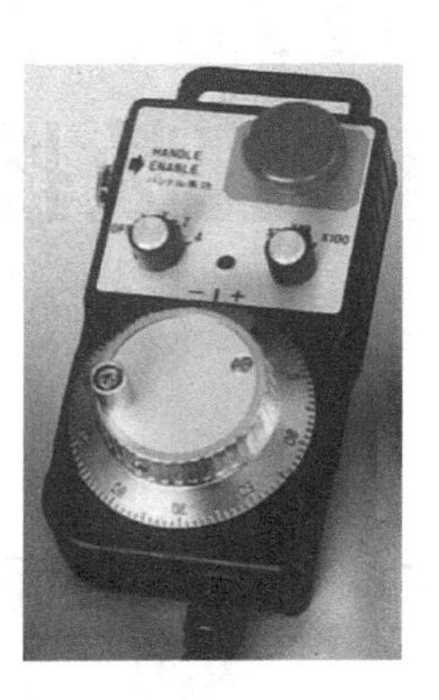

图 5-1　HNC-808DiM 型数控铣床数控面板、手持单元

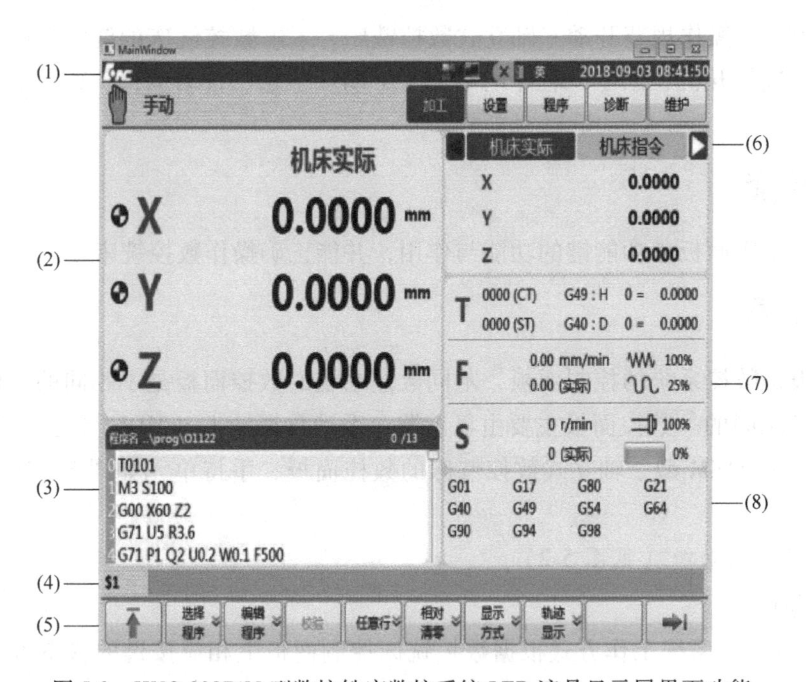

图 5-2　HNC-808DiM 型数控铣床数控系统 LED 液晶显示屏界面功能

（5）菜单命令条：通过菜单命令条中对应的功能键来完成系统功能的操作。

（6）轴状态显示：显示轴的坐标位置、脉冲值、断点位置、补偿值、负载电流等。

（7）辅助机能：T/F/S 信息区。

（8）G 模态及加工信息区：显示加工过程中的 G 模态及加工信息。

2. 数控系统数字控制（NC）键盘功能

数控系统 NC 键盘包括精简型 MDI 键盘、六个主菜单键和十个功能键，主要用于零件程序的编制、参数输入、MDI 及系统管理操作等，如图 5-3 所示。数控系统 NC 键盘功能键功能说明见表 5-1。

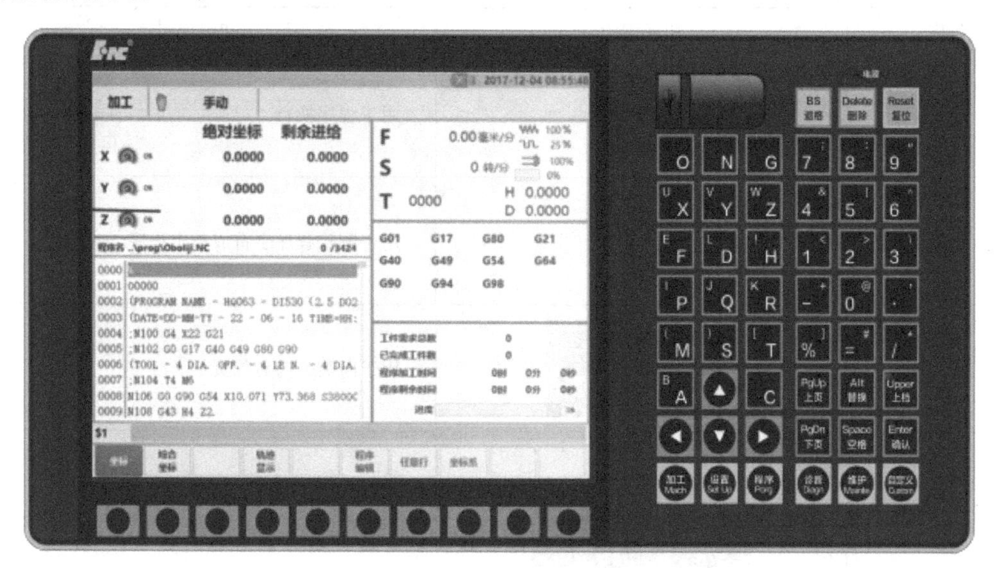

图 5-3　数控系统 NC 键盘

表 5-1　数控系统 NC 键盘功能键功能说明

名称	功能键图	功能说明
字符键	O N G 7 8 9 X Y Z 4 5 6 F D H 1 2 3 P Q R - 0 . M S T % = /	用于数字、字母及符号的输入，使用“上挡” Shift 上挡 按键输入字符键的右上标字符
退格	BS 退格	用于取消最后一个输入的字符或符号
上挡	Upper 上挡	退出当前窗口
复位	Reset 复位	用于使所有操作停止，返回初始状态
替换	Alt 替换	替换键，也可以与其他字母键组成快捷键

（续）

名称	功能键图	功能说明
确认	 Enter 确认	用于程序换行
删除	 Delete 删除	用于删除程序字符或整个程序
上页、下页	 PgUp 上页 PgDn 下页	用于向前、向后翻页
光标移动键	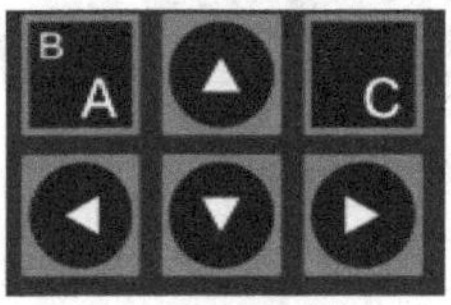 B A ▲ C ◀ ▼ ▶	用于控制光标上、下、左、右移动
加工	 加工 Mach	用于程序新建、修改、效验等操作
设置	 设置 Set Up	用于对刀、坐标系及刀长的设置等
程序	 程序 Porg	用于程序复制、粘贴、另存为
诊断	 诊断 Diagn	用于显示 NC 报警信号的信息、报警记录等
维护	 维护 Mainte	用于系统参数设置、修改
自定义	 自定义 Custom	用于自定义可编程逻辑控制器（PLC）

3. 铣床控制面板功能

数控系统通过工作方式键，对操作铣床的动作进行分类。在选定的工作方式下，只能做相应的操作。例如在手动工作方式下，只能做手动移动铣床轴、手动换刀等工作，不可能做连续自动的工件加工。同样，在自动工作方式下，只能连续自动加工工件或模拟加工工件，不可能做手动移动铣床轴、手动换刀等工作。铣床控制面板如图 5-4 所示。铣床控制面板常用功能说明见表 5-2。

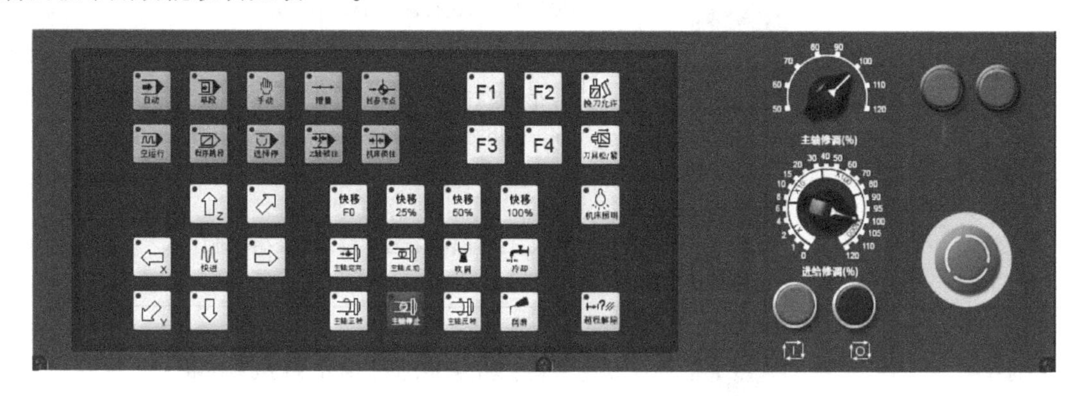

图 5-4　铣床控制面板

表 5-2　铣床控制面板常用功能说明

名称	功能键图	功能说明
系统电源开		按下该按钮，数控系统上电
系统电源关		按下该按钮，数控系统断电
急停开关		当出现紧急情况而按下急停开关按钮时，数控系统即进入急停状态，伺服进给及主轴运转立即停止工作
自动	自动	在自动工作方式下，系统自动运行所选定的程序，直至程序结束
单段	单段	在单段工作方式下，铣床逐行运行所选择的程序。每运行完一行程序，铣床会处于停止状态，需再次按下循环启动按钮，才会启动下一行程序
手动	手动	在手动运行方式下，可执行冷却开停、主轴转停、手动换刀、铣床各轴运动控制等
增量	增量	在增量进给方式下，可定量移动铣床坐标轴，移动距离由×1、×10、×100、×1000 四个增量倍率按键控制

（续）

名称	功能键图	功能说明
回参考点	回参考点	回参考点操作主要是建立铣床坐标系。系统接通电源、复位后首先应进行铣床各轴回参考点操作
空运行	空运行	在空运行工作方式下，铣床以系统最大快移速度运行程序。使用时注意坐标系间的相互关系，避免发生碰撞
程序跳段	程序跳段	跳过某行不执行程序段，配合/字符使用
选择停	选择停	程序运行停止，配合 M01 辅助功能使用
MST 锁住	MST MST锁住	该功能用于禁止 M、S、T 辅助功能。在只需要铣床进给轴运行的情况下，可以使用 MST 锁住功能
机床锁住	机床锁住	机床锁住，禁止铣床所有运动
换刀允许	换刀允许	在手动方式下，按一下换刀允许按钮（指示灯亮），允许刀具松/紧操作，再按一下又为不允许刀具松/紧操作（指示灯灭），如此循环
刀具松/紧	刀具松/紧	在换刀允许有效时（指示灯亮），按一下刀具松/紧按钮，松开刀具（默认值为夹紧），再按一下又为夹紧刀具，如此循环
刀库正/反转	刀库正转 刀库反转	在手动方式下，按一下刀库正转或刀库反转按钮，刀库以设定的转速正转或反转
移动轴方向键	Z X 快进 Y	在手动、增量和返回参考点方式下，选择进给坐标轴和进给方向来操作所选轴，在手动方式移动时，同时按下快速按钮，即可快速移动

（续）

名称	功能键图	功能说明
快移修调开关	×1 F0　×10 25%　×100 50%　×1000 100%	（1）在自动方式或 MDI 运行方式下，按下相应的快移修调倍率按钮 （2）增量进给的增量值由×1、×10、×100、×1000 四个增量倍率按钮控制，单位为 μm
主轴正转	主轴正转	在手动或者增量方式下，按一下主轴正转按钮，主轴电动机以铣床参数设定的转速正转
主轴停止	主轴停止	按主轴停止，主轴电动机停止运转
主轴反转	主轴反转	在手动或者增量方式下，按一下主轴反转按钮，主轴电动机以铣床参数设定的转速反转
工作灯	工作灯	在手动方式下，按一下工作灯按钮，打开工作灯（默认值为关闭）；再按一下为关闭工作灯
主轴定向	主轴定向	在手动方式下，当主轴制动无效时（指示灯灭），按一主轴定向按钮，主轴立即执行主轴定向功能，定向完成后，按钮内指示灯亮，主轴准确停止在某一固定位置
主轴点动	主轴点动	在手动方式下，可用主轴点动按钮，点动转动主轴：按压主轴点动按钮（指示灯亮），主轴将产生正向连续转动；松开主轴点动按钮（指示灯灭），主轴即减速停止
主轴制动	主轴制动	在手动方式下，主轴处于停止状态时，按一下主轴制动按钮（指示灯亮），主轴电动机被锁定在当前位置
防护门	防护门	在手动方式下，按一下防护门按钮，防护门打开（默认值为防护门关闭），再按一下为防护门关闭，如此循环
冷却	冷却	在手动方式下，按一下冷却按钮，切削液开（默认值为切削液关），再按一下为切削液关，如此循环
润滑	润滑	在手动方式下，按一下润滑按钮，铣床润滑开（默认值为铣床润滑关），再按一下为铣床润滑关，如此循环

（续）

名称	功能键图	功能说明
吹屑	吹屑	在手动方式下，按一下吹屑按钮（指示灯亮），启动吹屑；再按一下吹屑按钮（指示灯灭），吹屑停止，如此循环
自动断电	自动断电	在手动方式下，按一下自动断电按钮，当程序出现 M30 时，在定时器定时结束后铣床会自动断电
排屑正转	排屑正转	在手动方式下，按一下排屑正转按钮，排屑器向前转动，能将铣床中的切屑排出
排屑停止	排屑停止	在手动方式下，按一下排屑停止按钮，排屑器停止转动
排屑反转	排屑反转	在手动方式下，按一下排屑反转按钮，排屑器反转，有利于清除排屑器中的堵塞物和切屑
超程解除	超程解除	当铣床出现超程报警时，按下超程解除按钮不要松开，然后用手摇脉冲发生器或手动方式反向移动该轴，从而解除超程报警
转速修调开关	50 60 70 80 90 100 110 120 %	主轴正转及反转的速度可通过主轴修调开关调节，旋转主轴修调波段开关，倍率的范围为 50%~120%；机械齿轮换挡时，主轴速度不能修调
进给修调开关	0 1 2 4 6 8 10 15 20 30 40 50 60 70 80 90 95 100 105 110 120 %	在自动方式或 MDI 运行方式下，当 F 代码编程的进给速度偏高或偏低时，可旋转进给修调开关，修调程序中编制的进给速度。修调范围为 0~120% 在手动连续进给方式下，此波段开关可调节手动进给速率
循环启动		在自动、单段工作方式下有效。按下循环启动按钮后，铣床可进行自动加工或模拟加工。注意自动加工前应对刀正确
保持进给		在自动加工过程中，按下保持进给按钮后，铣床上刀具相对工件的进给运动停止，但铣床的主运动并不停止。再按下循环启动按钮后，继续运行下面的进给运动

任务实施

1. 开机操作步骤

（1）检查数控铣床状态是否正常。

（2）检查电源电压是否符合要求，接线是否正确。

（3）按下“急停”按钮。

（4）数控铣床上电。

（5）数控上电。

（6）检查面板上的指示灯是否正常。

（7）接通数控装置电源后，系统自动运行系统。此时，工作方式为急停。

2. 返回数控铣床零点

控制数控铣床运动的前提是建立机床坐标系，为此，系统接通电源、复位后首先应进行数控铣床各轴回参考点操作，方法如下。

（1）如果系统显示的当前工作方式不是回零方式，按一下控制面板上面的回参考点按钮，确保系统处于回零方式。

（2）根据 Z 轴数控铣床参数回参考点方向，按一下 Z 及方向按钮（回参考点方向为+），Z 轴回到参考点后，“Z”按钮内的指示灯亮。

（3）用同样的方法使用“X”按钮，使 X 轴回参考点。

（4）所有轴回参考点后，即建立了机床坐标系。

注意：

（1）在每次电源接通后，必须先完成各轴的返回参考点操作，然后再进入其他运行方式，以确保各轴坐标的正确性。

（2）同时按下轴方向选择按钮（X、Y、Z），可使轴（X、Y、Z）同时返回参考点。

（3）在回参考点前，应确保回零轴位于参考点的回参考点方向相反侧（如 X 轴的回参考点方向为负，则回参考点前，应保证 X 轴当前位置在参考点的正向侧）；否则应手动移动该轴直到满足此条件。

（4）在回参考点过程中，若出现超程，请按住控制面板上的超程解除按钮，向相反方向手动移动该轴使其退出超程状态。

（5）系统各轴回参考点后，在运行过程中只要伺服驱动装置不出现报警，那么其他报警都不需要重新回零（包括按下“急停”按钮）。

（6）在回参考点过程中，如果用户在按下参考点开关之前按下复位按钮，则回零操作被取消。

（7）在回参考点过程中，如果用户在按下参考点开关之后按下复位按钮，则按此键无效，不能取消回零操作。

3. 急停

在数控铣床运行过程中，在危险或紧急情况下，按下“急停”按钮，数控系统即进入“急停”状态，伺服进给及主轴运转立即停止工作（控制柜内的进给驱动电源被切断）；

松开“急停”按钮（右旋此按钮，自动跳起），系统进入复位状态。

解除“急停”前，应先确认故障原因是否已经排除，而“急停”解除后，应重新执行回参考点操作，以确保坐标位置的正确性。在上电和关机之前，应按下“急停”按钮以减少对设备的电冲击。

4. 超程解除

在伺服轴行程的两端各有一个极限开关，作用是防止伺服轴碰撞而损坏。每当伺服轴碰到行程极限开关时，就会出现超程。当某轴出现超程(“超程解除”按钮内指示灯亮)时，系统视其状况会紧急停止，要退出超程状态时，可进行如下操作。

设置工作方式为手动或手摇，一直按压着“超程解除”按钮（控制器会暂时忽略超程的紧急情况）；在手动（手摇）方式下，使该轴向相反方向退出超程状态；松开“超程解除”按钮，若显示屏上运行状态栏运行正常，则表示数控铣床已恢复正常，可以继续操作。

注意：在操作数控铣床退出超程状态时，请务必注意移动方向及移动速率，以免发生撞机。

5. 关机操作步骤

（1）按下控制面板上的“急停”按钮，断开伺服电源。

（2）断开数控系统电源。

（3）断开数控铣床电源。

任务 5-2　数控铣床的安全操作规范与维护及保养

任务要求

根据数控铣床的维护保养要求，完成数控铣床的日常维护工作。

技能目标

掌握数控铣床的安全操作规范及日常保养要求，为培养今后良好的工作习惯打好基础。

相关知识

一、数控铣床安全操作规范

数控铣床的自动化程度很高，为了充分发挥数控铣床的优越性，提高生产率，管好、用好数控铣床，显得尤为重要。必须养成良好的文明生产习惯和严谨的工作作风，具有较好的职业素质、责任心和良好的合作精神。操作者应做到以下内容：

（1）操作数控铣床要穿戴好工作服，袖口扣紧，长发要带防护帽，禁止穿、戴有危险性的服饰品。

（2）开机前先检查各机械部件、液压、气压、润滑油、切削液的状态；检查插座、空气开关等是否正常，应及时添加或调整；检查工作台区域有无搁放其他杂物，确保运转畅通。

（3）手动将各坐标轴回零，若某轴在回零前已在零位，必须先将该轴移离零点一段距离后，再进行手动回零，回零后再将各轴移开零位。

（4）数控铣床在通电状态时，不要打开和接触数控铣床上示有闪电符号的、装有强电装置的部位，以防被电击伤。

（5）数控铣床开机后应空转 15min 以上，使数控铣床达到热平衡状态后再进行工件的加工。

（6）手动操作沿 X、Y 轴方向移动工作台时，必须使 Z 轴处于安全高度位置，防止刀具发生碰撞。

（7）正确测量和计算工件坐标系，并将所得结果在数控系统中进行验证、核对。

（8）输入程序并认真仔细检查，特别注意指令、代码、正负号、小数点及语法的检查。

（9）检查运行程序，看程序能否顺利执行，（对有图形显示功能的数控铣床，通过图形可观察其走刀轨迹是否正确），刀具长度选择和夹具安装是否合理，有无超程现象。

（10）装夹工件，注意螺钉压板是否妨碍刀具运动，检查零件毛坯和尺寸是否有超常现象。

（11）在正式切削加工前，应检查一次程序、刀具、夹具、工件、坐标系、刀补参数等是否正确。

（12）某一项工作如需要俩人或多人共同完成时，应注意相互间的协调一致。

（13）禁止用手或其他任何方法接触正在旋转的主轴、工件或其他运动部位。

（14）刃磨刀具和更换刀具后，要重新测量刀长并修改刀补值和刀补号。

（15）加工之前将快速、进给倍率调至 20% 左右，在切削工件后无意外再逐渐加大倍率开关。

（16）首件试切时，应仔细观察数控铣床的每一个动作，确保有意外时能随时关闭急停开关。

（17）加工中间防护门关闭。

（18）加工完毕后，将 X、Y、Z 轴移动到行程的中间位置，并将主轴速度和进给速度倍率开关都拨至低挡位，防止因误操作而使数控铣床产生错误的动作。

（19）卸刀时应先用手握住刀柄，再按换刀开关；装刀时应在确认刀柄完全到位后再松手。

（20）加工完毕后，及时清理现场，依次关掉数控铣床操作面板上的电源和总电源，并做好工作记录。

二、数控铣床日常维护及保养

数控设备进行日常维护及保养是为了延长元器件的使用寿命，延长机械部件的磨损周期，对维护过程中发现的故障隐患应及时加以清除，避免停机待修，从而延长平均无故障时间，增加数控铣床的开动率。数控铣床定期维护保养项目见表 5-3。

表 5-3 数控铣床定期维护保养项目

维护保养周期	检查要求
日常维护保养	（1）清除围绕在工作台、底座等周围的切屑、灰尘及其他的外来物质
	（2）清除机床表面上下的润滑油、切削液与切屑
	（3）清洁轨护盖、外露的极限开关及其周围
	（4）检查油标、油量，及时添加润滑油，润滑泵能定时起动、打油及停止
	（5）检查并确认空气过滤器的杯中积水已被完全排除干净
	（6）检查所需的压力值是否达到正确值
	（7）检查切削液容量，如有需要则添加补充
	（8）检查管路有无漏油，如果发现漏油，应采取必要的对策
每月维护保养	（1）清理电气箱内部与 NC 设备，如果空气过滤器已脏则及时清理或更换
	（2）检查机床水平，检查其他地脚螺栓与固锁螺母的松紧度并调节
	（3）检查变频器与极限开关是否功能正常
	（4）清理主轴头润滑单元的油路过滤器
	（5）检查配线是否牢固，有无松脱或中断的情形
半年维护保养	（1）清理 NC 设备的电气控制单元与数控铣床
	（2）清洗丝杠上旧的润滑脂、涂上新的润滑脂
	（3）更换液压油及主轴头与工作台的润滑剂，在供应新的液压油或是润滑剂之前，先清理箱体内部
	（4）清理所有电动机
	（5）检查电动机的轴承有无噪声，如果有异音，将其更换
不定期维护保养	（1）检查液面高度，切削液太脏时需要更换并清理水箱底部，需经常清洗过滤器
	（2）经常清理切屑，检查排屑器有无卡住等
	（3）检查各轴导轨上镶条、压滚轮松紧状态（按数控铣床说明书调整）
	（4）调整主轴驱动带松紧（按数控铣床说明书调整）

三、数控系统日常维护及保养

数控系统使用一定时间以后，某些元器件或机械部件会老化、损坏。为延长元器件的寿命和零部件的磨损周期，应在以下几方面注意维护。

（1）定时清理数控装置的散热通风系统：散热通风口过滤网上灰尘积聚过多，会引起数控装置内温度过高（一般允许超过 55℃），致使数控系统工作不稳定，甚至发生过热报警。应每周或每月对空气过滤网进行清扫。另外，车间空气中一般都含有油雾、潮气和灰尘，一旦它们落在数控装置内的电路板或电子元器件上，易引起元器件绝缘电阻的下降，从而导致元器件的损坏，因此，尽量少开数控柜和强电柜门。

（2）存储器电池的更换：系统参数及用户加工程序都由存储器存储，系统的内容由电池供电保持，因此经常检查电池的工作状态和及时更换电池非常重要。在一般情况下，即使电池尚未消耗完，也应每年更换一次，以确保系统能正常工作。更换电池时，应在数控装置通电状态下进行。

（3）熔丝的熔断和更换：当数控装置内部的熔丝熔断时，应先查明其熔断的原因，经处理后，再更换相同型号的熔丝。

（4）经常监视数控装置电网电压：数控装置允许电网电压在额定值的±10%范围内波动。如果超过此范围就会造成数控系统不能正常工作，甚至引起数控系统内某些元器件的损坏。为此，需要经常监视数控装置的电网电压。当电网电压质量差时，应加装电源稳压器。

（5）数控系统经常不用时的维护：数控系统若长期闲置，要经常给数控系统通电，并在机床锁住不动的情况下，让系统空运行。这样可以利用电器元件本身的发热来驱散数控装置内的潮气，保证电子部件性能的稳定可靠。

四、维护保养时的注意事项

（1）执行维护保养与检查工作之前，应先按下紧急停止开关或关闭主电源。

（2）为了使数控铣床维持最高效率的运转，以及随时得以安全的操作，维护保养与检查工作必须持续不断地进行。

（3）事先妥善规划维护保养与检查计划。

（4）如果保养计划与生产计划抵触，也应安排执行。

（5）不要用压缩空气来清理，这样会导致油污、切屑、灰尘或砂粒从细缝侵入精密轴承或堆积在导轨上面。

（6）尽量少开电气控制柜门。加工车间飘浮的灰尘、油雾和金属粉末落在电气柜上容易造成元器件间绝缘电阻下降，从而出现故障。因此，除了定期维护和维修，平时应尽量少开电气控制柜门。

任务实施

根据数控铣床维护保养内容，对其做一次例行维护与养护。

任务 5-3　正确设置工件坐标系

任务要求

如图 5-5 所示，将工件坐标系原点设置在工件上表面正中心位置，使用对刀仪完成对刀操作。

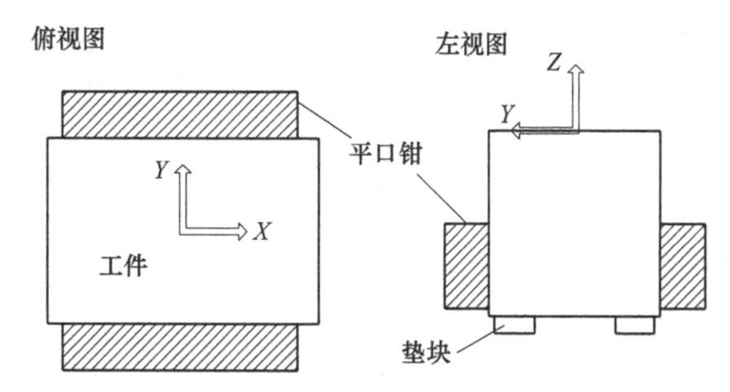

图 5-5　设置工件坐标系

技能目标

（1）掌握数控铣床坐标系的定义规则，正确判断数控铣床各轴的运动方向。

（2）根据零件要求，选择合理的工件坐标系位置，并通过对刀将工件坐标系正确设置在系统中。

一、数控铣床的坐标系

（一）数控铣床坐标系的定义

数控铣床加工零件时，刀具与工件的相对运动必须在确定的坐标系中才能按程序进行加工。加工时在数控铣床显示屏的坐标系页面上一般都有当前机床位置的坐标显示，一般有机床坐标系、绝对坐标系、相对坐标系等。在加工中主要的是机床坐标系和工件坐标系。为简化程序的编制及保证记录数据的互换性，数控铣床的坐标和运动方向都已标准化。其坐标系的确定原则如下：

1. 坐标轴的命名

标准的坐标系（又称基本坐标系）采用右手直角笛卡儿坐标系，如图5-6所示。这个坐标系的各个坐标轴与机床的主要导轨相平行。直角坐标 X、Y、Z 三者的关系及其正方向用右手定则判定，围绕 X、Y、Z 各轴（或与 X、Y、Z 各轴相平行的直线）回转的运动及其正方向 $+A$、$+B$、$+C$ 分别用右手螺旋定则确定。

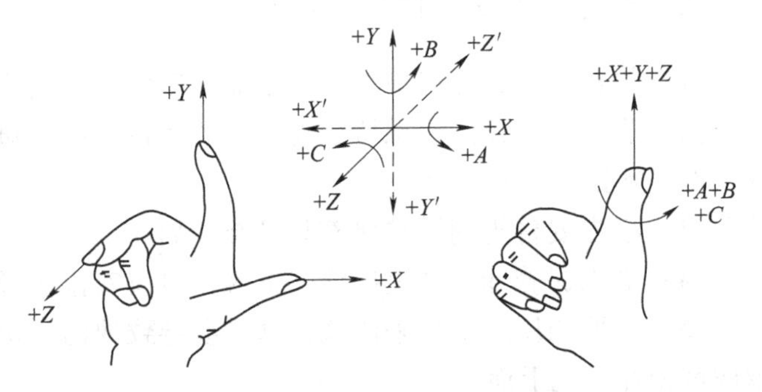

图5-6 右手直角笛卡儿坐标系

通常在坐标命名或编程时，不论机床在加工中是刀具移动还是被加工工件移动，都一律假定被加工工件相对静止不动，而刀具在移动，并同时规定刀具远离工件的方向为坐标的正方向。在坐标轴命名时，如果把刀具看作相对静止不动，工件运动，那么在坐标轴的符号上应加注标记“′”，如 X'、Y'、Z'、A'、B'、C' 等。其运动方向与不带“′”的方向正好相反。

2. 数控铣床坐标轴的确定

确定数控铣床坐标轴时，一般是先确定 Z 轴，再确定 X 轴和 Y 轴。

（1）Z 轴：对于数控铣床，通常以与机床主轴轴线重合或平行的直线作为 Z 轴方向。若机床有几根主轴，会选择其中一根与工作台面相垂直的主轴作为主要主轴，并以此来确定 Z 轴方向。比如龙门式数控铣床，它有多个主轴，会依据上述原则选定其中合适的主轴来确定 Z 轴。同时，标准规定刀具远离工件的方向为 Z 轴的正方向。当数控铣床的主轴带动刀具进行切削加工时，刀具沿 Z 轴方向进给，远离工件意味着加工深度在增加，所以这个方向被定义为 Z 轴正方向。

（2）X 轴：X 轴一般位于与工件安装面相平行的水平面内。对于数控铣床这种由主轴带动刀具旋转的机床，情况较为复杂。若主轴是水平的，如卧式数控铣床，从主要刀具主轴向工件看，选定主轴右侧方向为 X 正方向。这是因为在这种布局下，从这个视角看，右侧方向更符合操作人员的习惯及机床运动的逻辑顺序。若主轴是竖直的，像立式数控铣床，由主要刀具主轴向立柱看，选定主轴右侧方向为 X 轴正方向。对于无主轴的数控铣床（这种情况相对较少），则选定主要切削方向为 X 轴正方向。例如在一些特殊结构的数控铣床上，可能没有传统意义上的主轴，但依然有一个主要的切削运动方向，这个方向就被确定为 X 轴正方向。

（3）Y 轴：Y 轴可依据右手笛卡儿坐标系原则来确定。伸出右手，让拇指指向 X 轴正方向，食指指向 Y 轴正方向，中指指向 Z 轴正方向。在数控铣床中，Y 轴的确定是基于 X 轴和 Z 轴已经确定的基础上，通过这种方式来保证三个坐标轴相互垂直，构成一个完整的直角坐标系，从而准确地描述刀具和工件之间的相对位置和运动关系。

（4）附加坐标轴：如果数控铣床除有 X、Y、Z 主要坐标轴以外，还有平行于它们的坐标轴，可分别指定为 U、V、W。如果还有第三组运动，则分别指定为 P、Q、R。

（5）旋转运动：A、B、C 相应表示围绕 X、Y、Z 三轴轴线的旋转运动，其正方向分别按 X、Y、Z 轴右螺旋定则判定。

（6）主轴回转运动方向：主轴顺时针回转运动的方向是按右螺旋进入工件的方向。

（二）数控铣床的坐标系统

数控铣床坐标轴的方向取决于数控铣床的类型和各组成部分的布局。如图 5-7 所示，两种不同结构的数控铣床，其中图 5-7a 为立式数控铣床，图 5-7b 为卧式数控铣床。X、Y、Z 坐标轴的相互关系用右手定则决定。

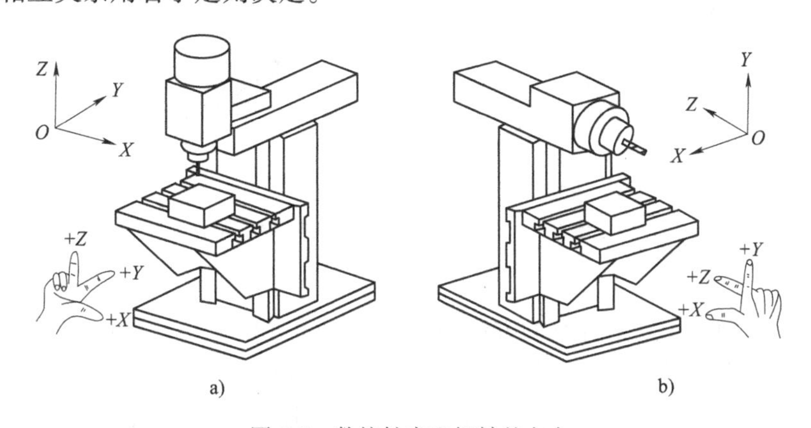

图 5-7　数控铣床坐标轴的方向

a）立式数控铣床坐标系　b）卧式数控铣床坐标系

1. 机床坐标系

机床坐标系是数控铣床的基本坐标系，机床坐标系的原点也称机械原点或零点，这个原点是数控铣床上固有的点（由生产厂家设定），不能随意改变。数控铣床在接通电源后要做回零操作，这是因为加工中心断电后就失去了对各坐标位置的记忆，所以数控铣床接通电源后，要让各坐标轴回到机床一固定点上，这一固定点就是机床坐标系的原点或零点，也称机床参考点。使机床回到这一固定点的操作称为返回参考点或回零操作。回零后数控铣床各坐标轴位置自动归零，并记住这一初始化的位置，使数控铣床恢复了初始位置记忆。

机床坐标系不作为编程使用，常常通过“对刀”确定工件坐标系的原点。

2. 工件坐标系

要加工的工件通过夹具安装在数控铣床工作台上后，在加工前需要确定一个坐标原点，使工件上所有的尺寸与这个坐标原点建立起坐标关系。这时便形成了以工件上这一原点而建立的坐标系，我们称这个坐标系为工件坐标系。在工件上的这一点（也可以不在工件上），其位置实际上在对工件进行编程前就已经规定好了，工件装夹到工作台之后，通过对刀把规定的工件坐标系原点所在的机床坐标值确定下来，然后用 G54、G92 等设置完成。

二、对刀仪的使用

（一）寻边器的使用

利用零件的轮廓作为基准来确定工件坐标系的情况，一般可使用寻边器来进行对刀。目前使用的寻边器有光电式寻边器（见图 5-8）和偏心式寻边器（见图 5-9）。下面对这两种寻边器分别予以介绍。

图 5-8　光电式寻边器

图 5-9　偏心式寻边器

1. 光电式寻边器

光电式寻边器确定工件坐标系的方法与使用刀具试切对刀方法类似，其特点是光电式寻边器前端钢球接触工件后，寻边器便闪亮，并发出蜂鸣声。

光电式寻边器在使用过程中，寻边器前端 ϕ10mm 球头与工件侧面的距离较小时，手摇脉冲发生器的倍率旋钮应选择×10、×1，且一个脉冲一个脉冲地移动，当寻边器出现发光或蜂鸣现象时，应停止移动（此时光电式寻边器与工件正好接触），且记录下当前位置的机床坐标值。

在寻边器退出时，应注意其移动方向。如果移动方向发生错误，会损坏寻边器，导致寻边器歪斜而无法继续准确地使用。一般可以先沿 Z 轴正方向移动退离工件，然后再做 X、Y 轴方向移动。使用光电式寻边器对刀时，在装夹过程中必须把工件的各个面擦干净，以免影响其导电性。

2. 偏心式寻边器

偏心式寻边器是常用的一种机械式寻边器。其结构是由夹持部与偏心部的中空上、下检测头，可贯穿上、下检测头的弹簧及可分别勾住弹簧且嵌置在上、下检测头顶、底端的顶盖，底盖等构件所组合而成的。

偏心式寻边器在使用过程中，夹持在铣床上，低速旋转并利用偏心作用自动进行调整，以找正加工中心的位置。在主轴旋转时，寻边器的下半部分在内部弹簧的带动下一起旋转，在没有到达准确位置时出现虚像，移动到准确位置后上下重合，此时应记录下所需要的当前位置机床坐标值，然后继续移动过量后，下半部分没有出现虚像，但上下不重合，出现偏心。

注意，主轴旋转的转速不能过大，一般转速为 200～300r/min，否则会在离心力的作用下把偏心式寻边器中的弹簧拉坏而导致偏心式寻边器损坏。使用过程中观察偏心式寻边器的影像时，不能只在一个方向观察，应在互相垂直的两个方向进行观察。

（二）Z 轴设定器

用寻边器对刀只能确定数控铣床 X、Y 轴方向的机床坐标值，而 Z 轴方向只能通过刀具或刀具与 Z 轴设定器配合来确定，图 5-10 所示为 Z 轴设定器。

图 5-10　Z 轴设定器

目前使用的 Z 轴设定器有机械式 Z 轴设定器和光电式 Z 轴设定器。

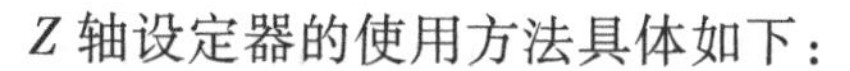

Z 轴设定器的使用方法具体如下：

（1）把 Z 轴设定器放置在已加工工件的水平表面上或工作台上，主轴上装好刀具，移动 X、Y 轴，使刀具尽可能处在 Z 轴设定器中心的上方。

（2）移动 Z 轴，用刀具（主轴禁止转动）压下 Z 轴设定器圆柱台，机械式 Z 轴设定器使指针指到调整好的零位，光电式 Z 轴设定器使灯闪亮。

（3）记录刀具当前的 Z 轴机床坐标值，减去 Z 值设定器的标准高 50mm。例如：Z 轴机床坐标值显示为 -245.34mm，实际记录机床坐标值 Z 应为：(-245.34-50) mm = -295.34mm。

任务实施

数控铣床对刀操作：

数控铣床的对刀是指找出工件坐标系与机床坐标系空间关系的操作过程。简单地说，对刀是告诉机床加工工件相对机床工作台在什么地方。对刀的目的是通过刀具或对刀工具确定工件坐标系与机床坐标系之间的空间位置关系，并将对刀数据输入相应的存储位置。对刀是数控加工中最重要的操作内容，其准确性将直接影响零件的加工精度。图 5-11 所示为工件对刀点。将工件正确装夹在平口钳上，并将刀具安装好，下面以长方体工件为例，将工件原点设置在工件上表面中心处。具体的操作步骤介绍如下。

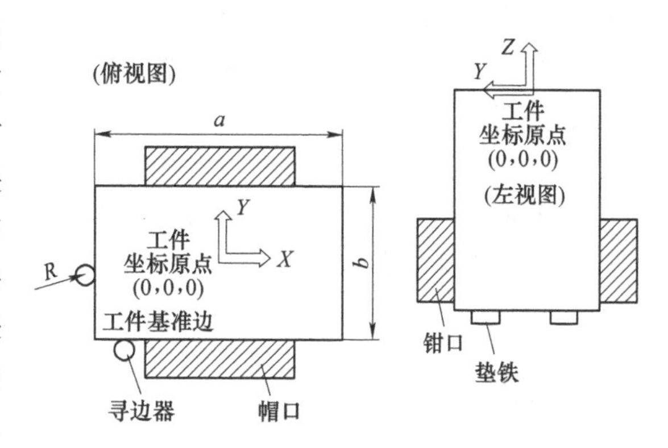

图 5-11　工件对刀点

一、工件的粗对刀

在粗加工时，一般选用试切法对刀。试切法对刀是应用最多的一种对刀方法。当工件和刀具装夹完毕，使主轴低速旋转，再移动刀具与工件相接触，直到切到工件为止，最后让系统记录下当前的位置值。

数控铣床试切法对刀的操作步骤：

（一）*X* 轴工件坐标设置

（1）在机床 MDI 方式下，设定主轴转速和转向，手动输入 M03 S400，选择自动或单段方式，按下循环启动键，机床则以 400r/min 的转速转动。再切换至设置→工件坐标系设置→G54，将工件移至 *X* 轴。

（2）选择手动方式，将 *X*、*Y*、*Z* 轴快速移动靠近毛坯。

（3）按下增量方式，再将手摇脉冲发生器轴选开关置于 *X* 挡，这时液晶显示屏显示工作方式为手摇。

（4）顺、逆时针旋转手摇脉冲发生器可控制 *X* 轴正负向运动，将手摇脉冲发生器倍率开关置于×100 挡，先将刀具移到左（右）侧，快接触到工件时再将倍率调到×10 或×1，然后慢慢接近工件，见微切屑或听到切削声音停止旋转手摇脉冲发生器。

（5）按设置→工件坐标系设置→G54→记录一顺序操作，此时系统记录下当前刀具所在的机床坐标值。

（6）按第（4）步的方法，将刀具移动到工件的对侧试切对刀，确定位置后，按下记录二，再进行分中，即完成 *X* 轴的对刀。

（二）*Y* 轴工件坐标设置

Y 轴的对刀方法与 *X* 轴方法相同，在此不再赘述。特别要注意，在对刀前将光标移至 G54 坐标对应 *Y* 轴的位置。

（三）*Z* 轴工件坐标设置

将刀具移至工件上表面，同样慢慢接近工件，见微切屑或听到切削声音停止旋转手摇脉冲发生器。按设置→工件坐标系设置→G54→光标移至 *Z* 轴，再按下当前位置按钮，即完成 *Z* 轴的对刀。

操作过程中应注意的问题：

（1）*Z* 轴向的下刀深度不要过深，以免和平口虎钳钳口发生干涉。

（2）试切时手轮倍率的选择，应为每小格 0.01mm。

（3）确定同轴的对称点时注意将刀具抬起，以免和工件发生碰撞。

二、工件的精对刀

如果毛坯为已加工过的表面，采用铣刀试切法会降低工件的表面质量。可使用机械式寻边器或光电式寻边器及来代替刀具测量 *X*、*Y* 值，并使用 *Z* 轴设定器来完成 *Z* 轴的辅助测量。

机械式寻边器测量 *X*、*Y* 值的测量方法与粗对刀相同。使用时主轴不旋转，球头部分与工件接触即可。

使用 Z 轴设定器来确定工件坐标系 Z 轴位置的具体步骤如下：

（1）将 Z 轴设定器放置在工件上表面。

（2）将刀具在不旋转的状态下接触 Z 轴设定器到一个值（一般是 0）。

（3）按下设置→工件坐标系设置→G54→光标移至 Z 轴，再按下当前位置按键，最后按下负向偏置按键并输入 Z 向对刀仪的高度（一般为 50mm），即完成 Z 轴的对刀。

三、数控铣床更换刀具的对刀

一般情况下，数控铣床在加工时会用到多把刀具来完成零件的加工，由于换刀后刀具深度值会发生改变，因此在加工前要把它设定好，这也是培养好工作习惯的一部分。设置时将第一把刀具作为标准刀，其后的每把刀具与其比较差值，再将差值填入刀补表中。在程序中将每把刀指定对应的刀补号即可。

具体对刀步骤如下：

（1）换上 1 号刀具，将 Z 轴设定器放置在数控铣床工作台上。

（2）将刀具在不旋转的状态下接触 Z 轴设定器到一个值（一般是 0）。

（3）按下设置→坐标系设置→相对坐标清零→Z 轴清零按键后，Z 轴相对坐标值即为 0。

（4）换上 2 号刀具，用同样的方法将刀具接触 Z 轴设定器到同样位置，记下当前相对坐标 Z 轴坐标值，即为设置到刀补表中的 2 号刀补值。

（5）用同样的方法将 3 号、4 号等刀具接触 Z 轴设定器，再将当前相对坐标 Z 轴坐标值，分别设置到对应刀号的刀补表中。

思考与练习

（1）何谓机床坐标系？何谓工件坐标系？以卧式数控铣床为例，说明 X、Y、Z 坐标轴及其正方向的确定方法。

（2）将上述任务中的工件坐标系零点设置在零件上表面左上角位置。

第 6 章

数控铣床程序编制的基础知识

任务 6-1　掌握数控加工程序的格式与组成

任务要求

说出程序的组成部分与指令的意义

技能目标

掌握数控加工程序的格式与组成

相关知识

一、数控加工程序的格式与组成

数控加工的程序是一组被传送到数控装置中去的指令和数据，并控制数控铣床进行加工。一个完整的程序都是由程序名、程序内容和程序结束三个部分组成，如图 6-1 所示。

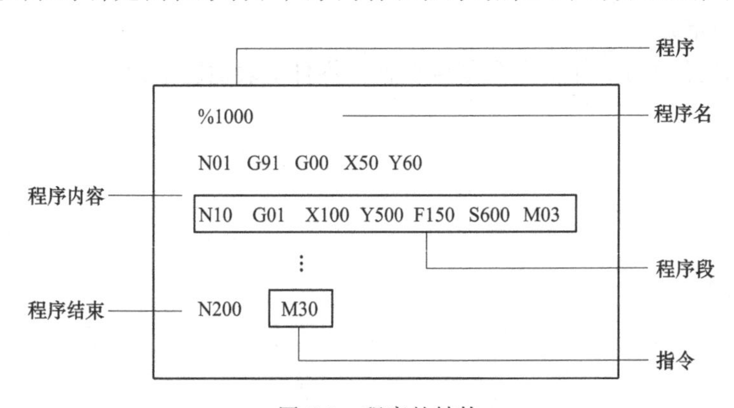

图 6-1　程序的结构

程序内容是由遵循一定结构、句法和格式规则的若干个程序段组成的，而每个程序段是由若干条指令组成的，程序段的格式定义了每个程序段中功能字的句法，如图 6-2 所示。

一个零件的数控加工程序必须包括起始符和结束符，程序运行是按程序段的输入顺序执行的，而不是按程序段号的顺序执行的。但在书写程序时，建议按升序书写程序段号，并且程序段号也可省略不写。

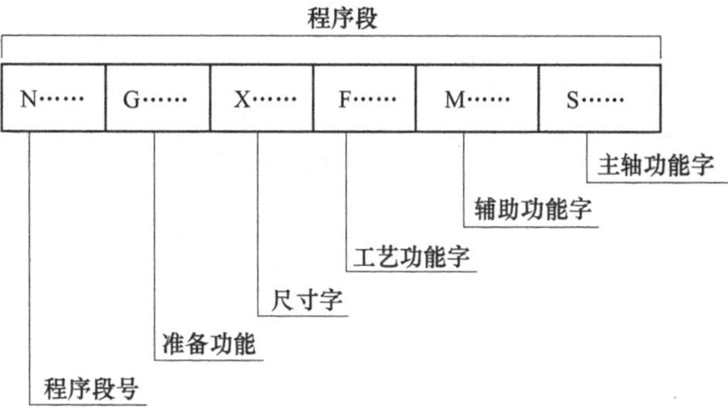

图 6-2　程序段的格式

HNC-808DiM 数控装置的程序结构如下。

（1）程序起始符：%（或 O）后跟非零数字，如%××××，程序起始符应单独一行，并从程序的第一行、第一格开始。

（2）程序结束符：M30 或 M02。

（3）注释符：括号（ ）内或分号；后的内容为注释文字，将不被数控装置运行。

（4）程序的文件名：数控装置可以装入许多程序文件，这些程序以磁盘文件的方式读写。编辑程序时必须先建立文件名，文件名格式为（有别于 DOS 的其他文件名）O××××，O 代表文件名。本系统通过调用文件名来调用程序，进行加工或编辑，文件名可以使用 26 个字母（大小写均可）和数字组成，包括以上字符文件名最多设定 7 个字符。

二、指令的格式

一条指令是由地址符（指令字符）和带符号（如定义尺寸的字）或不带符号（如准备功能字 G 代码）的数字数据组成的。

程序段中不同的指令字符及其后续数值确定了每条指令的含义。在数控程序段中包含的主要指令字符见表 6-1。

表 6-1　主要指令字符

机能	地址	意　义
零件程序号	%或 O	程序编号：%1～%4294967295
程序段号	N	程序段编号：N0～N4294967295
准备机能	G	指令动作方式如直线、圆弧等：G00～G99
尺寸字	X、Y、Z A、B、C U、V、W	坐标轴的移动命令：±99999
	R	圆弧的半径，固定循环的参数
	I、J、K	圆心相对于起点的坐标，固定循环的参数
进给速度	F	进给速度的指定：F0～F24000
主轴功能	S	主轴旋转速度的指定：S0～S9999
刀具功能	T	刀具编号的指定：T0～T99
辅助功能	M	机床开、关控制的指定：M0～M99
补偿号	H、D	刀具补偿号的指定：01～99

（续）

机能	地址	意　义
暂停	P、X	暂停时间的指定：/s
程序号的指定	P	子程序号的指定：P1～P4294967295
重复次数	L	子程序的重复次数，固定循环的重复次数
参数	P、Q、R	固定循环的参数

一个程序段定义一个将由数控装置执行的指令行。

任务实施

根据数控加工程序的格式与组成内容，说出程序的组成部分与指令的意义。

思考与练习

（1）文件名的格式是什么？

（2）根据数控加工的格式与组成内容，说出下列程序的组成部分与指令字的意义。

```
%0001
T0101
M03 S500
G00 X50 Z3
G00 X30 Z0
G01 X0 F100
G00 X24
G01 Z-30 F100
G00 X50 Z3
M05
M30
```

任务 6-2　常用指令的使用规则

任务要求

熟记数控加工程序各有关指令的功能及使用规则。

技能目标

掌握数控加工程序的有关指令及规则。

相关知识

一、辅助指令

辅助指令由地址字 M 和其后的一或两位数字组成，主要用于控制零件程序的走向、机床各种辅助功能的开关动作及指定主轴起动、主轴停止、程序结束等功能。

通常，一个程序段只有一个 M 指令有效。本系统中，一个程序段中最多可以指定 4 条 M 指令（同组的 M 指令不要在一行中同时指定）。M00、M01、M02、M30、M98、M99 等 M 指令要求单行指定，即含上述 M 指令的程序行，不仅只能有一个 M 指令，且不能有 G 指令、T 指令等其他执行指令。

M 指令有非模态 M 指令和模态 M 指令两种形式：

（1）非模态 M 指令（当段有效指令）：只在书写了该指令的程序段中有效。

（2）模态 M 指令（续效指令）：一组可相互注销的 M 指令，这些指令的功能在被同一组的另一条指令注销前一直有效。

模态 M 指令组中包含一个缺省功能，即数控装置系统上电时将被初始化为该指令有效。

另外，M 指令还可分为前作用 M 指令和后作用 M 指令两类。

（1）前作用 M 指令：在程序段编制的轴运动之前执行。

（2）后作用 M 指令：在程序段编制的轴运动之后执行。

（一）M00 程序暂停指令

当数控装置执行到 M00 指令时，将暂停执行当前程序，以方便操作者进行刀具和工件的尺寸测量、工件调头、手动变速等操作。暂停时，机床进给停止，而全部现存的模态信息保持不变，欲继续执行后续程序，按操作面板上的“循环启动”按钮即可。

M00 指令为非模态后作用 M 指令。

（二）M01 选择停指令

如果用户按亮操作面板上的“选择停”按钮。当数控装置执行到 M01 指令时，将暂停执行当前程序，以方便操作者进行刀具和工件的尺寸测量、工件调头、手动变速等操作。暂停时，机床的进给停止，而全部现存的模态信息保持不变，欲继续执行后续程序，按操作面板上的“循环启动”按钮即可。

如果用户没有激活操作面板上的“选择停”按钮。当数控装置执行到 M01 指令时，程序不会暂停而继续往下执行。

M01 指令为非模态后作用 M 指令。

（三）M02 程序结束指令

M02 指令编制在主程序的最后一个程序段中。当数控装置执行到 M02 指令时，机床的主轴、进给、切削液全部停止，加工结束。

使用 M02 指令的程序结束后，若要重新执行该程序，就得重新调用该程序，或在自动加工子菜单下，按“重运行”按钮，然后再按操作面板上的“循环启动”按钮。

M02 指令为非模态后作用 M 指令。

（四）M30 程序结束并返回指令

M30 指令和 M02 指令功能基本相同，只是 M30 指令还兼有控制返回到零件程序头的作用。

使用 M30 指令的程序结束后，若要重新执行该程序，只需再次按操作面板上的“循环启动”按钮即可。

（五）M98/M99 子程序调用指令

如果程序含有固定的顺序或频繁重复的模式，这样的一个顺序或模式可以设计为一个子程序以简化该程序。可以从主程序调用一个子程序，且一个被调用的子程序也可以再调用另一个子程序。

子程序的结构
%XXXX；　子程序号
⋮　子程序内容
M99；　子程序返回
子程序调用（M98）
M98 P□□□□ L△△△
□□□□：被调用的子程序号（为阿拉伯数字）
△△△：子程序重复调用的次数

1. 子程序嵌套调用

当主程序调用子程序时，被当作一级子程序调用。子程序调用最多可嵌套8级，如图6-3所示。

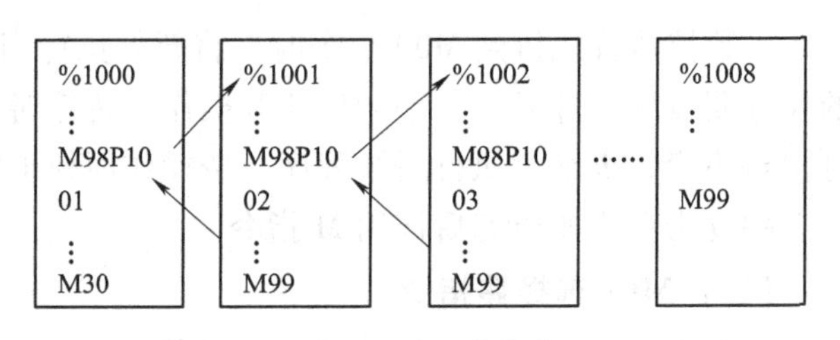

图 6-3　子程序嵌套

2. 在主程序中使用 M99

如果在主程序中执行 M99，则控制返回到主程序的开始处，从头开始执行主程序。

（六）M03/M04/M05 主轴控制指令

（1）M03 指令起动主轴以程序中编制的主轴速度顺时针方向（从 Z 轴正向朝 Z 轴负向看）旋转。

（2）M04 指令起动主轴以程序中编制的主轴速度逆时针方向旋转。

（3）M05 指令为控制主轴停止旋转。

（4）M03、M04 指令为模态前作用 M 指令，M05 为模态后作用 M 指令和缺省指令。

（5）M03、M04、M05 指令可相互注销。

（七）M06 换刀指令

M06 指令用于在加工中心上调用一个欲安装在主轴上的刀具。当执行该指令时刀具将被自动地安装在主轴上。如：M06 T01；01 号刀将被安装到主轴上。

M06 指令为非模态后作用 M 指令。

对于斗笠式刀库机床，其换刀过程如下（如将主轴上的 15 号刀换成 01 号刀，即执行 M06 T01 指令）。

（1）主轴快移到固定的换刀位置（该位置已由调试人员设置完成）。

（2）主轴旋转定向。

（3）刀库旋转到该刀位置（即刀库表中的0组刀号位置15）。

（4）气缸推动刀库，卡住主轴上的刀具。

（5）主轴上的气缸松开刀具，吹气清理主轴。

（6）主轴上移，并完全离开刀具。

（7）刀库旋转到将更换刀具的位置（即01号位置，此时刀库表中的0组刀号位置变为01）。

（8）主轴向下移动，接住刀具。

（9）主轴上的气缸夹紧刀具。

（10）刀库退回原位。

（11）主轴解除定向。

（八）M07/M08/M09 切削液控制指令

（1）M07、M08 指令为打开切削液管道，M09 指令为关闭切削液管道。

（2）M07、M08 为模态前作用 M 指令；M09 为模态后作用 M 指令和缺省指令。

二、S 指令

S 指令控制主轴转速，其后的数值表示主轴速度，单位为转/分钟（r/min）。S 指令是模态指令，只有在主轴速度可调节时有效。

三、F 指令

F 指令表示工件被加工时刀具相对于工件的合成进给速度，F 的单位取决于 G94（每分钟进给量，mm/min）或 G95（每转进给量，mm/r）。

当工作在 G01、G02 或 G03 指令下，编程的 F 指令一直有效，直到被新的 F 指令所取代，而工作在 G00、G60 指令下，快速定位的速度是各轴的最高速度，与所编制的 F 指令无关。

借助操作面板上的倍率按键，合成进给速度可在一定范围内进行修调。当执行攻螺纹循环指令 G74、G84、G32 时，倍率开关失效，进给倍率固定在 100%。

四、T 指令

T 指令用于选刀，其后的数值表示选择的刀具号，T 指令与刀具的关系是由机床制造厂规定的。

在加工中心上执行 T 指令，刀库转动并选择所需的刀具，然后等待，直到 M06 指令作用时自动完成换刀。

对于斗笠式刀库，要求 M06 指令和 T 指令写在同一程序段中。换刀时要注意刀库表中，0 组刀号（例如 15 号刀位）为主轴上所夹持刀具在刀库中的位置号，该刀具在换其他刀具时，要将该刀具还给刀库中该位置（即 15 号位），此时刀库中该位置不得有刀具，否则将发生碰撞。刀库表中的刀具为系统自行管理，一般不得修改。

因此刀库上刀时，建议先将刀具安装在主轴上，然后在 MDI 模式下，运行 M 指令和 T 指令（如：M06 T01），通过主轴将刀具安装到刀库中。

五、准备指令

准备指令由 G 和 G 后一或两位数值组成，用来规定刀具和工件的相对运动轨迹、机床坐标系、坐标平面、刀具补偿、坐标偏置等。

华中数控 HNC-808DiM 型数控装置 G 功能指令见表 6-2。

表 6-2　G 指令

G 代码	组	功能	参数（后续地址字）
G00	01	快速定位	X、Y、Z
【G01】①		直线插补	X、Y、Z
G02		顺圆插补	X、Y、Z、I、J、K、R
G03		逆圆插补	X、Y、Z、I、J、K、R
G04	00②	暂停	P
G07	16	虚轴指定	X、Y、Z、4TH③
G09	00	准停校验	—
G10	07	可编程数据输入	P、L、R
【G11】		可编程数据输入取消	—
G12	18	极坐标插补方式开启	—
【G13】		极坐标插补方式取消	—
【G15】	16	极坐标编程取消	—
G16		极坐标编程开启	X、Y、Z
【G17】	02	*XY* 平面选择	X、Y
G18		*ZX* 平面选择	X、Z
G19		*YZ* 平面选择	Y、Z
G20	08	英寸输入	—
【G21】		毫米输入	—
G22		脉冲当量	—
G24	03	镜像开	X、Y、Z、4TH
【G25】		镜像关	—
G28	00	返回到参考点	X、Y、Z、4TH
G29		由参考点返回	X、Y、Z、4TH
【G40】	09	刀具半径补偿取消	—
G41		左刀补	D
G42		右刀补	D
G43	10	刀具长度正向补偿	H
G44		刀具长度负向补偿	H
【G49】		刀具长度补偿取消	—
【G50】	04	缩放关	—
G51		缩放开	X、Y、Z、P

（续）

G代码	组	功能	参数（后续地址字）
G52	00	局部坐标系设定	X、Y、Z、4TH
G53		直接机床坐标系编程	—
【G54】	11	工件坐标系1选择	—
G55		工件坐标系2选择	—
G56		工件坐标系3选择	—
G57		工件坐标系4选择	—
G58		工件坐标系5选择	—
G59		工件坐标系6选择	—
G60	00	单方向定位	X、Y、Z、4TH
【G61】	12	精确停止校验方式	—
G64		连续方式	—
G68	05	旋转变换	X、Y、Z、P
【G69】		旋转取消	—
G73	06	深孔钻削循环	X、Y、Z、P、Q、R、I、J、K
G74		逆攻螺纹循环	X、Y、Z、P、Q、R、I、J、K
G76		精镗循环	X、Y、Z、P、Q、R、I、J、K
【G80】		固定循环取消	X、Y、Z、P、Q、R、I、J、K
G81		定心钻循环	X、Y、Z、P、Q、R、I、J、K
G82		钻孔循环	X、Y、Z、P、Q、R、I、J、K
G83		深孔钻循环	X、Y、Z、P、Q、R、I、J、K
G84		攻螺纹循环	X、Y、Z、P、Q、R、I、J、K
G85		镗孔循环	X、Y、Z、P、Q、R、I、J、K
G86		镗孔循环	X、Y、Z、P、Q、R、I、J、K
G87		反镗循环	X、Y、Z、P、Q、R、I、J、K
G88		镗孔循环	X、Y、Z、P、Q、R、I、J、K
G89		镗孔循环	X、Y、Z、P、Q、R、I、J、K
【G90】	13	绝对值编程	—
G91		增量值编程	—
G92	00	工件坐标系设定	X、Y、Z、4TH
【G94】	14	每分钟进给	—
G95		每转进给	—
【G98】	15	固定循环返回起始点	—
G99		固定循环返回到R点	—

① 系统上电后，表中标注【】符号的为同组中初始模态。
② 00组中的G代码是非模态的，其他组的G代码是模态的。
③ 4TH指的是X、Y、Z之外的第4轴，可用A、B、C等命名。

G 指令分为非模态 G 指令和模态 G 指令：

（1）非模态 G 指令是只在所规定的程序段中有效，程序段结束时被注销。

（2）模态 G 指令是一组可相互注销的 G 指令，这些指令一旦被执行，则一直有效，直到被同一组的 G 指令注销为止。

模态 G 指令组中包含一个缺省 G 指令（即表 6-2 中有标记者【】），没有共同参数的不同组 G 指令可以放在同一程序段中，而且与顺序无关。例如：G90、G17 指令可与 G01 指令放在同一程序段，但 G24、G68、G51 指令等不能与 G01 指令放在同一程序段。

任务实施

根据常用指令的使用规则内容，熟记数控加工程序的各有关指令的功能及使用规则。

思考与练习

（1）什么是指令？什么是模态指令？什么是缺省指令？

（2）叙述调用子程序时，系统运行程序的过程。

第 7 章

数控铣床与铣削中心的编程

任务 7-1　平面铣削加工程序的编制

任务要求

如图 7-1 所示，毛坯尺寸为 102mm×102mm×32mm，材料为 Q235 钢，按图样精度要求加工毛坯的六个面。

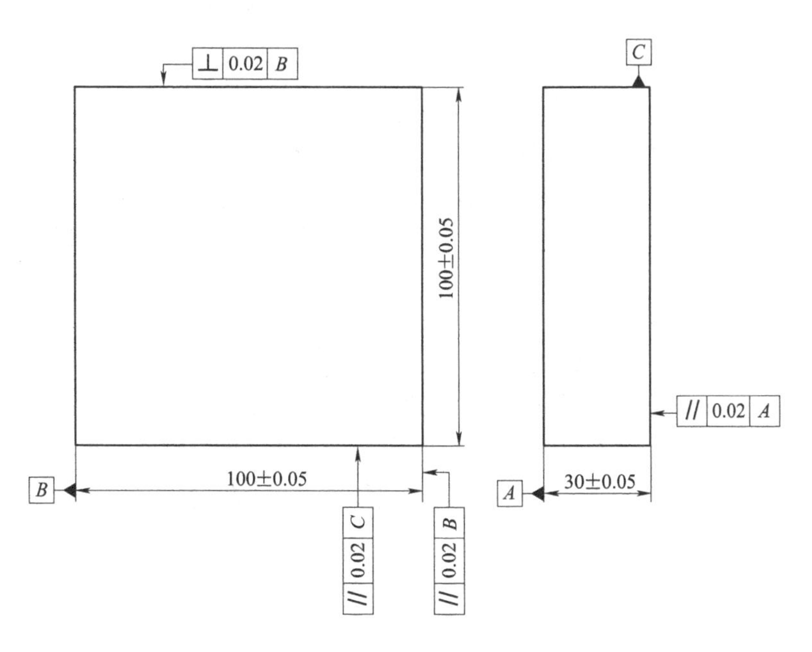

图 7-1　平面铣削零件图

技能目标

能根据图样要求，确定其加工工艺，选择合适的铣刀进行加工。掌握相应 G 指令的应用，编制合理、正确的加工程序。

相关知识

一、面铣刀认识

如图 7-2 所示，面铣刀圆周方向的切削刃为主切削刃，端部切削刃为副切削刃。面铣刀多制成套式镶齿结构，刀齿为高速钢或硬质合金，刀体为 40Cr，高速钢面铣刀按相应国家标准规定，直径 $d=80\sim250$mm，螺旋角 $\beta=10°$，刀齿数 $Z=10\sim26$。

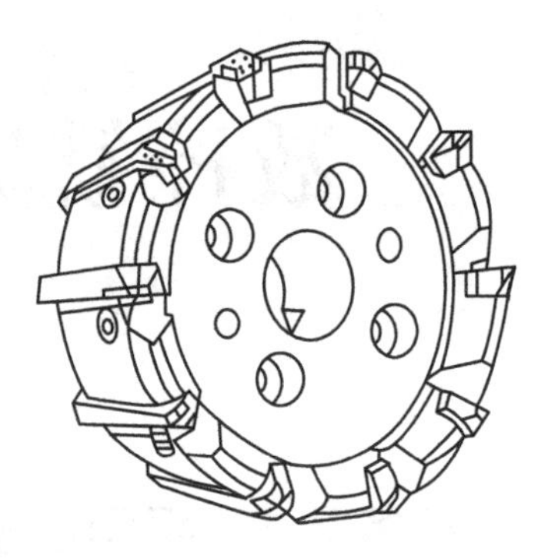

图 7-2　面铣刀

硬质合金面铣刀的铣削速度、加工效率和工件表面质量均高于高速钢铣刀，并可加工带有硬皮和淬硬层的工件，因而在数控加工中得到了广泛的应用。图 7-3 所示为常用硬质合金面铣刀的种类，由于整体焊接式和机夹焊接式面铣刀难于保证焊接质量，而且刀具寿命短，重磨较费时，因此硬质合金面铣刀目前已被可转位式面铣刀所取代。

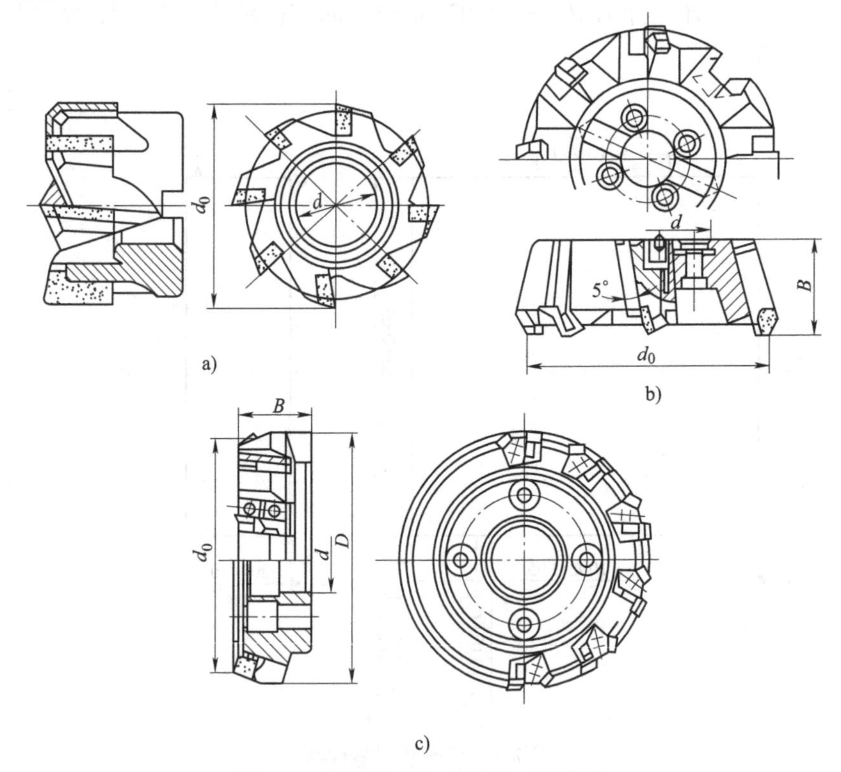

图 7-3　常用硬质合金面铣刀的种类

可转位面铣刀的直径已经标准化，采用公比 1.25 的标准直径系列：16mm、20mm、25mm、32mm、40mm、50mm、63mm、80mm、100mm、125mm、160mm、200mm、250mm、315mm、400mm、500mm、630mm，详情参见 GB/T 5342.1—2006、GB/T 5342.2—2006 及 GB/T 5342.3—2006。

标准可转位面铣刀直径为 $\phi16\sim\phi630$mm，应根据侧吃刀量 α_e 选择适当的铣刀直径，尽量包容工件的整个加工宽度，以提高加工精度和效率，减小相邻两次进给之间的接刀痕迹并保证铣刀的寿命。

可转位面铣刀有粗齿、细齿和密齿 3 种。粗齿铣刀容屑空间较大，常用于粗铣钢件。粗铣带断续表面的铸件和在平稳条件下铣削钢件时，可选用细齿铣刀。密齿铣刀的每齿进给量较小，主要用于加工薄壁铸件。

面铣刀前角的选择原则与车刀基本相同，只是由于铣削时有冲击，故前角数值一般比车刀略小，尤其是硬质合金面铣刀，前角数值减小得更多。铣削强度和硬度都高的材料可选用负前角。前角的数值主要根据工件材料和刀具材料来选择，其具体数值可参考表 7-1。

表 7-1 面铣刀的前角 ［单位：(°)］

刀具材料	工件			
	钢	铸铁	黄铜、青铜	铝合金
高速钢	10~15	5~15	10	25~30
硬质合金	−15~15	−5~5	5~6	15

铣刀的磨损主要发生在后刀面上，因此适当加大后角，可减少铣刀磨损，后角取值范围 $\alpha_0=5°\sim12°$，工件材料软时取大值，工件材料硬时取小值；粗齿铣刀取小值，细齿铣刀取大值。铣削时冲击力大，为了保护刀尖，硬质合金面铣刀的刃倾角常取 $\lambda_s=-5\sim15$。只有在铣削低强度材料时，取 $\lambda_s=-5$。

主偏角 κ_r 在 45°~90°范围内选取，铣削铸铁常用 45°，铣削一般钢材常用 75°，铣削带凸肩的平面或薄壁零件时要用 90°。

二、有关坐标功能的指令

（一）尺寸单位选择指令 G20、G21

可以通过 G20、G21 指令选择输入尺寸的单位。

格式：G20 X_ Y_ Z_ F_

G21 X_ Y_ Z_ F_

说明：

G20、G21 指令单位见表 7-2。

表 7-2 G20、G21 指令单位

G 指令	线性轴	旋转轴
英制输入（G20）	in	°
公制输入（G21）	mm	°

（1）G20、G21 指令为模态功能，可相互注销，G21 指令为上电默认值。

（2）G 指令中输入数据的单位与 HMI 界面显示的数据单位没有任何关联。G20、G21 指令只是用来选择加工 G 指令中输入数据的单位，而不改变 HMI 界面上显示的数据单位。

（二）绝对值编程指令 G90 与相对值编程指令 G91

格式：G90 X_ Y_ Z_ F_

G91 X_ Y_ Z_ F_

说明：

（1）G90：绝对值编程指令，每个坐标轴上的编程值是相对于程序原点而言的。

（2）G91：相对值编程指令，每个坐标轴上的编程值是相对于前一位置而言的，该值等于沿轴移动的距离。

（3）G90、G91 指令为模态指令，可相互注销，G90 指令为默认值。

（4）G90、G91 指令可用于同一程序段中，但要注意其顺序所造成的差异。

图 7-4 所示为绝对指令和增量指令示意选择合适的编程方式可使编程简化。当图样尺寸由一个固定基准给定时，采用绝对方式编程较为方便；而当图样尺寸是以轮廓顶点之间的间距给出时，采用相对方式编程较为方便。

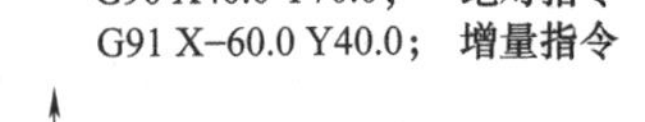

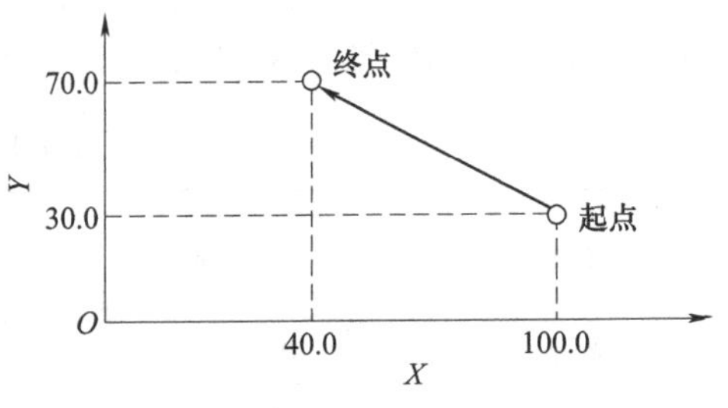

图 7-4　绝对指令和增量指令示意

（三）坐标平面选择指令 G17、G18、G19

格式：G17 X_ Y_ Z_ F_

G18 X_ Y_ Z_ F_

G19 X_ Y_ Z_ F_

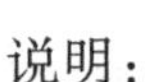

说明：

（1）G17：选择 *XY* 平面。

（2）G18：选择 *ZX* 平面。

（3）G19：选择 *YZ* 平面。

（4）该组指令选择进行圆弧插补和刀具半径补偿的平面。

（5）G17、G18、G19 指令为模态指令，可相互注销，G17 指令为默认值。

注意：移动指令与平面选择无关。例如指令 G17 G01 Z10 时，*Z* 轴照样会移动。

（四）进给速度单位设定指令 G94、G95

格式：G94 F_

G95 F_

说明：

G94 指令为每分钟进给。

G95 指令为每转进给。

G94 指令为每分钟进给。对于线性轴，F 的单位依 G20、G21、G22 指令的设定而为 in/min、mm/min 或脉冲当量/min；对于旋转轴，F 的单位为（°）/min 或脉冲当量/min。

G95 指令为每转进给，即主轴转一周时刀具的进给量。F 的单位依 G20、G21、G22 的设定而为 mm/r、in/r 或脉冲当量/r。这个功能只在主轴装有编码器时才能使用。

G94、G95 指令为模态指令，可相互注销，G94 指令为默认值。

（五）坐标系设定指令 G92

G92 指令通过设定刀具起点（对刀点）与坐标系原点的相对位置建立工件坐标系。工件坐标系一旦建立，绝对值编程时的指令值就是在此坐标系中的坐标值。

格式：G92 X_ Y_ Z_ A_

说明：

（1）X、Y、Z、A 是设定的坐标系原点到刀具起点的有向距离。

（2）指令了 G43/G44 指令的程序段。

（3）在 G43/G44 指令中且指令了 H 指令的程序段。

（4）在 G43/G44 指令中且指令了 G49 指令的程序段。

（5）在 G43/G44 指令中通过 G28、G53 指令等暂时取消补偿矢量的状态下，该矢量恢复的程序段。

（6）通过 G92 指令设定工件坐标系时，在其之前的程序段停止，不可改变通过 MDI 等选择的刀具长度补偿量。

注意：

（1）执行此程序段只建立工件坐标系，刀具并不产生运动。

（2）G92 指令为非模态指令。

（3）在数控铣床刀具长度补偿方式中用 G92 指令设定工件坐标系，设定成为应用补偿前所指定的位置的坐标系。但是，无法与刀具长度补偿矢量发生变化的程序段同时指令本 G 代码。例如在例 7-1 程序段中就无法运行。

例 7-1　使用 G92 指令编程，建立如图 7-5 所示的工件坐标系。

（六）工件坐标系选择指令 G54～G59

格式：（G54～G59）X_ Y_ Z_ F_

说明：

（1）G54～G59 指令是系统预定的 6 个工件坐标系，如图 7-6 所示，可根据需要任意选用。这 6 个预定工件坐标系的原点在机床坐标系中的值（工件零点偏置值）可用 MDI 方式输入，系统自动记忆。

（2）工件坐标系一旦选定，后续程序段中绝对值编程时的指令值均为相对此工件坐标系原点的值。

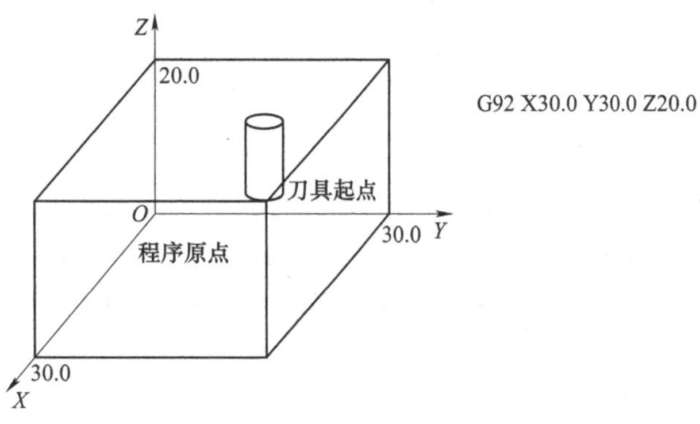

图 7-5　工件坐标系的设置

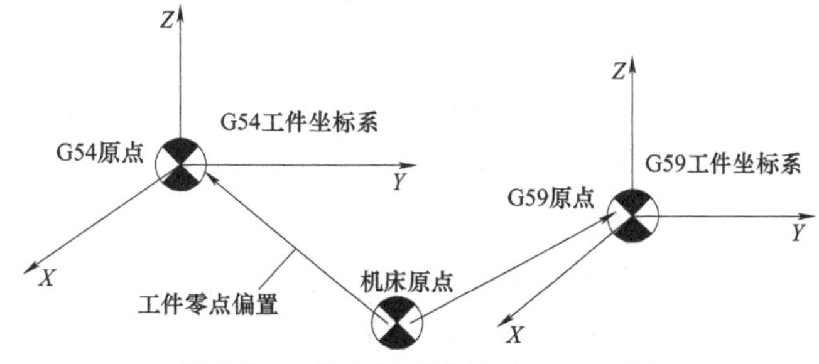

图 7-6　工件坐标系选择（G54～G59）

（3）G54～G59 指令为模态功能，可相互注销，G54 指令为默认值。

例 7-2 如图 7-7 所示，使用工件坐标系编程：要求刀具从当前点移动到 G54 坐标系下的 *A* 点，再移动到 G59 坐标系下的 *B* 点，然后移动到 G54 坐标系零点 O_1。

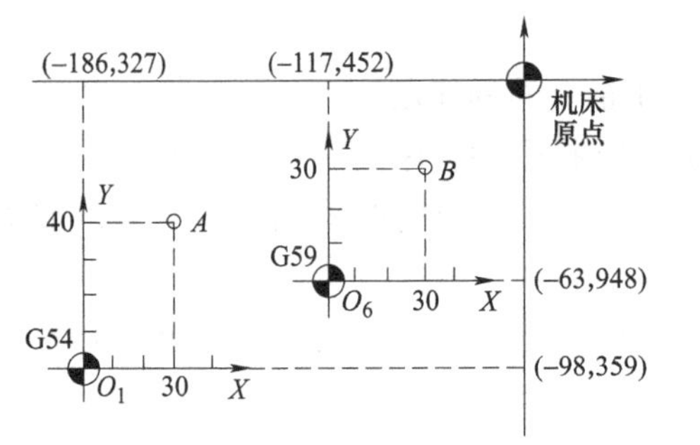

%1000 (当前点→A→B→O1)
N01 G54 G00 G90 X30 Y40
N02 G59
N03 G00 X30 Y30
N04 G54
N05 X0 Y0
N06 M30

图 7-7　工件坐标系选择

注意：使用该组指令前，先输入各工件坐标系的坐标原点在机床坐标系中的坐标值，G54 指令寄存器中 *X*、*Y* 分别设置为（−186，327）、（−98，359）；G59 指令寄存器中 *X*、*Y* 分别设置为（−117，452）、（−63，948）。该值是通过对刀得到的，其值受编程原点和工件安装位置影响。

（七）局部坐标系设定指令 G52

在工件坐标系上编程时，为了方便起见，可以在工件坐标系中再创建一个子工件坐标系。这样的子坐标系称为局部坐标系。

G52 X_ Y_ Z_ A_;　　设定局部坐标系

G52 X0 Y0 Z0 A0;　　取消局部坐标系

使用 G52 X_ Y_ Z_ A_指令，可在所有的工件坐标系内设定局部坐标系。各自的局部坐标系的原点，成为了各自的工件坐标系中的 X_ Y_ Z_ A_的位置。一旦设定了局部坐标系，之后指定的轴的移动指令便为局部坐标系下的坐标。

如果要取消局部坐标系或在工件坐标系中指定坐标值时，可将局部坐标系原点和工件坐标系原点重合。

例 7-3

%3000	
G55;	选择 G55，假设 G55 在机床坐标系中的坐标为（10，20）
G1 X10 Y10 F1000;	移至机床坐标系（20，30）
G52 X30 Y30;	在所有工件坐标系的基础上建立局部坐标系，坐标系原点为（30，30）
G1 X0 Y0;	移至局部坐标系原点，当前机床坐标系位置为（40，50）
G52 X0 Y0;	取消局部坐标系设定，系统恢复到 G55 坐标系
G1 X10 Y10;	移至机床坐标系（20，30）
M30	

（八）直接机床坐标系编程指令 G53

格式：G53

说明：

G53 指令是机床坐标系编程，在含有 G53 指令的程序段中，绝对值编程时的指令值是在机床坐标系中的坐标值。G53 指令为非模态指令。

三、进给控制指令

（一）快速定位指令 G00

在 G00 指令方式下，轴以快移速度进给到指定位置。

格式：G00 X_ Y_ Z_ A_

说明：

（1）X、Y、Z、A 快速定位终点。

（2）G90 指令时为终点在工件坐标系中的坐标。

（3）G91 指令时为终点相对于起点的位移量。

（4）G00 指令刀具相对于工件以各轴预先设定的速度，从当前位置快速移动到程序段指令的定位目标点。

（5）G00 指令中的快移速度由机床参数快移进给速度对各轴分别设定，不能用 F_规定，快移速度可由面板上的快速修调旋钮修正。

（6）G00 指令一般用于加工前快速定位或加工后快速退刀。

（7）G00 指令为模态功能，可由 G01、G02、G03 或 G33 指令注销。

注意：在执行 G00 指令时，由于各轴以各自速度移动，不能保证各轴同时到达终点，因而联动直线轴的合成轨迹不一定是直线。操作者必须格外小心，以免刀具与工件发生碰撞。常见的做法是，将 *Z* 轴移动到安全高度后再放心地执行 G00 指令。

例 7-4　如图 7-8 所示，使用 G00 指令编程：要求刀具从 *A* 点快速定位到 *B* 点。

当 *X* 轴和 *Y* 轴的快进速度相同时，从 *A* 点到 *B* 点的快速定位路线为 *A*→*C*→*B*，即以折线的方式到达 *B* 点，而不是以直线方式从 *A*→*B*。

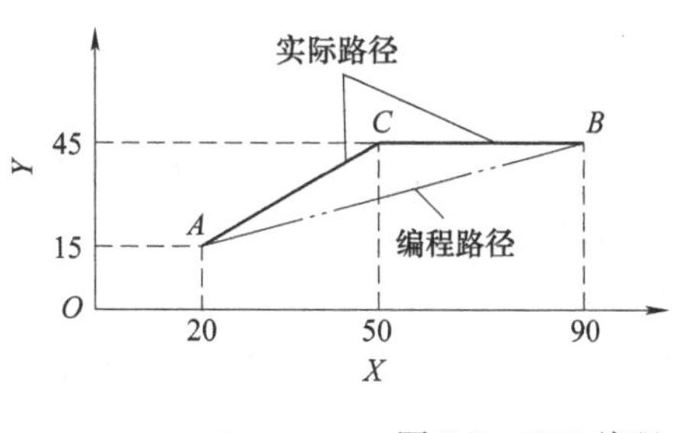

图 7-8　G00 编程

（二）单方向定位指令 G60

为了消除反向间隙的影响，可以指令轴沿一个方向实现定位。

如图 7-9 所示，当运动方向与定位方向一致时，按常规的方式定位；当运动方向与定位方向不一致时，先沿运动方向多移动一个偏移量，再沿定位方向移动一个偏移距离，到达定位终点。

格式：G60 X_ Y_ Z_ A_

说明：

（1）X、Y、Z、A：单向定位终点，在 G90 指令时为终点在工件坐标系中的坐标；在 G91 指令时为终点相对于起点的位移量。

（2）G60 指令单方向定位过程：各轴先以 G00 指令速度快速定位到一中间点，然后以一固定速度移动到定位终点。各轴的定位方向（从中间点到定位终点的方向）及中间点与定位终点的距离由机床参数单向定位偏移值设定。当该参数值<0 时，定位方向为负；当该参数值>0 时，定位方向为正。

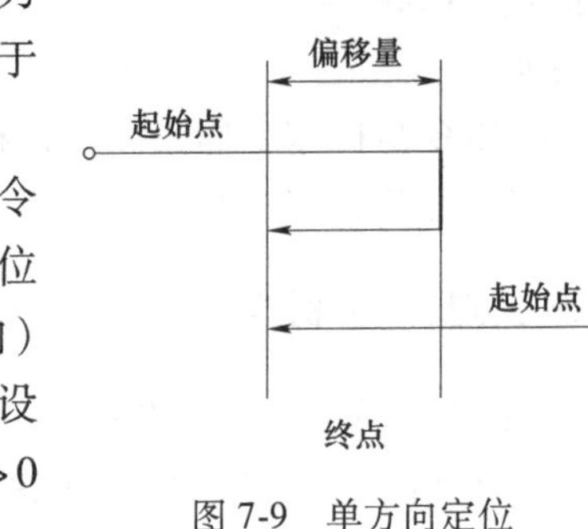

图 7-9　单方向定位

（3）G60 指令仅在其被规定的程序段中有效。

注意：

（1）即使刀具移动距离为零，也应执行单方向定位。

（2）单方向定位的过冲量设定值应大于对应轴的反向间隙，否则单方向定位时无法完全消除反向间隙。

例 7-5

```
%0008
G54
G00 X0 Y0 Z0
G01 X200
G60 X20
M03
```

（三）线性进给指令 G01

格式：G01 X_ Y_ Z_ A_ F_

说明：

（1）X、Y、Z、A：线性进给终点，在 G90 指令时为终点在工件坐标系中的坐标；在 G91 指令时为终点相对于起点的位移量。

（2）F：合成进给速度。

（3）G01 指令刀具以联动的方式，按 F 规定的合成进给速度，从当前位置按线性路线（联动直线轴的合成轨迹为直线）移动到程序段指令的终点。

（4）G01 指令是模态代码，可由 G00、G02、G03 或 G32 指令注销。

例 7-6　如图 7-10 所示，使用 G01 指令编程，要求从 *A* 点线性进给到 *B* 点（此时的进给路线是从 *A*→*B* 的直线）。

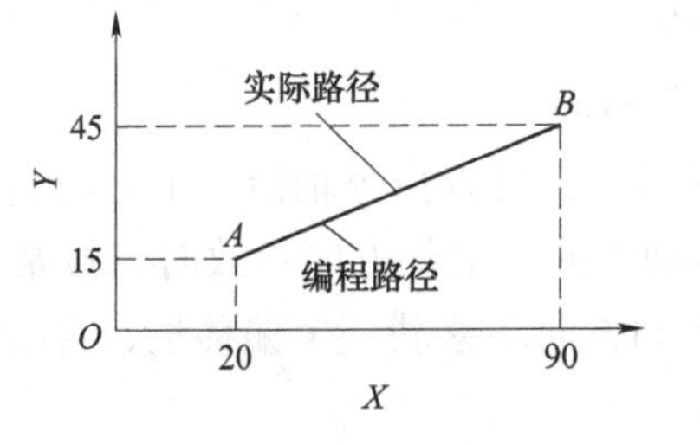

图 7-10　G01 编程

任务实施

该零件毛坯尺寸为 102mm×102mm×32mm。夹具选用通用的机用虎钳，采用 ϕ80mm 面铣刀加工。

（1）以毛坯底面与侧面为基准，加工零件上顶面（注意：上顶面应高出钳口，以免铣到虎钳，若高度不够，可用垫块垫高工件）。

安装好刀具与工件后，开始设置工件坐标系。首先，将主轴转速设置在 500r/min 旋转，将刀具移到工件上方，如图 7-11 所示大致位置。将 *Z* 下降至工件上表面（注意接近时手摇倍率开关调到×10），然后记下 *Z* 轴机床位置，保持 *Z* 轴方向不移动。将刀具移至如图 7-12 所示刀具位置后，输入加工程序，准备加工。

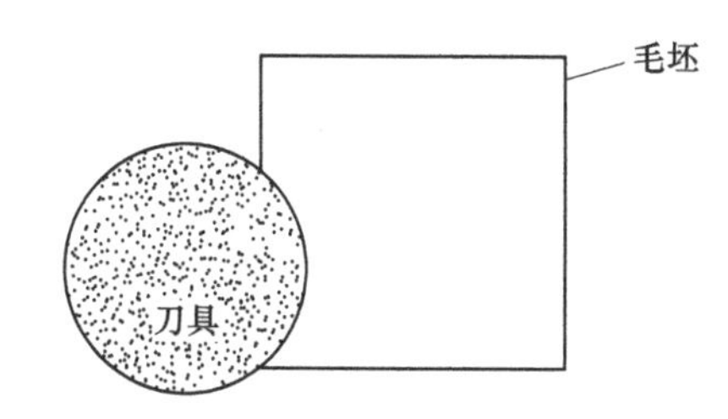

图 7-11　刀具位置 1

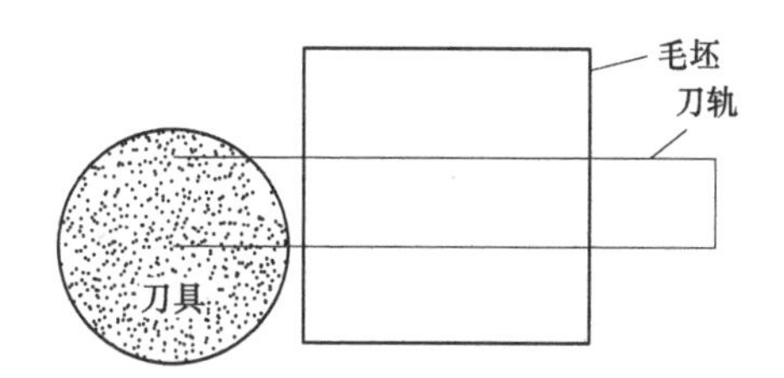

图 7-12　刀具位置 2

其参考程序如下：

```
%0001
G92  X0  Y0  Z0
M03  S600
G01  Z-0.5  F50
X210  F150
Y30
X0
Y0  F500
M05
M30
```

（2）加工完上顶面后，可不用将刀具抬起，而将工件翻面，加工下底面。这时只需测量毛坯厚度，计算加工余量，再通过修改 01 号程序中的 *Z* 轴的背吃刀量位置即可（如余量较多，可分两次或多次加工）。

（3）以工件顶面和侧面为基准找正、定位、夹紧工件，加工工件相对的侧面（记为侧面 1），将 01 程序进行相应的修改。

（4）再以工件顶面和侧面 1 为基准夹紧工件，加工工件相对的侧面（记为侧面 2）。

（5）其余两侧面与前面两面加工方法相同。

思考与练习

如图 7-13 所示，根据现有条件，制定合理的加工工艺方案，选用合适的刀具，完成零件的加工。

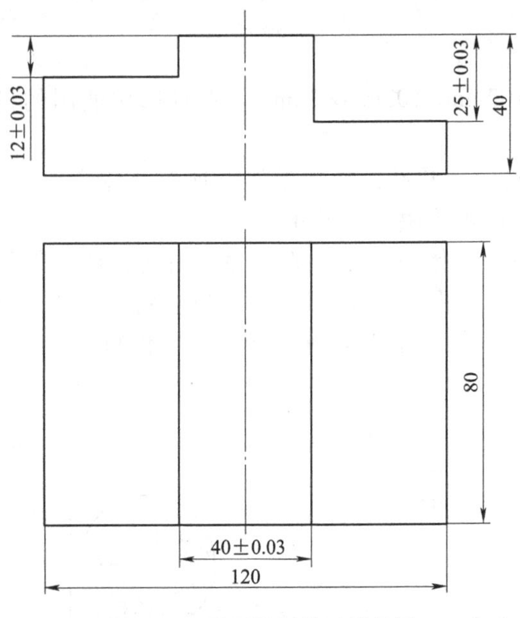

图 7-13　平面铣削练习零件图

任务 7-2　槽类零件铣削加工程序的编制

任务要求

如图 7-14 所示，制定合理的加工工艺方案，完成零件的加工，毛坯尺寸为 100mm×100mm×12mm，材料为 45 钢。

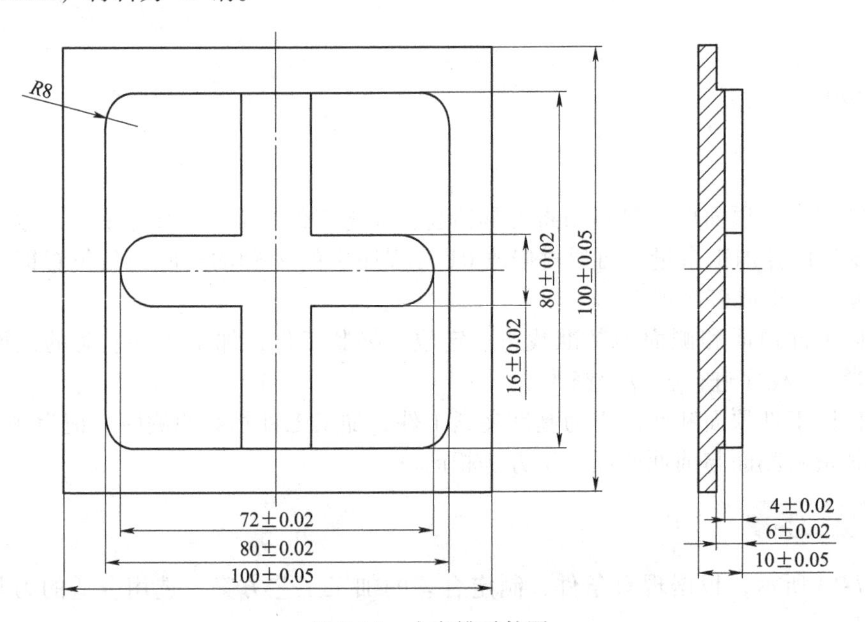

图 7-14　十字槽零件图

技能目标

能根据图样要求，确定其加工工艺，选择合适的铣刀进行加工。掌握相应 G 指令的应用，编制合理、正确的加工程序。

相关知识

一、铣削刀具的认识

（一）立铣刀

立铣刀是数控铣床上用得最多的一种铣刀，其结构如图 7-15 所示。立铣刀的圆柱表面和端面上都有切削刃，它们可同时进行切削，也可单独进行切削。

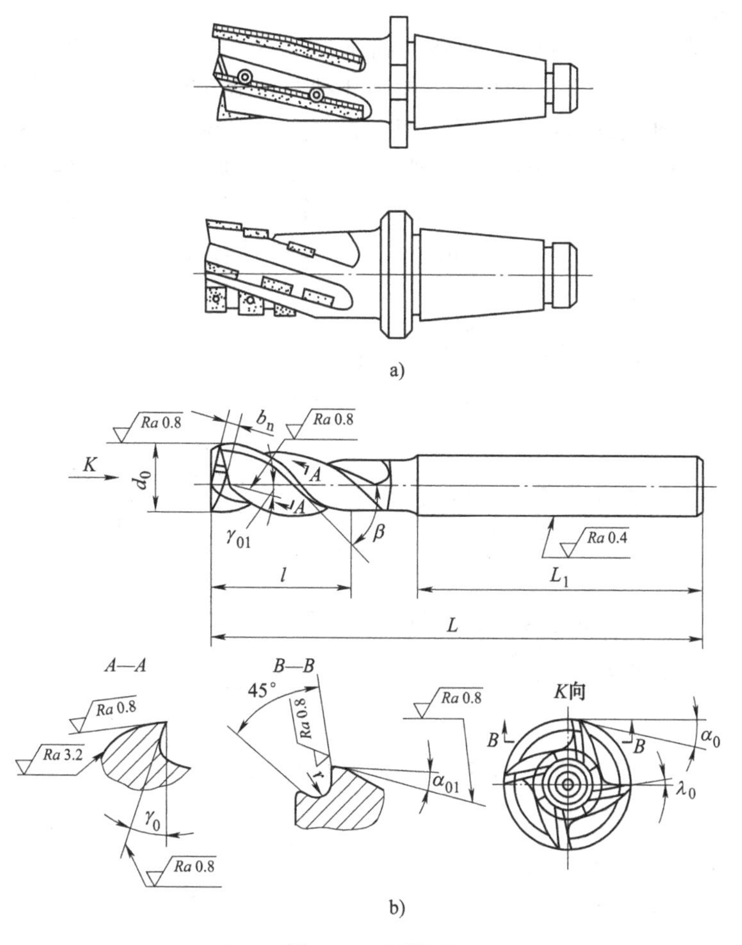

图 7-15　立铣刀

a）硬质合金立铣刀　b）高速钢立铣刀

立铣刀圆柱表面的切削刃为主切削刃，端面上的切削刃为副切削刃。主切削刃一般为螺旋齿，这样可以增加切削的平稳性，提高加工精度。由于普通立铣刀端面中心处无切削刃，所以立铣刀不能做轴向进给，端面刃主要用来加工与侧面相垂直的底平面。

为了能加工较深的沟槽，并保证有足够的备磨量，立铣刀的轴向长度一般较长。为改善切屑卷曲情况，增大容屑空间，防止切屑堵塞，立铣刀齿数比较少，而容屑槽圆弧半径则较大。一般粗齿立铣刀齿数 $Z=3\sim4$；细齿立铣刀齿数 $Z=5\sim8$；套式结构立铣刀齿数 $Z=10\sim20$，容屑槽圆弧半径 $r=2\sim5$mm。当立铣刀直径较大时，可制成不等齿距结构，以增强抗振作用，使切削过程平稳。

一般立铣刀的螺旋角 β 为 40°~45°（粗齿）和 30°~35°（细齿），套式结构立铣刀的 β 为 15°~25°。直径较小的立铣刀，一般制成带柄形式。$\phi2\sim\phi71$mm 的立铣刀制成直柄；$\phi6\sim\phi63$mm 的立铣刀制成莫氏锥柄；$\phi25\sim\phi80$mm 的立铣刀做成 7∶24 锥柄，内有螺孔用来拉紧刀具。但是由于数控铣床要求铣刀能快速自动装卸，故立铣刀柄部形式也有很大不同，一般是由专业厂家按照一定的规范设计制造成统一形式、统一尺寸的刀柄。直径大于 $\phi40\sim\phi60$mm 的立铣刀可做成套式结构。

（二）模具铣刀

模具铣刀由立铣刀发展而成，可分为圆锥形立铣刀（圆锥半角 $\alpha/2=3°$、5°、7°、10°）、圆柱形球头立铣刀和圆锥形球头立铣刀 3 种，其柄部有直柄、削平型直柄和莫氏锥柄。它的结构特点是球头或端面上布满了切削刃，圆周刃与球头刃圆弧连接，可以做径向和轴向进给。铣刀工作部分用高速钢或硬质合金制造。一般规定直径 $d=4\sim63$mm。图 7-16 所示为高速钢模具铣刀，图 7-17 所示为用硬质合金模具铣刀。小规格的硬质合金模具铣刀多制成整体结构，直径 $\phi16$mm 以上的，制成焊接或机夹可转位刀片结构。

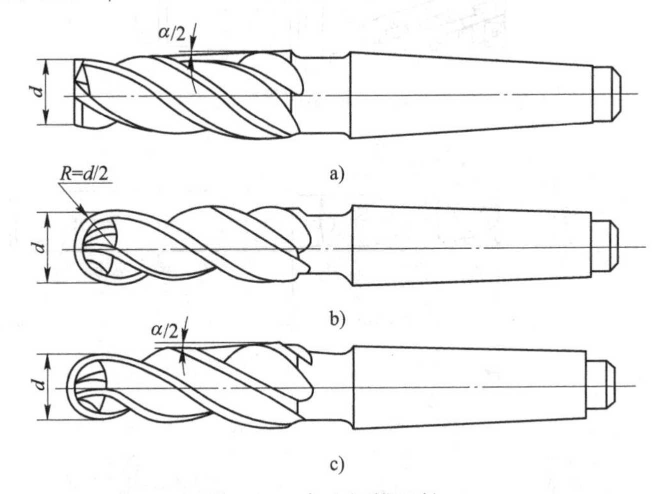

图 7-16　高速钢模具铣刀

a）圆锥形立铣刀　b）圆柱形球头立铣刀　c）圆锥形球头立铣刀

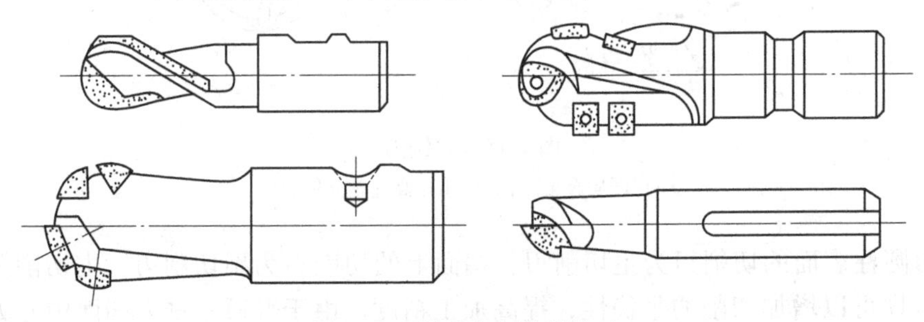

图 7-17　硬质合金模具铣刀

（三）键槽铣刀

键槽铣刀如图 7-18 所示，它有两个刀齿，圆柱面和端面都有切削刃，端面刃延至中心，既像立铣刀，又像钻头。加工时先轴向进给达到槽深，然后沿键槽方向铣出键槽全长。

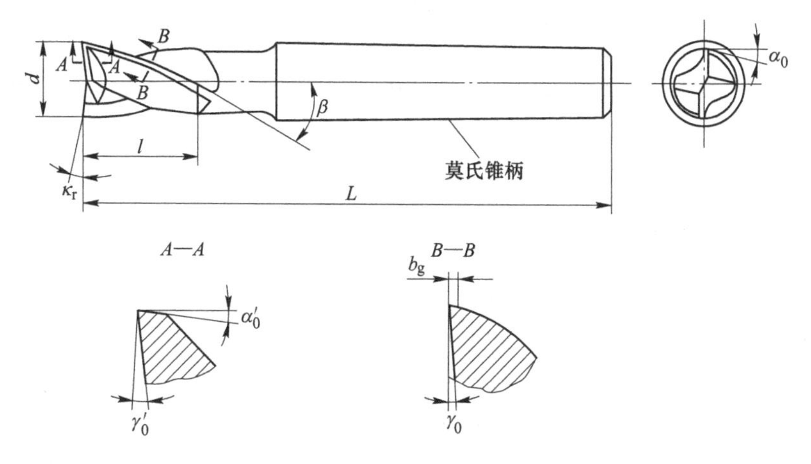

图 7-18　键槽铣刀

按规定，直柄键槽铣刀直径 $d=2\sim22$mm，锥柄键槽铣刀直径 $d=14\sim50$mm。键槽铣刀直径的偏差有 e8 和 d8 两种。键槽铣刀的圆周切削刃仅在靠近端面的一小段长度内发生磨损，重磨时，只需刃磨端面切削刃，故重磨后铣刀的直径不变。

（四）鼓形铣刀

图 7-19 所示为一种典型的鼓形铣刀，它的切削刃分布在半径为 R 的圆弧面上，端面无切削刃。加工时，控制刀具上下位置，相应改变切削刃的切削部位，可以在工件上切出从负到正的不同斜角。R 越小，鼓形刀所能加工的斜角范围越广，但所获得的表面质量也越差。这种刀具的特点是刃磨困难，切削条件差，而且不适于加工有底的轮廓表面。

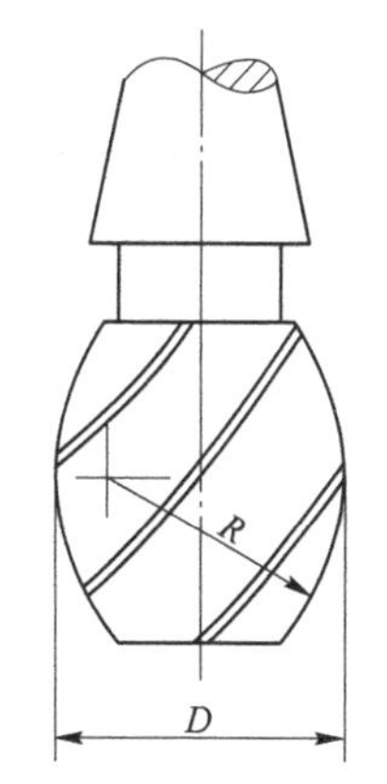

图 7-19　鼓形铣刀

（五）成形铣刀

成形铣刀一般是为特定形状的工件或加工内容而专门设计制造的，如渐开线齿面、燕尾槽和 T 形槽等。常用成形铣刀如图 7-20 所示。

除了上述几种类型的铣刀，数控铣床也可使用各种通用铣刀。但因不少数控铣床的主轴内有特殊的拉刀装置，或因主轴内锥孔有别，需要配过渡套和拉钉。

二、立铣刀主要参数的选择

立铣刀主切削刃的前角在法剖面内测量，后角在端剖面内测量，前、后角的标注如图 7-15 所示。前、后角都为正值，分别根据工件材料和铣刀直径选取，其具体数值可分别参考表 7-3 和表 7-4。

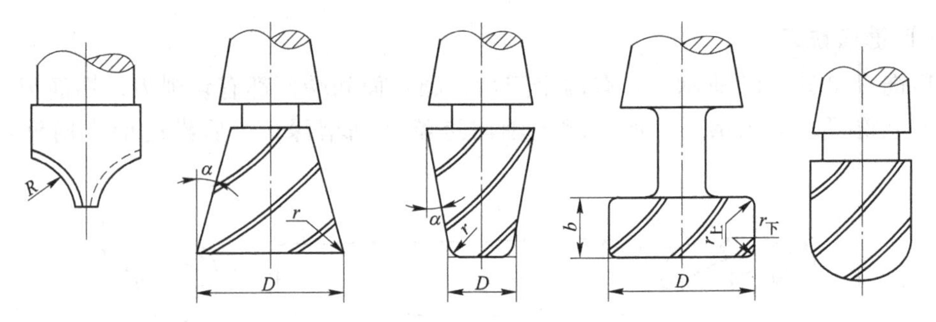

图 7-20　常用成形铣刀

表 7-3　立铣刀前角

工件材料		前角/(°)
钢	σ_b<0.589GPa	20
	0.589GPa<σ_b<0.981GPa	15
	σ_b>0.981GPa	10
铸铁	≤150HBW	15
	>150HBW	10

表 7-4　立铣刀后角

铣刀直径 d_0/mm	后角/(°)
≤10	25
10~20	20
>20	16

立铣刀的尺寸参数如图 7-21a 所示，推荐按下述经验数据选取：

(1) 刀具半径尺寸应小于零件内轮廓面的最小曲率半径 ρ，一般取 $R=(0.8\sim0.9)\rho$。

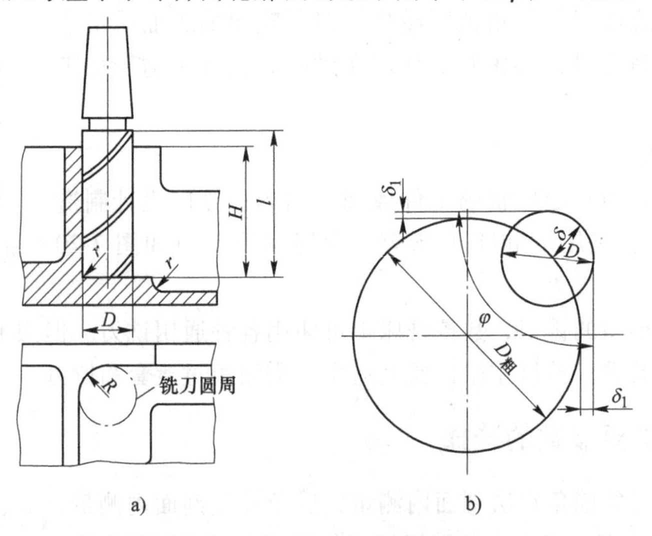

图 7-21　立铣刀的尺寸参数

a）立铣刀尺寸选择　b）粗加工立铣刀直径估算

（2）零件的加工高度 $H \leqslant (5\sim6)R$，以保证刀具具有足够的刚度。

（3）对不通孔（深槽），选取 $l=H+(5\sim10)\mathrm{mm}$（l 为刀具切削部分长度，H 为零件高度）。

（4）加工外形及通槽时，选取 $l=H+r+(5\sim10)\mathrm{mm}$（$r$ 为端刃圆角半径）。

（5）粗加工内轮廓面时，如图 7-20b 所示，铣刀最大直径 $D_{粗}$ 可按下式计算：

$$D_{粗}=\frac{2(\delta\sin\varphi/2-\delta_1)}{1-\sin\varphi/2}+D$$

式中　D——轮廓的最小凹圆角直径；

δ——圆角邻边夹角等分线上的精加工余量；

δ_1——精加工余量；

φ——圆角两邻边的夹角。

（6）加工筋时，刀具直径为 $D=(5\sim10)b$（b 为筋的厚度）。

三、圆弧插补指令 G02、G03

刀具在指定平面（G17、G18、G19）沿指定圆弧方向运行到终点。指令格式如下：

$\mathrm{G17}\begin{matrix}\mathrm{G02}\\\mathrm{G03}\end{matrix}\mathrm{X\_Y\_}\begin{matrix}\mathrm{I\_J\_}\\\mathrm{R\_}\end{matrix}\mathrm{F\_}$　　　*XY* 平面圆弧插补

$\mathrm{G18}\begin{matrix}\mathrm{G02}\\\mathrm{G03}\end{matrix}\mathrm{X\_Z\_}\begin{matrix}\mathrm{I\_K\_}\\\mathrm{R\_}\end{matrix}\mathrm{F\_}$　　　*ZX* 平面圆弧插补

$\mathrm{G19}\begin{matrix}\mathrm{G02}\\\mathrm{G03}\end{matrix}\mathrm{Y\_Z\_}\begin{matrix}\mathrm{J\_K\_}\\\mathrm{R\_}\end{matrix}\mathrm{F\_}$　　　*YZ* 平面圆弧插补

说明：

（1）G02：顺时针圆弧插补，如图 7-22 所示。

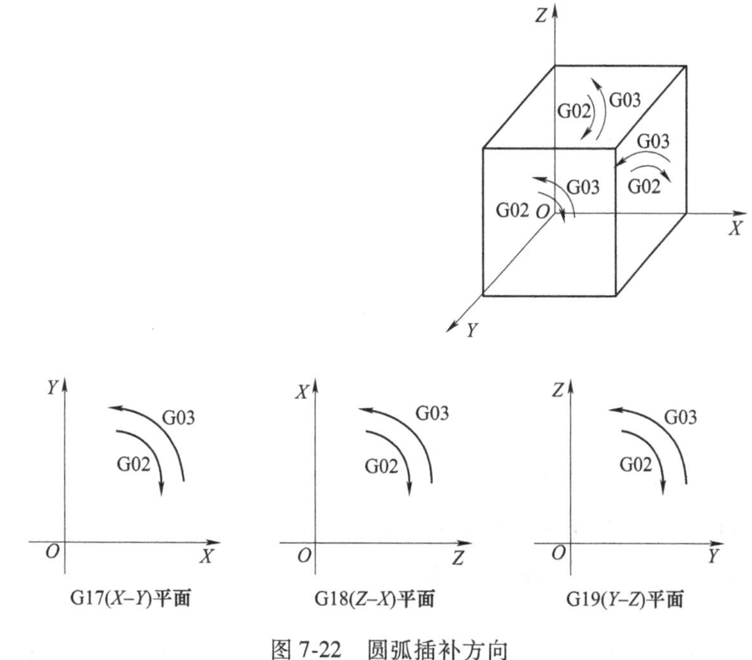

图 7-22　圆弧插补方向

（2）G03：逆时针圆弧插补，如图 7-22 所示。

（3）G17：*XY* 平面的圆弧。

（4）G18：*ZX* 平面的圆弧。

（5）G19：*YZ* 平面的圆弧。

（6）X、Y、Z：G90 指令时为圆弧终点在工件坐标系中的坐标，G91 指令时为圆弧终点相对于圆弧起点的位移量，如图 7-23 所示。

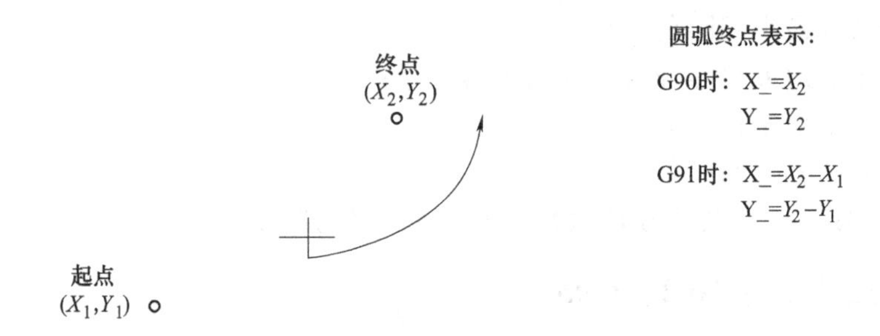

图 7-23　圆弧终点表达方式

（7）I、J、K：圆心相对于圆弧起点的有向距离，如图 7-24 所示。无论绝对或增量编程时都是以增量方式指定；整圆编程时不可以使用 R，只能用 I、J、K。

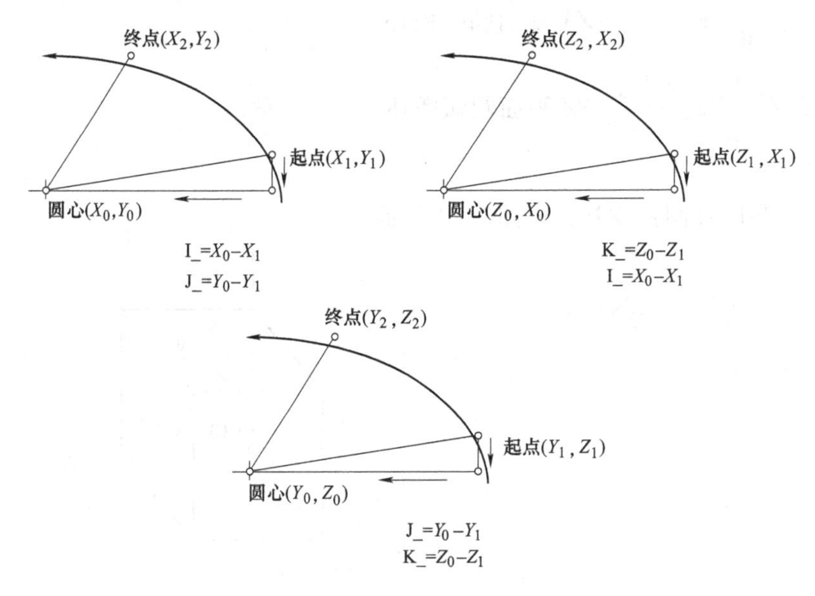

图 7-24　圆弧圆心表达方式

（8）R：圆弧半径。

1）当圆弧圆心角小于 180°为劣弧时，R 为正值。

2）当圆弧圆心角大于 180°为优弧时，R 为负值。

（9）F：被编程的两个轴的合成进给速度。

注意：

（1）当不是整圆编程时，定义 R 方式与定义 I、J、K 方式只需选择一种。当两种方式都定义时，以 R 方式有效。

（2）圆弧的插补方向：在直角坐标系中，从第 3 轴的正向往负向看，圆弧运动方向与顺时针方向一致时为顺圆插补方向，圆弧运动方向与逆时针方向一致时为逆圆插补方向。

XY 平面第 3 轴为 *Z* 轴，*ZX* 平面第 3 轴为 *Y* 轴，*YZ* 平面第 3 轴为 *X* 轴，顺时针与逆时针方向的定义如图 7-22 所示。

（3）用位置指令（X，Y，Z）指定圆弧的终点。

若为绝对值（G90）方式，（X，Y，Z）指定的是圆弧终点的绝对位置，若为增量值（G91）方式，则（X，Y，Z）指定的是从圆弧起点到终点的距离，如图 7-23 所示。

（4）用指令（I，J，K）指定圆弧中心的位置。

（I，J，K）指令的参数是从起点向圆弧中心看的矢量分量，并且不管是 G90 指令还是 G91 指令总是增量值。（I，J，K）的指令参数必须根据方向指定其符号正或负。

圆弧圆心表达方式如图 7-24 所示。

（5）若编程时位置指令（X，Y，Z）全部省略，则表示起点和终点重合，此时用（I，J，K）编程指定的是一个整圆。如用 R 指定，则成为 0° 的弧，此时系统会报警。除用（I，J，K）指令指定外，还可以用圆弧半径指定。当用圆弧半径指定圆心时，包括两种情况：①中心角小于 180° 的圆弧；②中心角大于 180° 的圆弧。

因此，在编程时应明确指定的是哪一个圆弧，这由圆弧半径 R 的正负号来确定。当 R 为正时，指定的是圆弧①；当 R 为负时，指定的是圆弧②，如图 7-25 所示。

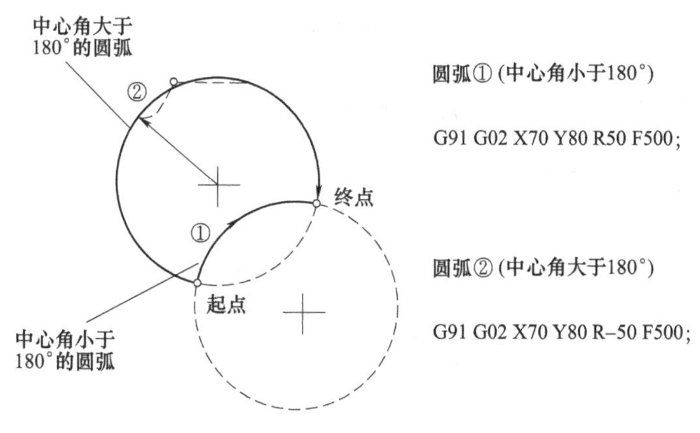

图 7-25　圆弧半径表达方式

注意：

1）如果在非整圆圆弧插补指令中同时指定 I、J、K 和 R，则以 R 指定的圆弧有效。

2）如果指定不在平面内的轴就会产生报警。

3）当用 R 指定一个半圆时，如半圆或中心角接近 180° 的圆弧用 R 指定，中心位置的计算会产生误差，这种情况需用 I、J、K 来指定圆弧中心。

例 7-7　图 7-26 所示的刀具轨迹编程如下：

1. 绝对值编程

G92 X200.0 Y40.0 Z0

G90 G03 X140.0 Y100.0 R60.0 F300

G02 X120.0 Y60.0 R50.0

或

G92 X200.0 Y40.0 Z0

G90 G03 X140.0 Y100.0 I-60.0 F300

G02 X120.0 Y60.0 I-50.0

2. 增量值编程

G91 G03 X-60.0 Y60.0 R60.0 F300

G02 X-20.0 Y-40.0 R50.0

或

G91 G03 X-60.0 Y60.0 I-60.0 F300

G02 X-20.0 Y-40.0 I-50.0

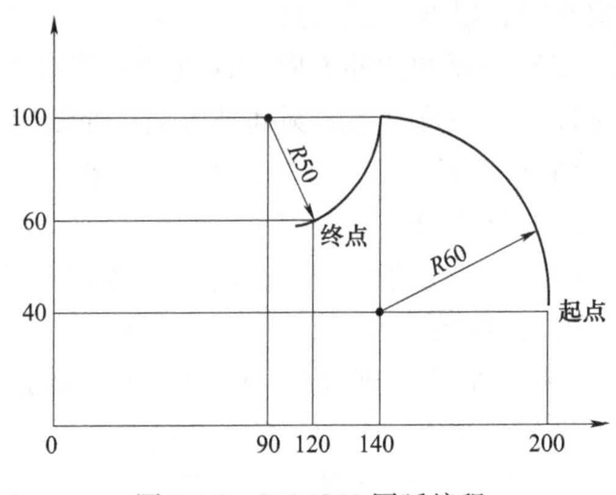

图 7-26 G02/G03 圆弧编程

四、圆柱螺旋线插补指令

G02、G03 指令除了可以指定圆弧插补，通过指定第三轴的移动距离还可以实现螺旋线插补。

$$\text{G17}\left\{\begin{matrix}\text{G02}\\ \text{G03}\end{matrix}\right\}\text{X\_Y\_Z}\left\{\begin{matrix}\text{I\_J\_}\\ \text{L\_}\end{matrix}\right\}\text{F\_}$$ *XY* 平面圆弧插补

$$\text{G18}\begin{matrix}\text{G02}\\ \text{G03}\end{matrix}\text{X\_Z\_Y}\begin{matrix}\text{I\_K\_}\\ \text{L\_}\end{matrix}\text{F\_}$$ *ZX* 平面圆弧插补

$$\text{G19}\begin{matrix}\text{G02}\\ \text{G03}\end{matrix}\text{Y\_Z\_X}\begin{matrix}\text{J\_K\_}\\ \text{L\_}\end{matrix}\text{F\_}$$ *YZ* 平面圆弧插补

圆弧插补参数说明见表 7-5。

表 7-5 圆弧插补参数说明

参数	说 明
G17	指定在 *XY* 平面上进行圆弧插补
G18	指定在 *ZX* 平面上进行圆弧插补
G19	指定在 *YZ* 平面上进行圆弧插补
G02	顺时针圆弧插补
G03	逆时针圆弧插补
X	圆弧插补 *X* 轴的移动量或圆弧终点 *X* 轴坐标
Y	圆弧插补 *Y* 轴的移动量或圆弧终点 *Y* 轴坐标
Z	圆弧插补 *Z* 轴的移动量或圆弧终点 *Z* 轴坐标
R	圆弧半径（带符号，+为劣弧，-为优弧）
I	圆弧起始点 *X* 轴距离圆弧圆心的距离（带符号） 圆锥线插补选择 *YZ* 平面时为螺旋一周的高度增减量
J	圆弧起始点 *Y* 轴距离圆弧圆心的距离（带符号）

（续）

参数	说　明
K	圆弧起始点 Z 轴距离圆弧圆心的距离（带符号）
F	进给速度，模态有效
L	螺旋线旋转圈数（不带小数点的正数）

螺旋线插补的旋转方向参考其投影到二维平面的圆弧方向。当整圈螺纹线插补时，位置指令（X，Y，Z）全部省略，表示起点和终点重合，此时用（I，J，K）编程指定的是一个整圆。如用 R 指定，则成为 0°的弧，此时系统会报警。

加工如图 7-27 所示螺旋线，程序如下：

1. 绝对值编程

```
X30 Y0 Z0
G90 G03 X0 Y0 Z50 I-15 J0 K0 L10 F3500
M30
```

2. 增量值编程

```
X30 Y0 Z0
G91 G03 X-30 Y0 Z50 I-15 J0 K0 L10 F3500
M30
```

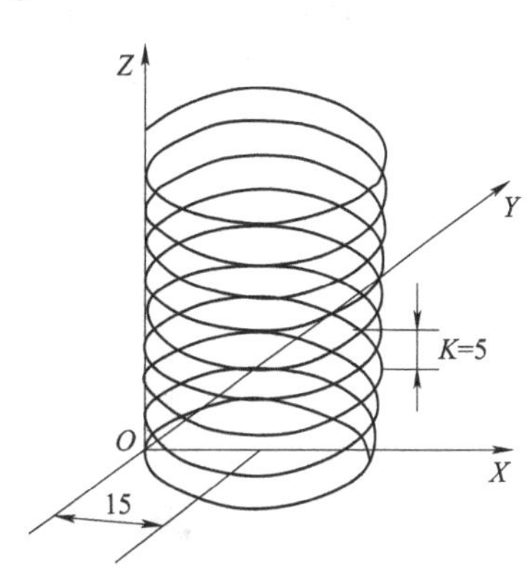

图 7-27　螺旋线参数

五、准停检验指令 G09

格式：G09 X_ Y_ Z_ F_

说明：

（1）一个包括 G09 指令的程序段在继续执行下个程序段前，会准确停止在本程序段的终点。该功能用于加工尖锐的棱角。

（2）G09 指令为非模态指令，仅在其被规定的程序段中有效。

六、段间过渡指令 G61、G64

格式：G61 X_ Y_ Z_ F_

　　　G64 X_ Y_ Z_ F_

说明：

G61：精确停止检验。

G64：连续切削方式。

在 G61 指令后的各程序段编程轴都要准确停止在程序段的终点，然后再继续执行下一程序段。

在 G64 指令之后的各程序段编程轴刚开始减速时（未到达所编程的终点）就开始执行下一程序段。但在定位指令（G00、G60）或有准停校验指令（G09）的程序段中，以及在不含运动指令的程序段中，进给速度仍减速到 0 才执行定位校验。

（1）G61 指令的编程轮廓与实际轮廓相符。

（2）G61 与 G64 指令的区别在于 G61 指令为模态指令。

（3）G64 指令的编程轮廓与实际轮廓不同。其不同程度取决于 F 值的大小及两路径间的夹角，F 越大，其区别越大。

（4）G61、G64 指令为模态指令，可相互注销，G61 指令为默认值。

（5）G64 指令在运动规划方式下，小线段程序运行之后，会从自动切到单段，并将前馈缓冲中拼接好的样条执行完之后，才接着按编程的程序段单段执行。因此会出现，一个单段会连续执行若干个程序段的情况。小线段程序既包括计算机辅助制造（CAM）生成的程序，也包括宏运算生成的程序。

例 7-8 编制如图 7-28 所示轮廓的加工程序：要求编程轮廓与实际轮廓相符；编制如图 7-29 所示轮廓的加工程序：要求程序段间不停顿。

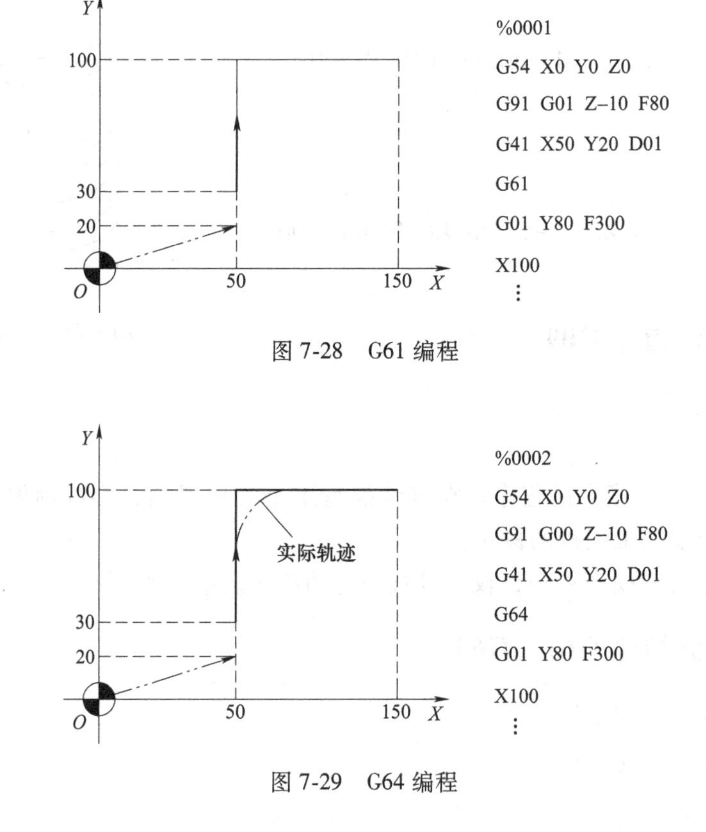

图 7-28 G61 编程

图 7-29 G64 编程

七、自动返回参考点指令 G28

格式：G28 X_ Y_ Z_ A_

说明：

（1）X、Y、Z、A：回参考点时经过的中间点（非参考点），在 G90 指令时为中间点在工件坐标系中的坐标；在 G91 指令时为中间点相对于起点的位移量。

（2）G28 指令首先使所有的编程轴都快速定位到中间点，然后再从中间点返回参考点。一般，G28 指令用于刀具自动更换或者消除机械误差，在执行该指令之前应取消刀具半径补偿和刀具长度补偿。在 G28 指令的程序段中不仅会产生坐标轴移动指令，而且记忆了中间点坐标值，以供 G29 指令使用。电源接通后，在没有手动返回参考点的状态下，指定 G28 指令时，会从中间点自动返回参考点，与手动返回参考点相同。这时从中间点到参考点的方向就是机床参数“回参考点方向”设定的方向。

（3）G28 指令仅在其被规定的程序段中有效。

八、自动从参考点返回指令 G29

格式：G29 X_ Y_ Z_ A_

说明：

（1）X、Y、Z、A：返回的定位终点，在 G90 指令时为定位终点在工件坐标系中的坐标；在 G91 指令时为定位终点相对于 G28 指令中间点的位移量。G29 指令可使所有编程轴以快速进给经过由 G28 指令定义的中间点，然后再到达指定点。通常该指令紧跟在 G28 指令之后。

（2）G29 指令仅在其被规定的程序段中有效。

例 7-9　用 G28、G29 指令对图 7-30 所示的路径编程：要求由 A 经过中间点 B 并返回参考点，然后从参考点经由中间点 B 定位到 C。

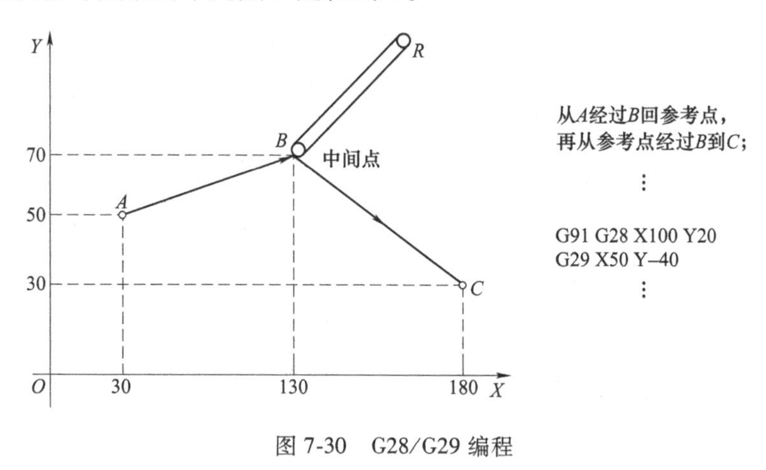

图 7-30　G28/G29 编程

九、暂停指令 G04

在系统自动运行过程中，可以指定 G04 指令暂停刀具进给，暂停时间到达后自动执行后续的程序段。

格式：G04 P_

说明：

（1）P：暂停时间，单位为 s。

（2）G04 指令在前一程序段的进给速度降到零之后才开始暂停动作。

（3）在执行含 G04 指令的程序段时，先执行暂停功能。

（4）G04 指令为非模态指令，仅在其被规定的程序段中有效。

例 7-10 编制图 7-31 所示零件的钻孔加工程序。

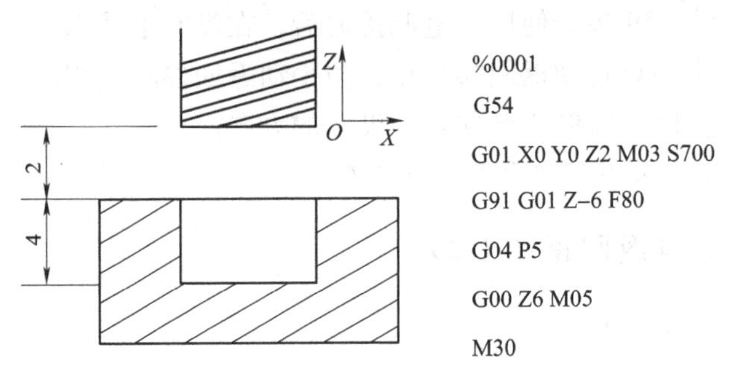

图 7-31 G04 编程

任务实施

数控加工工艺设计：该零件毛坯尺寸为 100mm×100mm×12mm。夹具选用通用的机用虎钳，夹持工件时注意上表面应高出虎钳 6mm 以上。

（1）采用 ϕ80mm 面铣刀铣削工件上表面，将工件厚度尺寸加工至（10±0.05）mm。

（2）采用 ϕ10mm 立铣刀铣削零件 80mm×80mm 的凸台，加工轨迹如图 7-32 所示。

（3）采用 ϕ10mm 立铣刀铣削零件十字凹槽，其加工轨迹如图 7-33 所示。

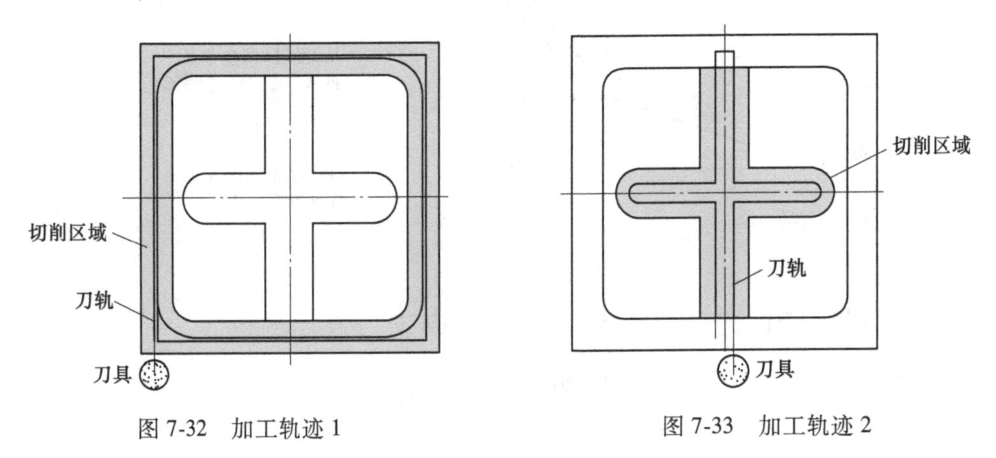

图 7-32 加工轨迹 1　　图 7-33 加工轨迹 2

ϕ10mm 立铣刀铣削加工参考程序如下，工件坐标系原点设置在工件上表面中心位置。

```
%01
G54 G90 G17
M03 S800
G00 Z100
X-47 Y-60
Z10
G01 Z-2 F150
Y47 F300
X47
```

```
Y-47
X-45
Y32
G02 X-32 Y45 R13
G01 X32
G02 X45 Y32 R13
G01 Y-32
G02 X32 Y-45 R13
G01 X-32
G02 X-45 Y-32 R13
G00 Z100
M05
M30
%02
G54 G90 G17
M03 S800
G00 Z100
X3 Y-60
Z5
G01 Z-1 F100
Y-3 F300
X28
G03 Y3 R3
G01 X3
Y50
X-3
Y3
X-28
G03 Y-3 R3
G01 X-3
Y-45
G00 Z100
M05
M30
```

注意：上述程序没有考虑加工深度，如不使用子程序可用系统中的复制与粘贴功能，将加工轮廓程序段复制，粘贴后修改加工深度即可。两个程序均采用的 ϕ10mm 立铣刀铣削加工，所以可以将两程序合成一个程序来进行加工以提高加工效率。

思考与练习

如图 7-34 所示，根据现有条件，制定合理的加工工艺方案，选用合适的刀具，完成零件的加工。

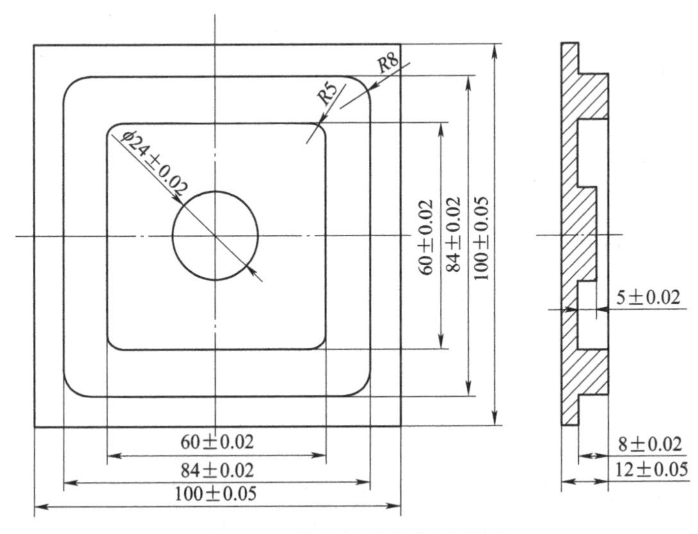

图 7-34　槽类零件铣削零件图

任务 7-3　复杂轮廓槽类零件铣削加工程序的编制

任务要求

如图 7-35 所示，制定合理的加工工艺方案，完成零件加工，毛坯尺寸为 100mm×100mm×12mm，材料为 45 钢。

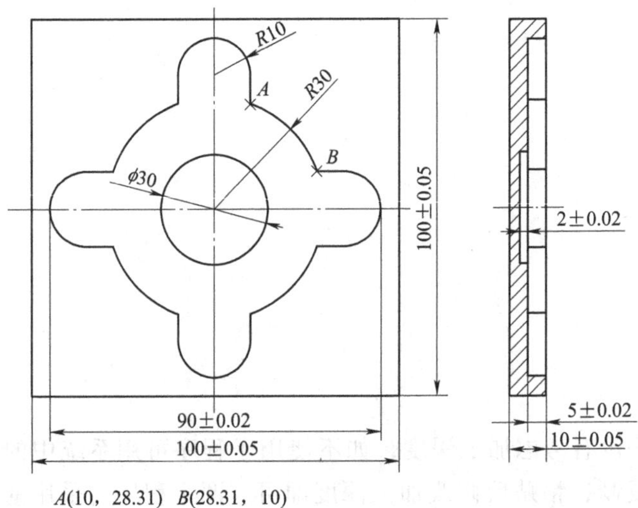

图 7-35　四耳槽零件图

技能目标

能根据图样要求，确定其加工工艺，选择合适的铣刀进行加工。掌握相应 G 指令的应用，编制合理、正确的加工程序。

相关知识

一、刀具补偿功能的指令

通常在编程时只是对刀具中心轨迹进行编程（即将刀具半径假设为 0），而进行实际加工时，由于刀具半径不为 0 的影响，需要将刀心轨迹进行一定的偏置（偏置距离等于刀具半径，偏置方向可为左偏置或右偏置，视具体工件偏程而定），此时需要用到刀具半径补偿功能。

（一）刀具半径补偿的建立

格式：G17(或 G18/G19) G41(或 G42) G00(或 G01)X_ Y_ D_

说明：

（1）G17/G18/G19：指定补偿平面，分别为 *XY*、*YZ*、*ZX* 平面。

（2）G41/G42：刀具半径补偿有效。G41：左刀补；G42：右刀补。

（3）D：指定刀具半径的补偿号。

（二）刀具半径补偿的取消

格式：G40 G00(或 G01)X_ Y_

说明：

G40 指令为刀具半径补偿取消（G40、G41、G42 指令都是模态代码，可相互注销）。

刀具半径补偿功能由 G41 或 G42 指令指定：

（1）G41 指令向刀具移动方向的左侧进行偏置，如图 7-36a 所示。

（2）G42 指令向刀具移动方向的右侧进行偏置，如图 7-36b 所示。

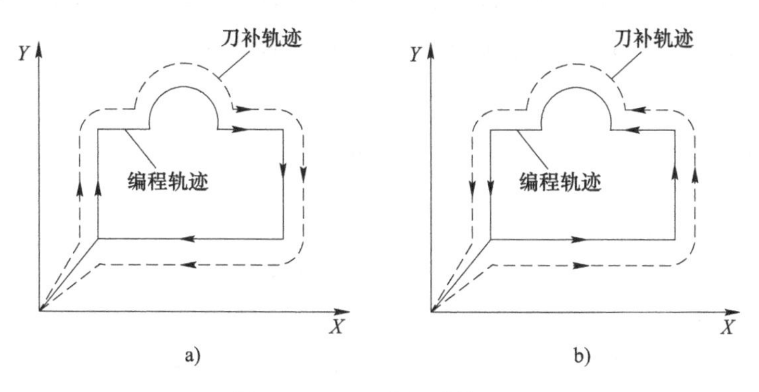

图 7-36　刀具半径补偿方向

1）刀具半径补偿需通过 G00 或 G01 指令来建立或取消。如果用圆弧插补（G02、G03）指令来建立或取消刀补，将发生报警。

2）利用 D 指令，通过指定刀具半径补偿量的编号，指定刀具半径补偿量。

3）在另一 D 指令被指定之前，D 指令一直有效。

例 7-11 考虑刀具半径补偿，编制图 7-37 所示零件的加工程序：要求建立如图 7-37 所示的工件坐标系，按箭头所指示的路径进行加工，设加工开始时刀具距离工件上表面 50mm，背吃刀量为 3mm。

```
%0001
G54
G00 X-10 Y-10 Z50 M03 S900
Z3
G01 Z-3 F40
G42 G00 X4 Y10 D01
X30 F80
G03 X40 Y20 R10
G02 X30 Y30 R10
G01 X10 Y20
Y5
G40 X-10 Y-10
G00 Z50
M30
```

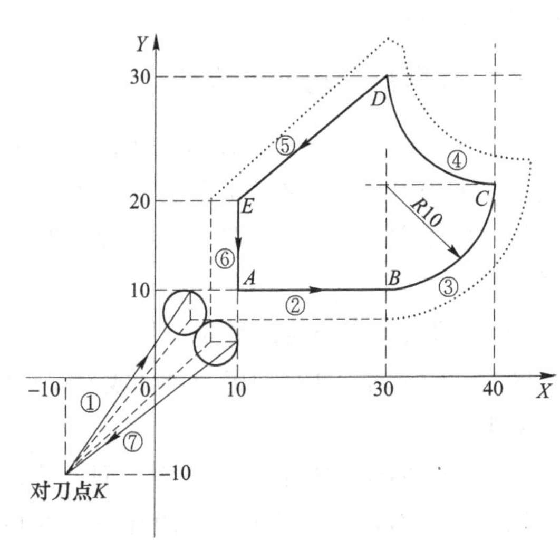

图 7-37 刀具半径补偿

注意： 图 7-37 中带箭头的实线为编程轮廓，不带箭头的虚线为刀具中心的实际路线。

二、刀具长度补偿指令 G43、G44、G49

通常，编程时指定的刀具长度与实际使用的刀具的长度不一定相等，它们之间有一个差值，如图 7-38 所示。为了操作及编程方便，可以将该差值存储于 CNC 的刀具偏置存储器中，然后用刀具长度补偿代码补偿该差值。这样，即使使用不同长度的刀具进行加工，只要知道该刀具与编程使用的刀具长度之间的差值，就可以在不修改加工程序的前提下进行正常加工。

格式：

（1）刀具长度补偿：

G17 G43/G44 Z_ H_

G18 G43/G44 Y_ H_

G19 G43/G44 X_ H_

（2）刀具长度补偿取消：

G49 X_ Y_ Z_ F_

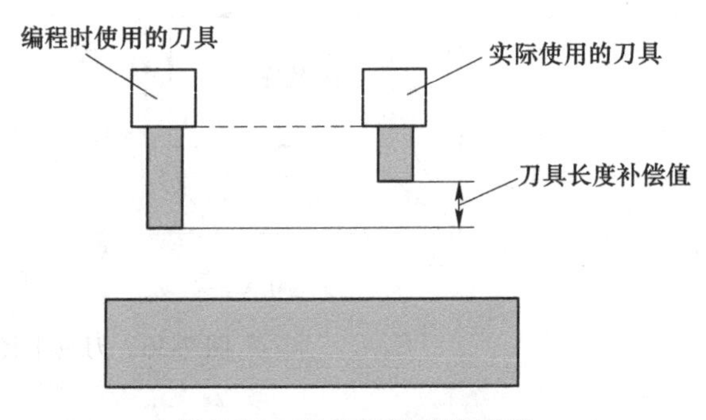

图 7-38 刀具长度补偿原理

说明：

（1）G17：刀具长度补偿轴为 Z 轴。

（2）G18：刀具长度补偿轴为 Y 轴。

（3）G19：刀具长度补偿轴为 X 轴。

（4）G49：取消刀具长度补偿。

（5）G43：正向偏置（补偿轴终点加上偏置值）。

（6）G44：负向偏置（补偿轴终点减去偏置值）。

（7）X，Y，Z：G00/G01 指令的参数，即刀补建立或取消的终点。

（8）H：G43/G44 指令的参数，即刀具长度补偿偏置号（H01～H979），它代表了刀补表中对应的长度补偿值。

注意：

（1）刀具长度补偿方向总是垂直于 G17/G18/G19 指令所选平面。

（2）偏置号改变时，新的偏置值并不加到旧偏置值上，例如：

H1：刀具长度补偿量 20.0；H2：刀具长度补偿量 30.0。

G90 G43 Z100 H01；　　Z 将达到 120

G90 G43 Z100 H02；　　Z 将达到 130

（3）G43、G44、G49 指令都是模态代码，可相互注销。

（4）G49 指令后不跟刀补轴移动是非法的。

例 7-12　考虑刀具长度补偿，编制如图 7-39 所示零件的加工程序：要求建立如图 7-39 所示的工件坐标系，按箭头所指示的路径进行加工。

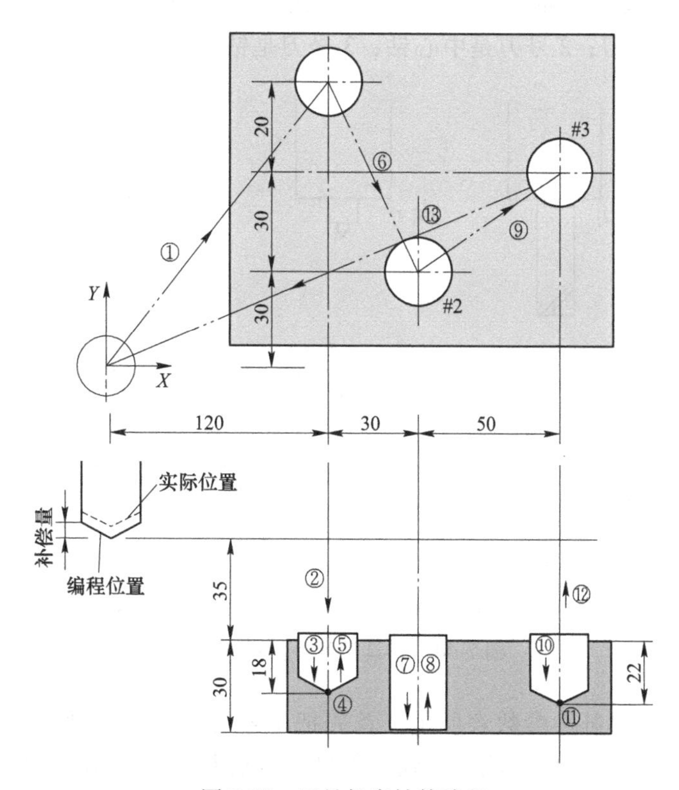

图 7-39　刀具长度补偿编程

```
H1=-4.0（刀具长度补偿量）
%3325
G92 X0 Y0 Z0
G91 G00 X120 Y80 M03 S800        ①
G43 Z-32 H01                     ②
G01 Z-21 F300                    ③
G04 X2                           ④
G00 Z30                          ⑤
X30 Y-50                         ⑥
G01 Z-41                         ⑦
G00 Z30                          ⑧
X50 Y30                          ⑨
G01 Z-25                         ⑩
G04 X2                           ⑪
G00 G49 Z57                      ⑫
X-200 Y-60                       ⑬
M05
M30
```

例 7-13 采用刀具长度补偿，把图 7-40 所示的刀具长度补偿设定到刀具表中。

说明：1 号刀是铣刀；2 号刀是中心钻；3 号刀是钻头。

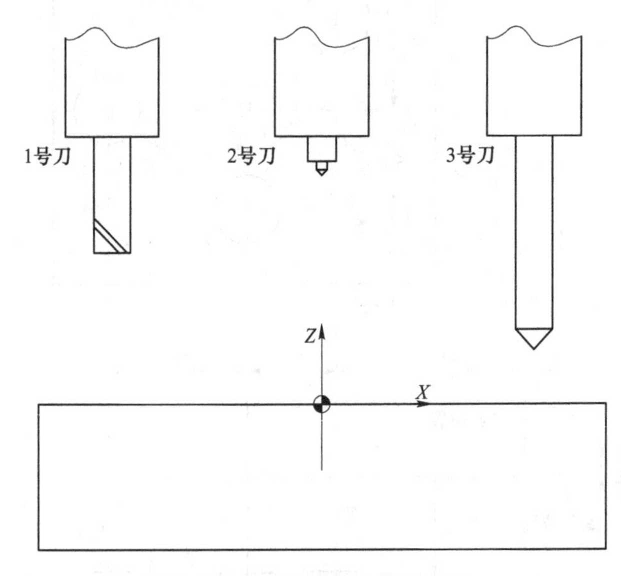

图 7-40 刀具长度补偿示意图

（1）如图 7-41 刀具补偿参数表所示，首先把 1 号刀安装在主轴上，以上平面为工件零点，对 1 号刀进行对刀操作，此时得到的 1 号刀 Z 轴机床坐标值（即工件坐标系），设定到 G54~G59 指令中，此时 1 号刀刀具的长度补偿值为-198。

（2）把 2 号刀安装在主轴上，在 MDI 下输入 G54，单段或自动下执行循环启动，对 2 号刀进行对刀操作（上平面为工件零点），此时得到 Z 轴的工件坐标值，将此值设到刀具表中，2 号刀具的长度补偿值为−132.82。

（3）把 3 号刀安装在主轴上，对 3 号刀进行对刀操作（上平面为工件零点），此时得到 Z 轴的工件坐标值，将此值设定到刀具表中，3 号刀具的长度补偿值为−145.61。

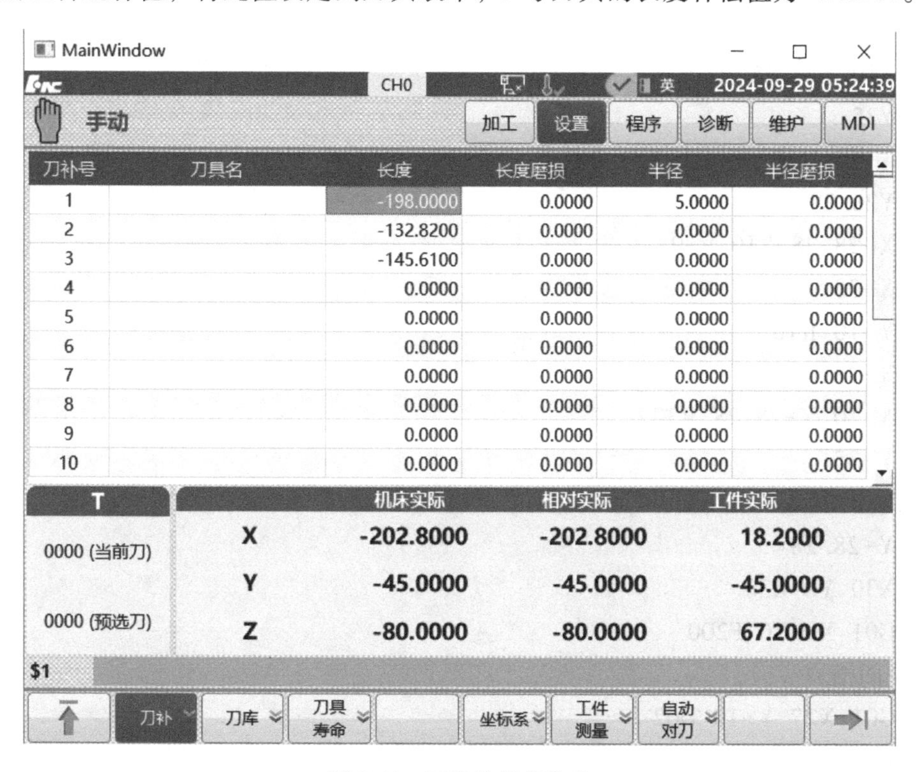

图 7-41　刀具补偿参数表

任务实施

参考程序：

```
%0001
G54  G17  G90
M03  S800
G00  Z100
X0  Y0
Z10
G01  Z-5  F120（粗铣凹槽）
G90  X7  F150
G02  R7
G01  X15
G02  I-15
```

```
G01 X23
G02 I-23
G41 G01 X27 Y-10 D01
X35 F120
G03 Y10 R10
G01 X28.28
G03 X10 Y28.28 R30
G01 Y35
G03 X-10 R10
G01 Y28.28
G03 X-28.28 Y10 R30
G01 X-35
G03 Y-10 R10
G01 X-28.28
G02 X-10 Y-28.28 R30
G01 Y-35
G03 X10 R10
G01 Y-28.28
G03 X30 Y0 R30
G40 G01 X0 Y0 F200
(精铣凹槽)
G41 G01 X27 Y-10 D02
X35 F120
G03 Y10 R10
G01 X28.28
G03 X10 Y28.28 R30
G01 Y35
G03 X-10 R10
G01 Y28.28
G03 X-28.28 Y10 R30
G01 X-35
G03 Y-10 R10
G01 X-28.28
G02 X-10 Y-28.28 R30
G01 Y-35
G03 X10 R10
G01 Y-28.28
G03 X30 Y0 R30
```

```
G40 G01 X0 Y0 F200
(粗精铣圆槽)
G01 Z-1 F50 G90 X7 F120
G02 I-7
G01 X9
G03 I-9
G01 X0 Y0 F200
G00 Z100
M05
M30
```

思考与练习

如图 7-42 所示，根据现有条件，制定合理的加工工艺方案，选用合适的刀具，完成零件的加工。

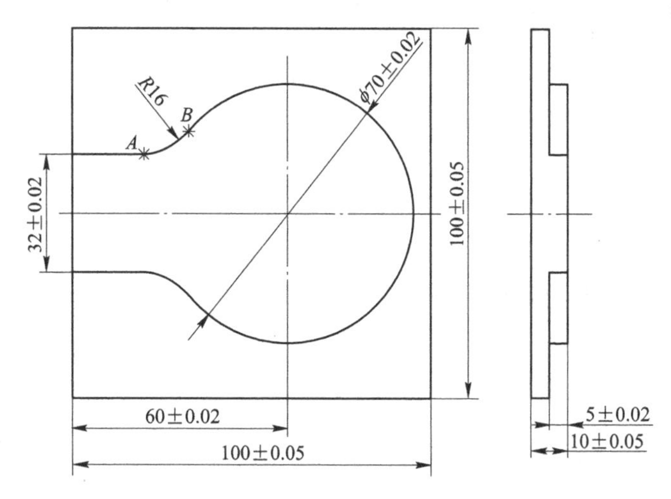

图 7-42　刀具半径补偿练习零件图

任务 7-4　利用简化编程指令完成复杂轮廓槽类零件铣削加工程序的编制

任务要求

如图 7-43 所示，制定合理的加工工艺方案，完成零件加工，毛坯尺寸为 100mm×100mm×12mm，材料为 45 钢。

技能目标

能根据图样要求，确定其加工工艺，选择合适的铣刀进行加工。掌握相应 G 指令的应

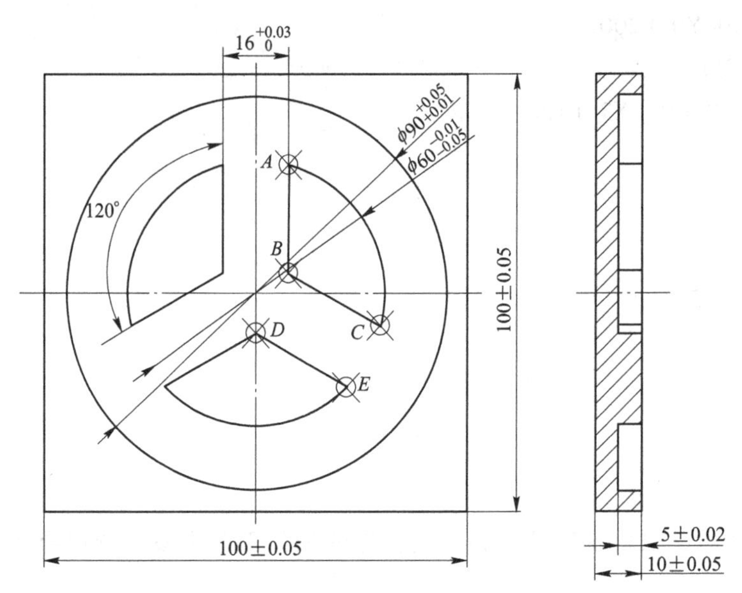

图 7-43　零件

用，编制合理、正确的加工程序。

相关知识

一、镜像指令 G24、G25

格式：G24 X_ Y_ Z_ A_

　　　M98 P_

　　　G25 X_ Y_ Z_ A_

说明：

（1）G24：建立镜像。

（2）G25：取消镜像。

（3）X、Y、Z、A：镜像位置。

（4）当工件相对于某一轴具有对称形状时，可以利用镜像功能和子程序，只对工件的一部分进行编程，然后加工出工件的对称部分，这就是镜像功能。

（5）当某一轴的镜像有效时，该轴执行与编程方向相反的运动。

（6）G24、G25 指令为模态指令，可相互注销，G25 指令为默认值。

例 7-14　使用镜像功能编制如图 7-44 所示轮廓的加工程序：设刀具起点距工件上表面 100mm，切削深度 3mm。

%0001；　　主程序

G54

G00 X0 Y0 Z100 M03 S800

```
Z10
M98 P100;   加工①
G24 X0;     Y 轴镜像，镜像位置为 X=0
M98 P100;   加工②
G24 Y0;     X、Y 轴镜像，镜像位置为(0, 0)
M98 P100;   加工③
G25 X0;     X 轴镜像继续有效，取消 Y 轴镜像
M98 P100;   加工④
G25 X0 Y0; 取消镜像
M30
%100;        子程序（①的加工程序）:
N10 G41 G00 X10 Y4 D01
N11 G01 G90 Z-3 F100
N12 G91 Y26
N13 X10
N14 G03 X10 Y-10 I10 J0
N15 G01 Y-10
N16 X-25
N17 G90 G00 Z10
N18 G40 X0 Y0
N19 M99
```

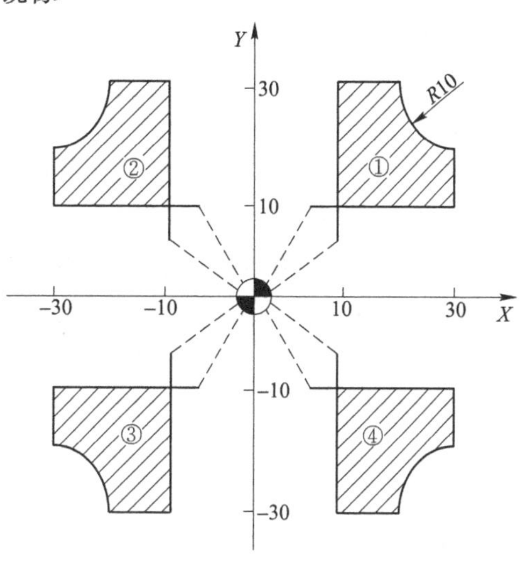

图 7-44　镜像功能

二、缩放指令 G50、G51

格式：G51 X_ Y_ Z_ P_

M98 P_

G50

说明：

（1）G51：建立缩放。

（2）G50：取消缩放。

（3）X、Y、Z：缩放中心的坐标值。

（4）P：缩放倍数。

（5）G51 指令既可指定平面缩放，也可指定空间缩放。

（6）在 G51 指令后，运动指令的坐标值以（X，Y，Z）为缩放中心，按 P 规定的缩放比例进行计算。

（7）在有刀具补偿的情况下，先进行缩放，然后才进行刀具半径补偿、刀具长度补偿。

（8）G51、G50 指令为模态指令，可相互注销，G50 指令为默认值。

例 7-15　使用缩放功能编制如图 7-45 所示轮廓的加工程序：已知三角形 ABC 的顶点

为 $A(10, 30)$，$B(90, 30)$，$C(50, 110)$，三角形 $A'B'C'$ 是缩放后的图形，其缩放中心为 $D(50, 50)$，缩放系数为 0.5 倍，设刀具起点距工件上表面 50mm。

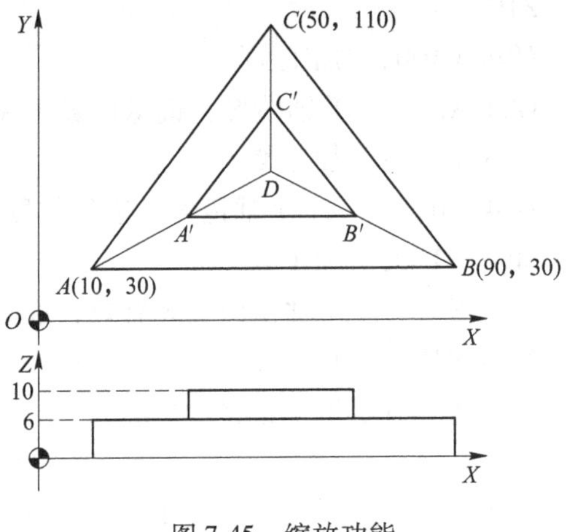

图 7-45　缩放功能

```
%0002;                    主程序
G54
G00 X0 Y0 Z60 M03 S600
G00 Z14 F300
X110 Y0
G01 Z-10 F100
M98 P100;                 加工三角形ABC
G01 Z-6 F100
G51 X50 Y50 P0.5;         缩放中心（50，50），缩放系数0.5
M98 P100;                 加工三角形A′B′C′
G50;                      取消缩放
G00 Z60
X0 Y0
M30
%100;                     子程序（三角形ABC的加工程序）
G41 G00 Y30 D01
G01 X10
X50 Y110
X100 Y10
G40 G00 X110 Y0
M99
```

三、旋转变换指令 G68、G69

格式：G17 G68 X_ Y_ P_

G18 G68 X_ Z_ P_

G19 G68 Y_ Z_ P_

M98 P_

G69

说明：

（1）G68：建立旋转。

（2）G69：取消旋转。

（3）X、Y、Z：旋转中心的坐标值。

（4）P：旋转角度，单位是°，$-360° \leqslant P \leqslant 360°$。

（5）在有刀具补偿的情况下，先旋转后刀补（刀具半径补偿、长度补偿）；在有缩放功能的情况下，先缩放后旋转。

（6）G68、G69 指令为模态指令，可相互注销，G69 指令为默认值。

例 7-16　使用旋转功能编制如图 7-46 所示轮廓的加工程序：刀具起点距工件上表面 50mm，背吃刀量为 5mm。

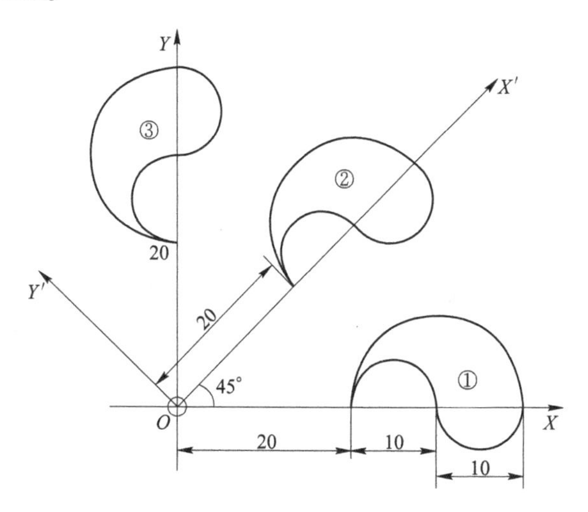

图 7-46　旋转变换功能

```
%0003;                      主程序
G54
G00  X0  Y0  Z50  M03  S800
G01  Z5
M98  P200;                  加工①
G01  Z5
G68  X0  Y0  P45;           旋转 45°
M98  P200;                  加工②
G01  Z5
G68  X0  Y0  P90;           旋转 90°
M98  P200;                  加工③
G01  Z5
G69;                        取消旋转
G00  Z50
M30

%200;                       子程序（①的加工程序）
G01  Z-5  F100
G41  G01  X20  Y-5  D02  F200
Y0
G02  X40  I10
X30  I-5
```

```
G03 X20 I-5
G01 Y-6
G40 X0
Y0
M99
```

任务实施

数控加工工艺设计：该零件毛坯尺寸为100mm×100mm×12mm，夹具选用通用的机用虎钳。

（1）采用 ϕ80mm 面铣刀铣工件上表面，将工件厚度尺寸加工至（10±0.05）mm。

（2）采用 ϕ10mm 立铣刀铣削零件扇形凸台，加工路径如图7-47所示。

（3）ϕ10mm 立铣刀铣削加工参考程序如下，工件坐标系设置在工件上表面中心位置。

参考程序：

```
%0001
G54 G90
M03 S1000
G00 Z100
X0 Y40
Z10
G01 Z0 F100
M98 P0002 L5
G00 Z100
M05
M30
%0002
G91 G01 Z-1 F100
G90 G02 J-40 F500
Y-3
X-3
M98 P0003
G68 X0 Y0 P120
M98 P0003
G68 X0 Y0 P240
M98 P0003
G69
X0
Y40
M99
```

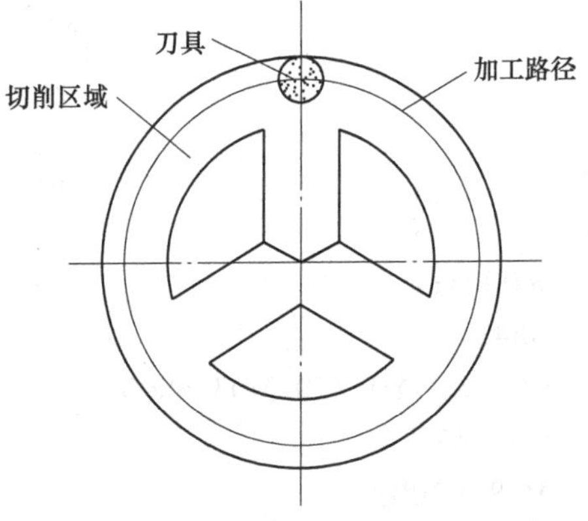

图7-47　加工路径

```
%0003
G01 X-3 Y-3
G41 G01 X8 D01
Y28.91
G02 X29.04 Y-7.53 R30
G01 X8 Y4.62
X0 Y6
G40 X-3 Y-3
M99
```

思考与练习

利用简化编程指令，完成图 7-48 所示零件加工程序编制。

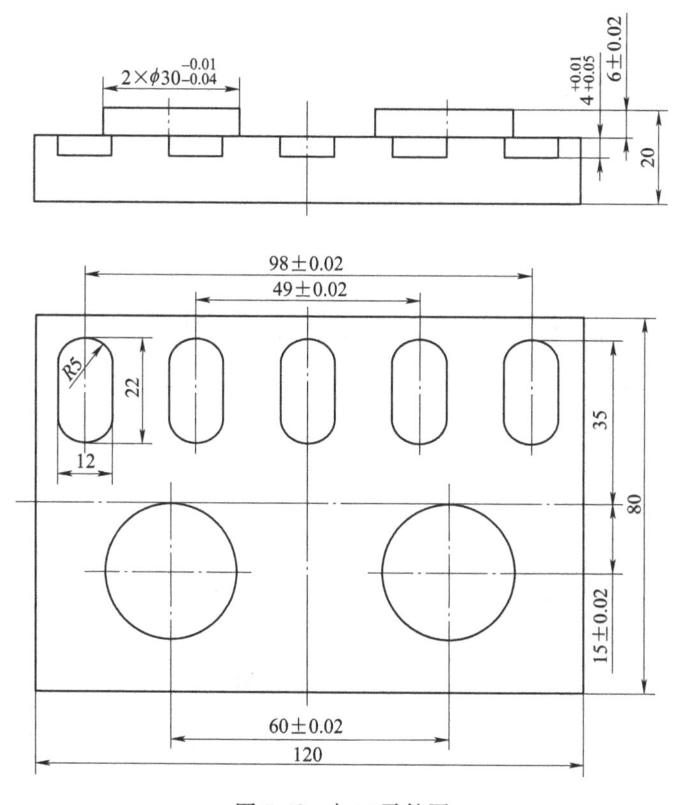

图 7-48　加工零件图

任务 7-5　各类孔加工程序的编制

任务要求

如图 7-49 所示，制定合理的加工工艺方案，完成零件加工，用 ϕ20mm 的刀具加工轮廓，用 ϕ16mm 的刀具加工凹台，用 ϕ6mm、ϕ8mm 的钻头加工孔。

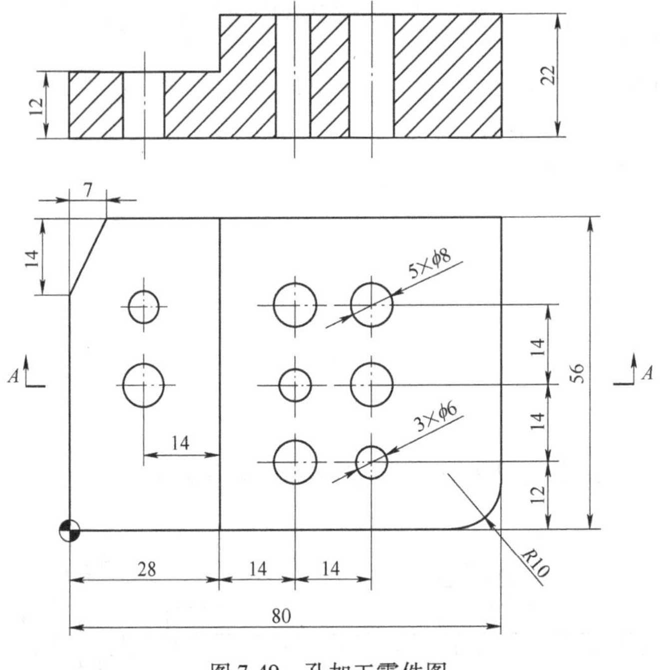

图 7-49　孔加工零件图

技能目标

能根据图样要求，确定其加工工艺，选择合适的铣刀进行加工。掌握相应 G 指令的应用，编制合理、正确的加工程序。

相关知识

一、固定循环 G 指令

（一）数控铣床钻孔固定循环指令

数控铣床钻孔固定循环指令见表 7-6。

表 7-6　数控铣床钻孔固定循环指令

G 指令	钻孔（$-Z$ 方向）	孔底动作	回退（$+Z$ 方向）
G73	间歇切削进给	暂停	快速回退
G74	切削进给	暂停——主轴正转	切削回退
G76	切削进给	主轴定向	快速回退
G81	切削进给	—	快速回退
G82	切削进给	暂停	快速回退
G83	切削进给	暂停	快速回退
G84	切削进给	暂停——主轴反转	切削回退

（续）

G 指令	钻孔（-Z 方向）	孔底动作	回退（+Z 方向）
G85	切削进给	—	切削回退
G86	切削进给	暂停——主轴停止	快速回退
G87	切削进给	主轴正转	快速回退
G88	切削进给	暂停——主轴停止	手动
G89	切削进给	暂停	切削回退
G80	—	—	—

（二）钻孔动作分解

一般来说，钻孔循环有以下 6 个动作顺序，如图 7-50 所示。

顺序动作 1：*X*、*Y* 轴定位。

顺序动作 2：快速移动到 *R* 平面。

顺序动作 3：执行钻孔动作。

顺序动作 4：在孔底动作。

顺序动作 5：退刀到 *R* 平面。

顺序动作 6：快速回退到初始 *Z* 平面。

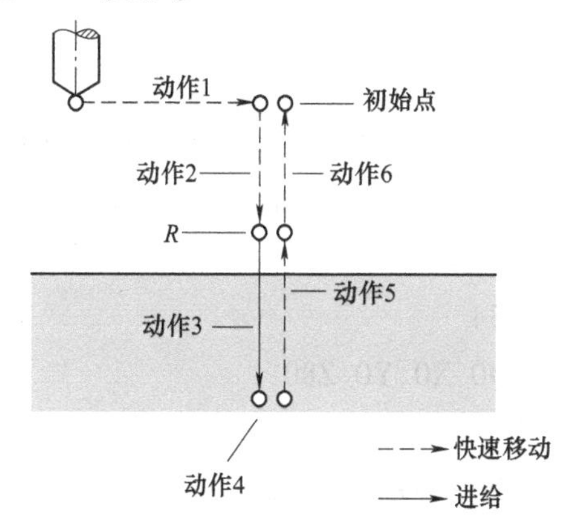

图 7-50　固定循环动作分解

（三）定位平面

定位平面为 G17 平面（*X*、*Y* 轴）。

（四）钻孔轴

钻孔轴是 *Z* 轴。

（五）钻孔数据

（1）G73～G89 指令都是模态 G 指令，在其被取消之前一直都有效。在这些钻孔循环指令中指定的参数也是模态数据，参数会一直保持直到被修改或清除。

（2）返回到参考平面 G99 指令：通过 G99 指令，固定循环结束时返回到由 *R* 参数设定的参考点平面，如图 7-51 所示。

（3）返回到初始平面 G98 指令：通过 G98 指令，固定循环结束时返回到指令固定循环的起始平面，如图 7-52 所示。

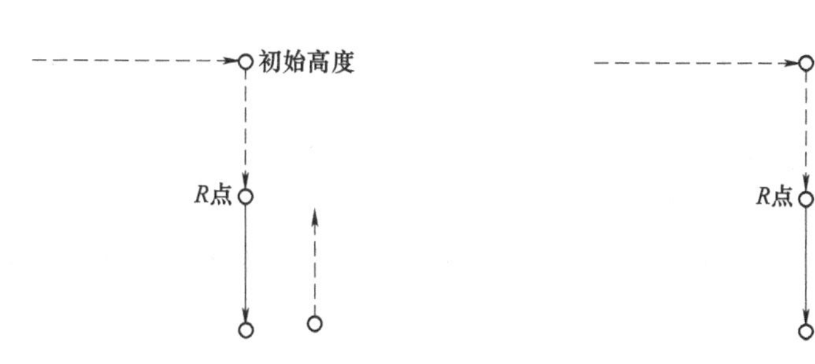

图 7-51　返回到参考平面 G99

图 7-52　返回到初始平面 G98

（六）取消固定循环

使用 G80 指令或 01 组 G 指令可以取消固定循环。图 7-53 所示为孔加工动作图中动作符号解释。

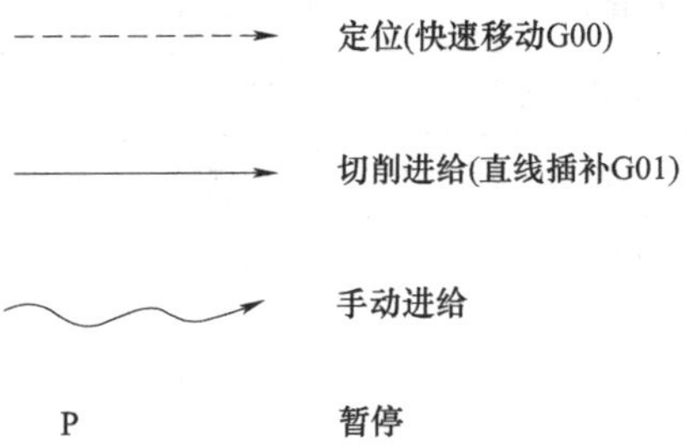

图 7-53　孔加工动作图中动作符号解释

注意：

（1）在执行不包含 *X*、*Y*、*Z* 移动轴指令的固定循环程序段时，本行将不产生刀具移动，但是当前行的循环参数模态值将被保存。

（2）指定第 1 组 G 指令或指定 G80 指令时将取消当前固定循环 G 指令模态，同时也将清除循环参数模态值。

（3）如需通过指定 L 指令重复执行固定循环，当 L 指令指定为 0 时，将会出现报警信息。

（4）在固定循环程序段中使用 G53 指令时，其定位数据 *X*、*Y* 还是原来工件坐标系数据，而不是 G53 指令指定的坐标系数据。

例 7-17　固定循环编程示例

```
%5647
G54
G90 X0 Y0 Z80
M3 S1000;
G90 G99 G81 X30 Y-40 Z-150 R-120 F120;  定位，钻 1 孔，返回 R 点
Y-50;                                    定位，钻 2 孔，返回 R 点
Y-25;                                    定位，钻 3 孔，返回 R 点
X100;                                    定位，钻 4 孔，返回 R 点
Y-55;                                    定位，钻 5 孔，返回 R 点
G98 Y-75;                                定位，钻 6 孔，返回初始位置平面
G80 G28 G91 X0 Y0 Z0;                    取消固定循环，返回参考点
M05;
M30
```

二、高速深孔加工循环指令 G73

G73 指令用于 *Z* 轴的间歇进给，使深孔加工时较容易实现断屑、排屑、加入切削液，且退刀量不大，可以进行深孔的高速加工。

G73 指令的动作序列如图 7-54 所示。图中虚线表示快速定位，*q* 表示每次进给深度，*k* 表示每次的回退值。

格式：(G98/G99)G73 X_ Y_ Z_ R_ Q_ P_ K_ F_ L_

G73 高速深孔循环指令含义见表 7-7。

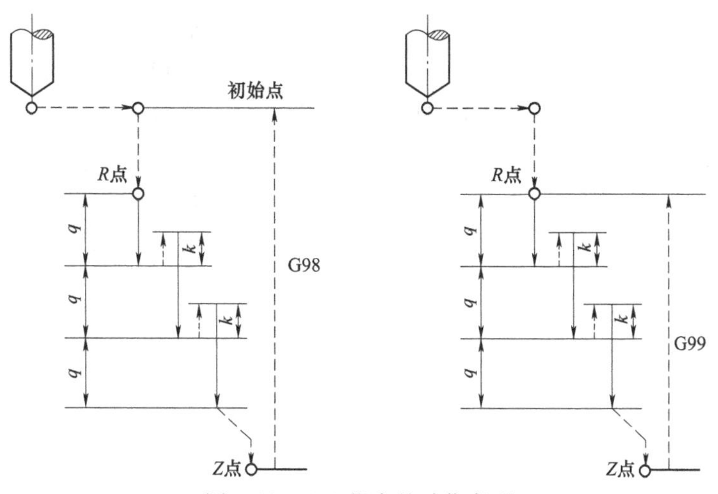

图 7-54　G73 指令的动作序列

表 7-7　G73 高速深孔循环指令含义

参数	含　义
X、Y	绝对编程（G90）时是孔中心在 *XY* 平面内的坐标位置；增量编程（G91）时是孔中心在 *XY* 平面内相对于起点的增量值
Z	绝对编程（G90）时是孔底 *Z* 点的坐标值；增量编程（G91）时是孔底 *Z* 点相对于参照 *R* 点的增量值
R	绝对编程（G90）时是参照 *R* 点的坐标值；增量编程（G91）时是参照 *R* 点相对于初始 *B* 点的增量值
Q	为每次向下的钻孔深度（增量值，取负）
P	刀具在孔底的暂停时间，以 ms 为单位
K	为每次向上的退刀量（增量值，取正）
F	钻孔进给速度
L	循环次数（需要重复钻孔时）

钻孔动作

（1）刀位点快移到孔中心上方初始平面点。

（2）快移接近工件表面，到 *R* 点。

（3）向下以 *F* 速度钻孔，深度为 *q*，向上快速抬刀，距离为 *k*。

（4）步骤（3）、(4）往复多次。

（5）钻孔到达孔底 *Z* 点。

（6）孔底延时 *P*/ms（主轴维持旋转状态）。

（7）向上快速退到 *R* 点（G99）或初始平面点（G98）。

注意：

（1）如果 Z、K、Q 移动量为零时，该指令不执行。

（2）|Q|>|K|。

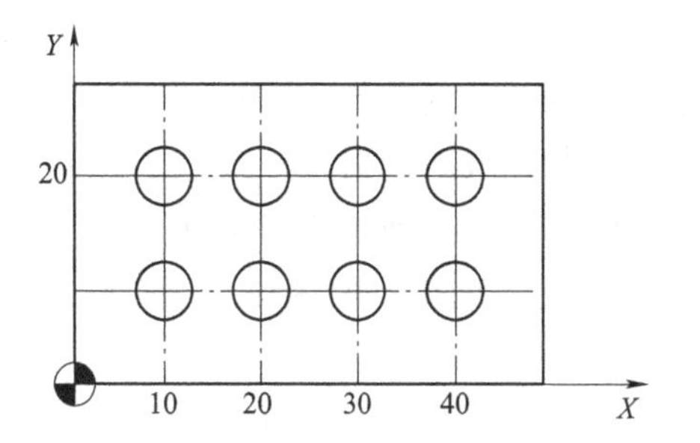

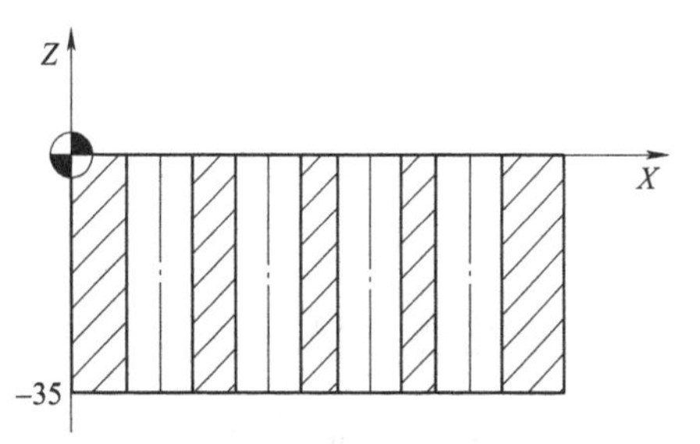

图 7-55　例 7-18 示例孔

例 7-18　加工如图 7-55 所示孔。

N10 G54 G0 X0 Y0 Z80;　　建立坐标系，到安全起始点

```
N20 M03 S500;                              主轴正转
N30 G0 Z20;                                定位到初始平面
N40 G99 G73 X10 Y10 Z-35 R5 Q-3 K1 F200;  定位后，钻孔 1，然后返回到 R 点平面
N50 X20;                                   定位后，完成所有钻孔，然后返回 R 点平面
N60 X30
N70 X40
N80 Y20
N90 X30
N100 X20
N110 X10
N120 G80;                                  取消 G73 固定循环
N130 G28 G91 X0 Y0 Z0;                     返回到参考点
N140 M30;                                  程序结束
```

三、反向攻螺纹循环指令 G74

在刚性攻螺纹技术应用中，通过采用伺服主轴电动机实现对攻螺纹过程的精确操控。伺服主轴电动机具备提供高精度及稳定性旋转动力的能力，从而确保攻螺纹过程的每个环节均严格依照既定参数执行。此类控制方法显著提升了螺纹加工的精确度，并大幅增强了生产率与螺纹品质。伺服主轴电动机的精确操控有效规避了传统手动或机械控制方法可能引入的误差与不稳定性，从而确保了每个螺纹均能符合设计规范，满足了工业生产的严格标准。在该操作模式下，主轴电动机与伺服电动机均以位置控制模式运行，攻螺纹轴与主轴之间的插补动作负责实施攻螺纹任务。主轴每转一圈，攻螺纹轴将进给一个螺纹距离，即便在加速或减速阶段，此进给关系亦保持恒定。

G74 指令的动作如图 7-56 所示。沿 *X* 和 *Y* 轴定位后快速移动到 *R* 点，然后主轴反转，从 *R* 点到 *Z* 点执行攻螺纹。当攻螺纹完成后主轴停止并暂停，然后主轴正转，刀具退回到 *R* 点，主轴停止，如果是 G98 指令方式，还将快速移动到初始位置。

格式：（G98/G99） G74 X_ Y_ Z_ R_ P_ F_ L_

G74 反向攻螺纹循环指令含义见表 7-8。

表 7-8　G74 反向攻螺纹循环指令含义

参数	含　义
X、Y	绝对编程（G90）时，指定孔的绝对位置；增量编程（G91）时，指定刀具从当前位置到孔位的距离
Z	绝对编程（G90）时，指定孔底的绝对位置；增量编程（G91）时，指定孔底到 *R* 点的距离
R	绝对编程（G90）时，指定 *R* 点的绝对位置；增量编程（G91）时，指定 *R* 点到初始平面的距离
P	指定攻螺纹到孔底时的暂停时间，以 ms 为单位
F	指定螺纹螺距
L	重复次数（$L=1$ 时可省略）

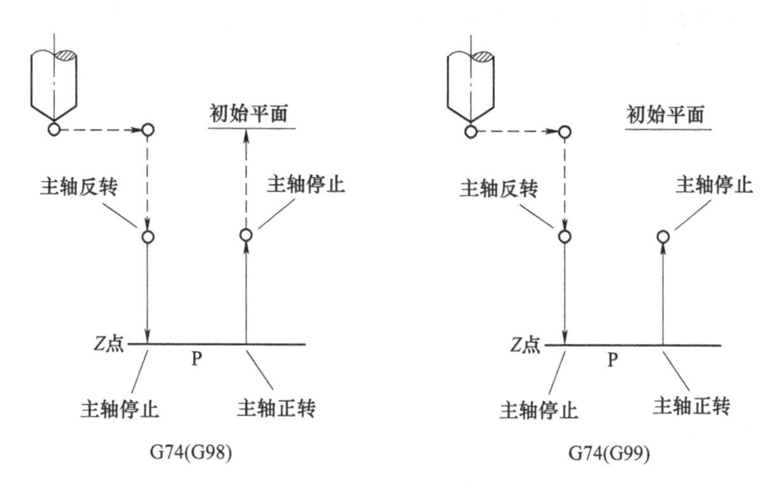

图 7-56　G74 指令的动作

攻螺纹中的 F 进给速度在刚性攻螺纹时无效，沿攻螺纹轴的进给速度由下式计算：进给速度=主轴转速×螺纹螺距。攻螺纹方式为 C 轴攻螺纹，将伺服主轴当作 C 轴，采用插补方法攻螺纹，可以实现高速高精度攻螺纹。

注意：

（1）攻螺纹轴必须为 Z 轴。

（2）Z 点必须低于 R 点平面，否则程序报警。

（3）G74 指令数据被作为模态数据存储，相同的数据可省略。

（4）Z 的移动量为零时候，本循环不执行。

（5）在反向攻螺纹过程中，忽略进给速度倍率和进给保持。

（6）在反攻螺纹指令 G74 使用前，请注意将主轴伺服电动机的控制方式由速度方式切换为位置方式，使用 STOC 指令切换。攻螺纹完成后，可以使用 CTOS 指令将主轴伺服电动机的控制方式由位置方式切换为速度方式，将伺服主轴当作普通主轴使用。

（7）使用反攻螺纹指令 G74 前，请使用相应的 M 指令使主轴反转。

（8）调用 G74 指令刚性攻螺纹后必须由编程者恢复原进给速度，否则进给速度会为刚性攻螺纹速度即 S×螺距。

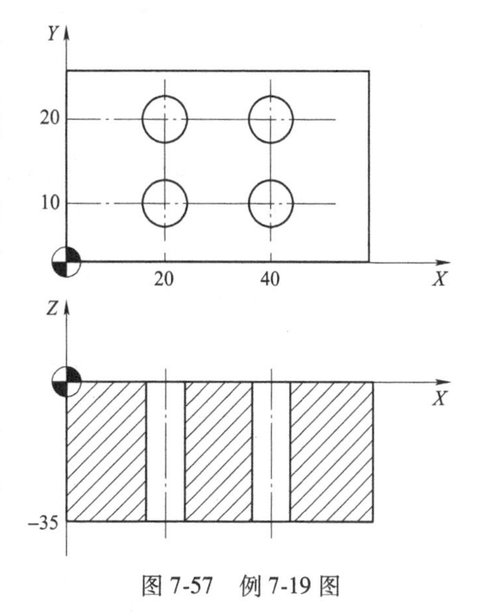

图 7-57　例 7-19 图

例 7-19　用 M10×1 反丝锥攻螺纹（见图 7-57）。

```
%3343
N10 G54 G0 X0 Y0 Z80;        建立坐标系，到安全起始点
N20 M04 S500;                主轴反转起动
N30 G0 Z20;                  定位到初始平面
```

N40 G99 G74 X20 Y10 Z-35 R5 P500 F1;	定位后完成攻丝孔 1，然后返回到 *R* 点平面
N50 X40;	定位后完成所有攻丝孔，然后返回到 *R* 点平面
N60 Y20	
N70 X20	
N80 G80;	取消 G74 攻丝循环
N90 G28 G91 X0 Y0 Z0;	返回到参考点
N100 M30;	程序结束

四、精镗循环指令 G76

精镗时，主轴在孔底定向停止后，向刀尖反方向移动，然后快速退刀。刀尖反向位移量用地址 I、J 指定，其值只能为正值。I、J 值是模态的，位移方向由装刀时确定。G76 指令动作如图 7-58 所示。

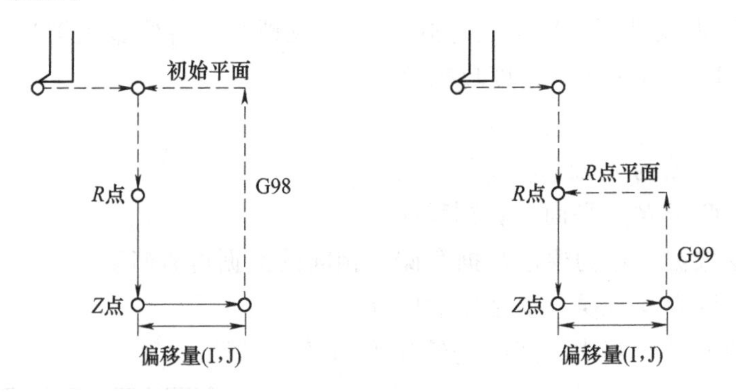

图 7-58 G76 指令动作

格式：(G98/G99) G76 X_ Y_ Z_ R_ I_ J_ P_ F_ L_

G76 精镗循环指令含义见表 7-9。

表 7-9 G76 精镗循环指令含义

参数	含 义
X、Y	孔位数据，绝对编程（G90）时为孔位绝对位置；增量编程（G91）时为刀具从当前位置到孔位的距离。不支持 U、W 编程
Z	指定孔底位置，绝对编程（G90）时为孔底的 *Z* 向绝对位置；增量编程（G91）时为孔底到 *R* 点的距离
R	指定 *R* 点的位置，绝对编程（G90）时为 *R* 点的 *Z* 向绝对位置；增量编程（G91）时为 *R* 点到初始平面的距离
I	*X* 轴方向偏移量，只能为正值
J	*Y* 轴方向偏移量，只能为正值
P	孔底暂停时间（单位：ms）
F	切削进给速度
L	重复次数（*L*=1 时可省略）

工作步骤：

（1）刀位点快移到孔中心上方初始平面点。

（2）快移接近工件表面，到 R 点。

（3）向下以 F 速度镗孔，到达孔底 Z 点。

（4）向下以 F 速度镗孔，到达孔底 Z 点。

（5）孔底延时 P/ms（主轴维持旋转状态）。

（6）主轴定向，停止旋转。

（7）镗刀向刀尖反方向快速移动 I 或 J。

（8）向上快速退到 R 点高度（G99）或初始平面点高度（G98）。

（9）向刀尖正方向快移 I 或 J，刀位点回到孔中心上方 R 点或初始平面点。

（10）主轴恢复正转。

注意：

（1）注意钻孔轴必须为 Z 轴。

（2）Z 点必须低于 R 点平面，否则程序报警。

（3）G76 指令数据被作为模态数据存储，相同的数据可省略。

（4）使用指令 G76 前，请使用相应的 M 指令使主轴旋转。

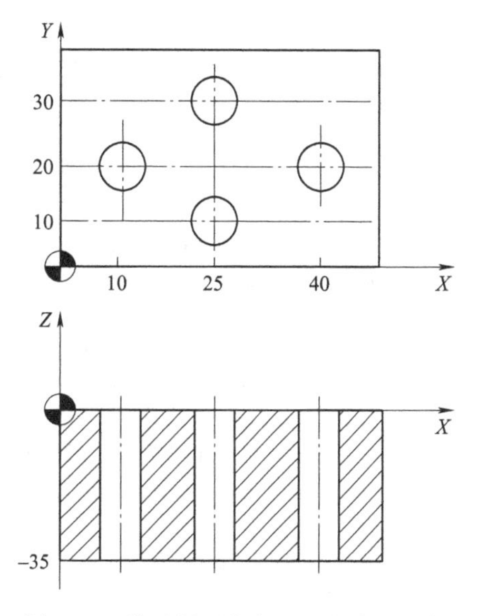

图 7-59　精镗循环指令 G76 的应用示例

例 7-20　加工如图 7-59 所示孔，用单刃镗刀镗孔。

```
%3341
N10 G54 G90 G0 X0 Y0 Z80;                        建立坐标系，到安全起始点
N20 M03 S600;                                    主轴正转起动
N30 G00 Z20;                                     定位到初始平面
N40 G99 G76 X10 Y20 Z-35 R5 I1 P2000 F100;       定位后完成镗孔 1，返回到 R 点平面
N50 X25 Y30;                                     定位后，完成剩余孔的镗孔，返回到 R 点平面
N60 X40 Y20
N70 X25 Y10
N80 G80;                                         取消 G76 镗孔循环
N90 G91 G28 X0 Y0 Z0;                            返回到参考点
N100 M30;                                        程序结束
```

五、钻孔循环指令（中心钻）G81

G81 指令用于正常钻孔，切削进给执行到孔底，然后刀具从孔底快速移动退回。

G81 指令的动作序列如图 7-60 所示，图中虚线表示快速定位。

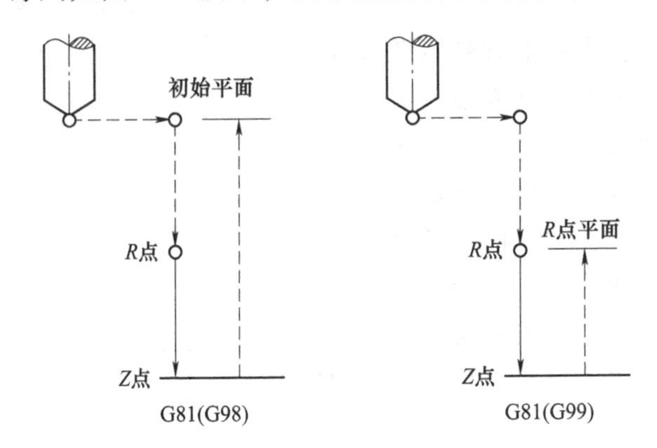

图 7-60　G81 指令的动作序列

格式：(G98/G99) G81 X_ Y_ Z_ R_ F_ L_

G81 钻孔循环指令含义见表 7-10。

表 7-10　G81 钻孔循环指令含义

参数	含　义
X、Y	孔位数据，绝对编程（G90）时为孔位绝对位置；增量编程（G91）时为刀具从当前位置到孔位的距离
Z	指定孔底位置，绝对编程（G90）时为孔底的 Z 向绝对位置；增量值方式（G91）时为孔底到 R 点的距离
R	指定 R 点的位置，绝对编程（G90）时为 R 点的 Z 向绝对位置；增量编程（G91）时为 R 点到初始平面的距离
F	切削进给速度
L	重复次数（$L=1$ 时可省略，一般用于多孔加工，故 X 或 Y 应为增量值）

工作步骤：

(1) 刀位点快移到孔中心上方初始平面点。

(2) 快移接近工件表面，到 R 点。

(3) 向下以 F 速度钻孔，到达孔底 Z 点。

(4) 主轴维持旋转状态，向上快速退到 R 点（G99）或初始平面点（G98）。

注意：

(1) 如果 Z 的移动位置为零，则该指令不执行。

(2) 钻孔轴必须为 Z 轴。

(3) G81 指令数据被作为模态数据存储，相同的数据可省略。

(4) 使用指令 G81 前，请使用相应的 M 指令使主轴旋转。

例 7-21　加工如图 7-55 所示孔。

```
%3343
G54 G0 X0 Y0 Z30;                回工件零点安全高度
M03 S600;                        主轴正转
```

G0 Z10;	定位到初始平面
G90 G99 G81 X10 Y10 R5 Z-35 F200;	定位到孔（10，10），钻孔至相应深度并返回至 *R* 平面
G91 X10 L3;	钻横轴处后 3 孔，钻孔至相应深度并返回至 *R* 平面
Y10;	定位到孔（40，20），钻孔至相应深度并返回至 *R* 平面
X-10 L3;	钻横轴处前 3 孔，钻孔至相应深度并返回至 *R* 平面
G80;	取消钻孔固定循环
G28 G91 Z0;	返回机床 *Z* 轴零点
G28 G91 X0 Y0;	返回机床 *X* 轴 *Y* 轴零点
M30;	程序结束

六、带停顿的钻孔循环指令 G82

G82 指令主要用于加工沉孔、不通孔，以提高孔深精度。该指令除了要在孔底暂停外，其他动作与 G81 指令相同。G82 指令的动作序列如图 7-61 所示。

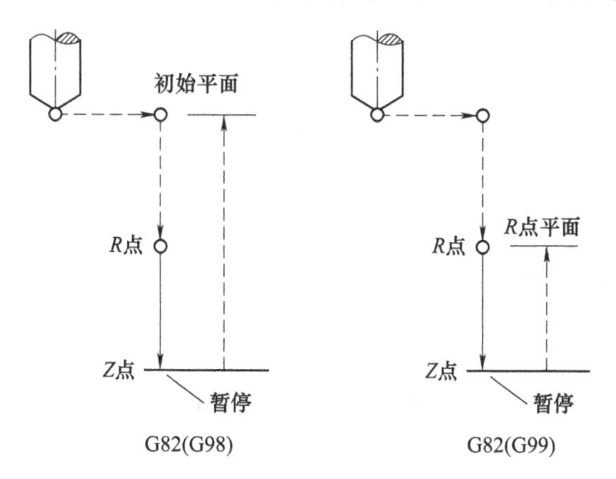

图 7-61　G82 指令的动作序列

格式：（G98/G99） G82 X_ Y_ Z_ R_ P_ F_ L_

G82 带停顿的钻孔循环指令含义见表 7-11。

表 7-11　G82 带停顿的钻孔循环指令含义

参数	含　义
X、Y	绝对编程（G90）时，指定孔的绝对位置；增量编程（G91）时，指定刀具从当前位置到孔位的距离
Z	绝对编程（G90）时，指定孔底的绝对位置；增量编程（G91）时，指定孔底到 *R* 点的距离
R	绝对编程（G90）时，指定 *R* 点的绝对位置；增量编程（G91）时，指定 *R* 点到初始平面的距离
P	指定在孔底的暂停时间（单位：ms）
F	指定切削进给速度
L	循环次数（一般用于多孔加工的简化编程，*L*=1 时可省略）

工作步骤：

（1）刀位点快移到孔中心上方初始平面点。

（2）快移接近工件表面，到 R 点。

（3）向下以 F 速度钻孔，到达孔底 Z 点。

（4）主轴维持原旋转状态，延时 P/ms。

（5）向上快速退到 R 点（G99）或初始平面点（G98）。

注意：

（1）钻孔轴必须为 Z 轴。

（2）如果 Z 的移动量为零，则该指令不执行。

（3）G82 指令数据被作为模态数据存储，相同的数据可省略。

（4）使用指令 G82 前，请使用相应的 M 指令使主轴旋转。

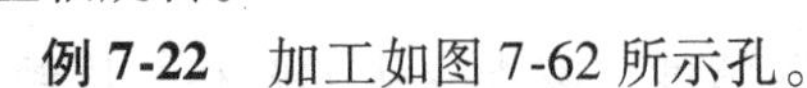

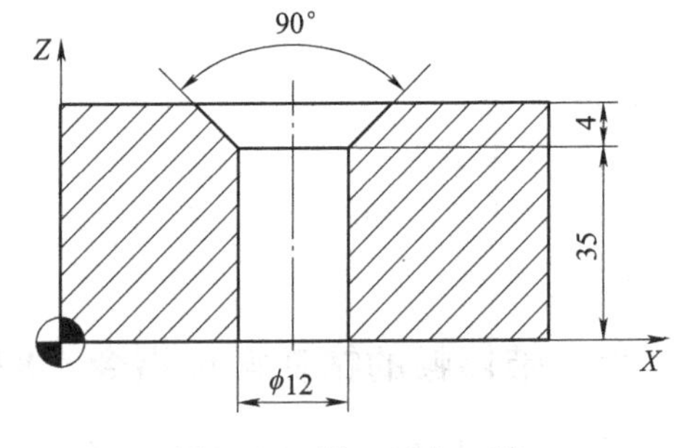

图 7-62　例 7-22 加工孔

例 7-22　加工如图 7-62 所示孔。

```
%3345
N10 G92 X0 Y0 Z80
N15 M03 S600
N20 G98 G82 G90 X25 Y30 R5 P1500 Z-35 F200
N30 G00 X0 Y0 Z80
N40 M30
```

七、深孔循环指令 G83

G83 指令用于 Z 轴的间歇进给，每向下钻一次孔后，快速退到参照 R 点，退刀量较大、便于排屑、方便加切削液。G83 指令的动作序列如图 7-63 所示。

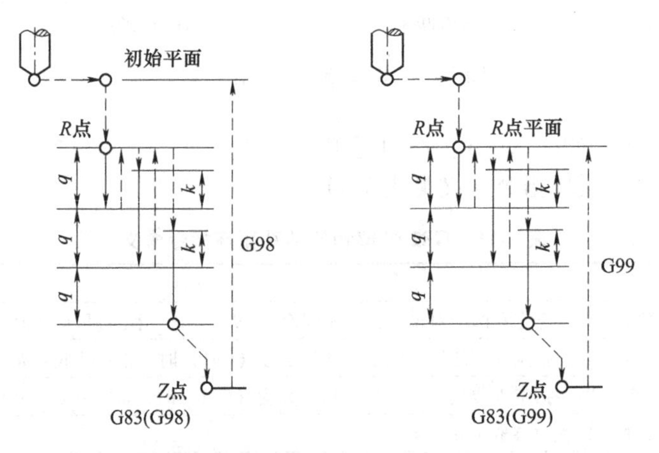

图 7-63　G83 指令的动作序列

格式：（G98/G99）G83 X_ Y_ Z_ R_ Q_ K_ F_ L_ P_

G83 深孔循环指令含义见表 7-12。

表 7-12　G83 深孔循环指令含义

参数	含　义
X、Y	绝对编程（G90）时，指定孔的绝对位置；增量编程（G91）时，指定刀具从当前位置到孔位的距离
Z	绝对编程（G90）时，指定孔底的绝对位置；增量编程（G91）时，指定孔底到 *R* 点的距离
R	绝对编程（G90）时，指定 *R* 点的绝对位置；增量编程（G91）时，指定 *R* 点到初始平面的距离
Q	为每次向下的钻孔深度（增量值，取负）
K	距已加工孔深上方的距离（增量值，取正）
F	指定切削进给速度
L	重复次数（一般用于多孔加工的简化编程，$L=1$ 时可省略）
P	指定在孔底的暂停时间（单位：ms）

工作步骤：

（1）刀位点快移到孔中心上方初始平面点。

（2）快移接近工件表面，到 *R* 点。

（3）向下以 *F* 速度钻孔，深度为 q。

（4）向上快速抬刀到 *R* 点；向下快移到已加工孔深的上方，k 距离处。

（5）向下以 *F* 速度钻孔，深度为 $q+k$。

（6）重复步骤（4）、（5）、（6），到达孔底 *Z* 点。

（7）孔底延时 *P*/ms（主轴维持原旋转状态）。

（8）向上快速退到 *R* 点（G99）或初始平面点（G98）。

注意：

（1）钻孔轴必须为 *Z* 轴。

（2）如果 Z、Q、K 的移动量为零，则该指令不执行。

（3）G83 指令数据被作为模态数据存储，相同的数据可省略。

（4）使用指令 G83 前，请使用相应的 M 指令使主轴旋转。

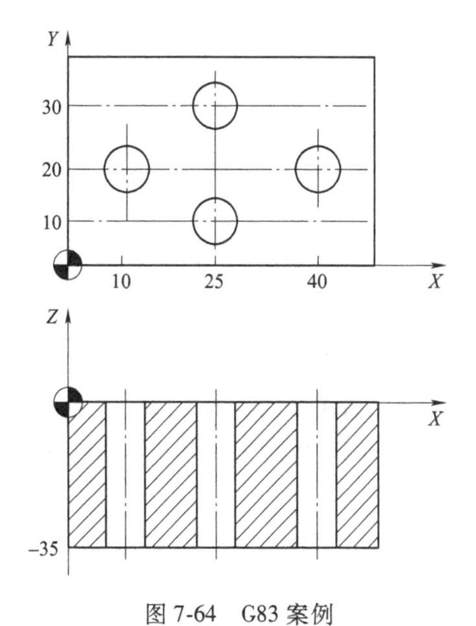

图 7-64　G83 案例

例 7-23　加工如图 7-64 所示孔。

```
%3343
G54 G0 X0 Y0 Z30;                          回工件零点安全高度
M03 S800;                                  主轴正转
G0 Z10;                                    定位到初始平面
G99 G83 X10 Y20 R5 Z-35 Q-1 K0.2 F200;    定位孔（10，20），钻孔至相应深度
                                           返回至 R 平面
```

X25 Y30;	定位到孔（25，30），钻孔至相应深度并返回至 *R* 平面
X40 Y20;	定位到孔（40，20），钻孔至相应深度并返回至 *R* 平面
X25 Y10;	定位到孔（25，10），钻孔至相应深度并返回至 *R* 平面
G80;	取消钻孔固定循环
G28 G91 Z0;	返回机床 *Z* 轴零点
G28 G91 X0 Y0;	返回机床 *X* 轴 *Y* 轴零点
M30;	程序结束

八、攻螺纹循环指令 G84

G84 指令与 G74 指令攻螺纹原理相同。G84 指令是主轴正转攻螺纹到孔底后反转回退。其动作序列如图 7-65 所示。

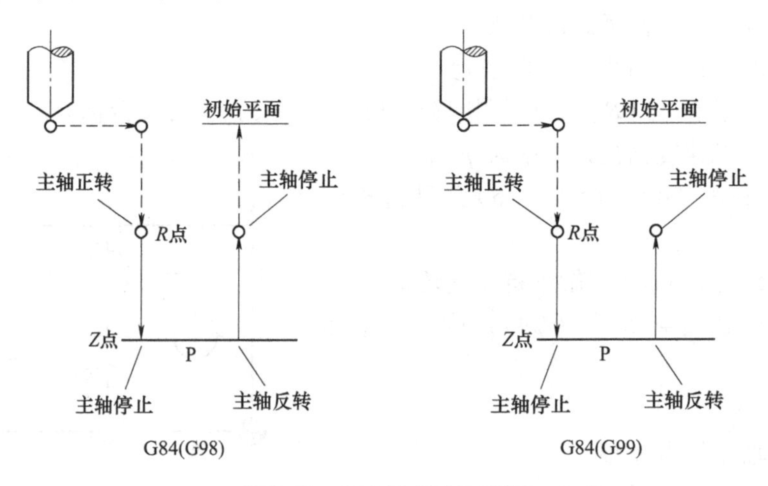

图 7-65　G84 指令动作序列

（1）格式：G84 X_　Y_　Z_　R_　P_　F_　L_

（2）G84 攻螺纹循环指令含义见表 7-13。

表 7-13　G84 攻螺纹循环指令含义

参数	含　义
X、Y	绝对编程（G90）时，指定孔的绝对位置；增量编程（G91）时，指定刀具从当前位置到孔位的距离
Z	绝对编程（G90）时，指定孔底的绝对位置；增量编程（G91）时，指定孔底到 *R* 点的距离
R	绝对编程（G90）时，指定 *R* 点的绝对位置；增量编程（G91）时，指定 *R* 点到初始平面的距离
F	指定螺纹螺距
L	重复次数（一般用于多孔加工，故 *X* 或 *Y* 应为增量值，*L*=1 时可省略）
P	指定在孔底的暂停时间（单位：ms）

（3）攻螺纹中的进给速度：刚性攻螺纹时程序中指定的 F（进给速度）无效，沿攻螺纹轴的进给速度由下式计算

$$进给速度 = 主轴转速 \times 螺纹螺距$$

（4）攻螺纹方式为 C 轴攻螺纹：将伺服主轴当作 C 轴，采用插补方法攻螺纹，可以实现高速高精度攻螺纹。

注意：

（1）攻螺纹轴必须为 Z 轴。

（2）Z 点必须低于 R 点平面，否则程序报警。

（3）G84 指令数据被作为模态数据存储，相同的数据可省略。

（4）Z 的移动量为零时候，本循环不执行。

（5）在正向攻螺纹过程中，忽略进给速度倍率和进给保持。

（6）在攻螺纹指令 G84 使用前，请注意将主轴伺服电动机的控制方式由速度方式切换为位置方式，使用 STOC 指令切换。攻螺纹完成后，可以使用 CTOS 指令将主轴伺服电动机的控制方式由位置方式切换为速度方式，将伺服主轴当作普通主轴使用。

（7）使用攻螺纹指令 G84 前，请使用相应的 M 指令使主轴正转。

（8）调用 G84 指令刚性攻螺纹后必须由编程者恢复原进给速度，否则进给速度会为刚性攻螺纹速度，即 s×螺距。

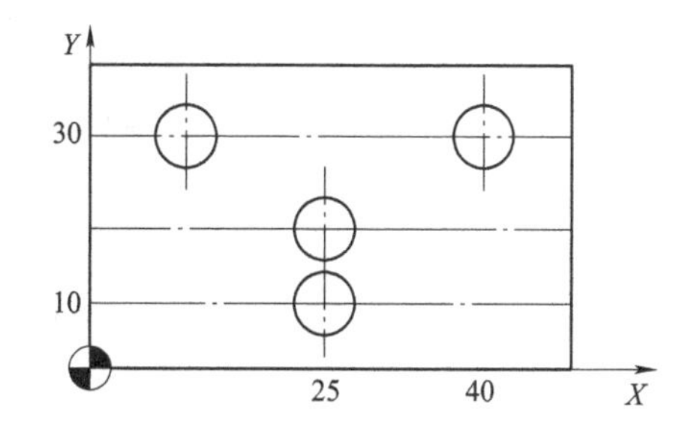

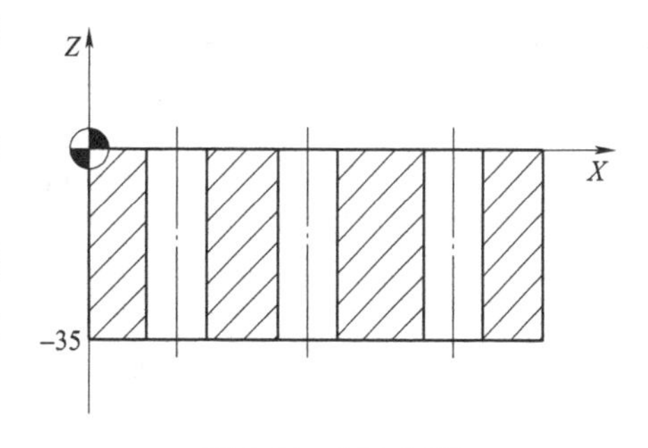

图 7-66　G84 案例

例 7-24　加工图 7-66 所示螺纹孔，用 M10×1 丝锥攻螺纹。

%3343	
G54 G0 X0 Y0 Z30;	回工件零点安全高度
M03 S3000;	主轴正转
G0 Z10;	定位到初始平面
G90 G99 G84 X25 Y10 R5 Z-35 P1000 F1;	定位孔（25，10）攻丝至相应深度并返回至 R 平面
X25 Y20;	定位孔（25，20）攻丝至相应深度并返回至 R 平面
X10 Y30;	定位孔（10，30）攻丝至相应深度并返回至 R 平面
X40 Y30;	定位孔（40，30）攻丝至相应深度并返回至 R 平面
G80;	取消固定循环

G28 G91 Z0;	Z 轴返回参考点
G28 G91 X0 Y0;	X、Y 轴返回参考点
M30;	程序结束

九、镗孔循环指令 G85

G85 指令主要用于精度要求不太高的镗孔加工。G85 指令的动作序列如图 7-67 所示。

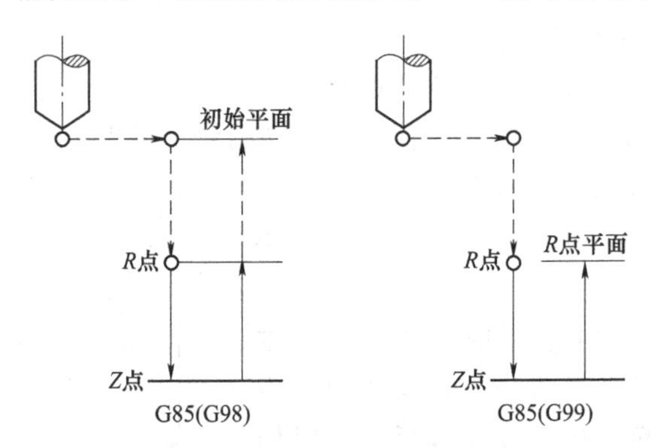

图 7-67 G85 指令的动作序列

格式：(G98/G99) G85 X_ Y_ Z_ R_ F_ L_

G85 镗孔循环指令含义见表 7-14。

表 7-14 G85 镗孔循环指令含义

参数	含 义
X、Y	绝对编程（G90）时，指定孔的绝对位置；增量编程（G91）时，指定刀具从当前位置到孔位的距离
Z	绝对编程（G90）时，指定孔底的绝对位置；增量编程（G91）时，指定孔底到 R 点的距离
R	绝对编程（G90）时，指定 R 点的绝对位置；增量编程（G91）时，指定 R 点到初始平面的距离
F	指定切削进给速度
L	重复次数（一般用于多孔加工的简化编程，L=1 时可省略）

工作步骤：

（1）刀位点快移到孔中心上方初始平面点。

（2）快移接近工件表面，到 R 点。

（3）向下以 F 速度镗孔。

（4）到达孔底 Z 点。

（5）向上以 F 速度退到 R 点（主轴维持旋转状态）。

（6）如果是 G98 指令状态，则还要向上快速退到初始平面点。

注意：

（1）钻孔轴必须为 Z 轴。

（2）Z 点必须低于 R 点平面，否则程序报警。

（3）如果 Z、Q、K 的移动量为零，则该指令不执行。

（4）G85 指令数据被作为模态数据存储，相同的数据可省略。

（5）使用指令 G85 前，请使用相应的 M 指令使主轴旋转。

例 7-25 加工如图 7-68 所示孔。

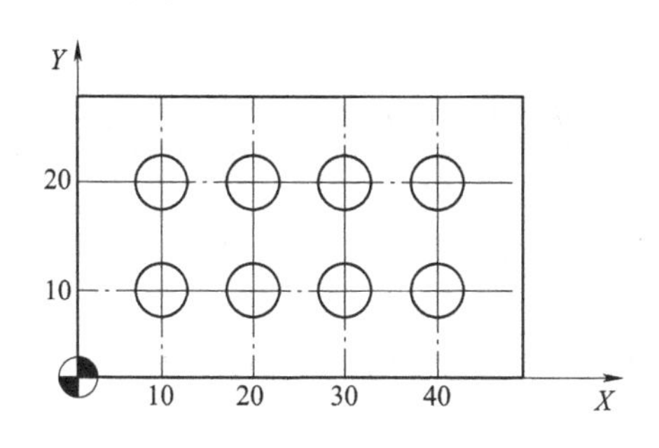

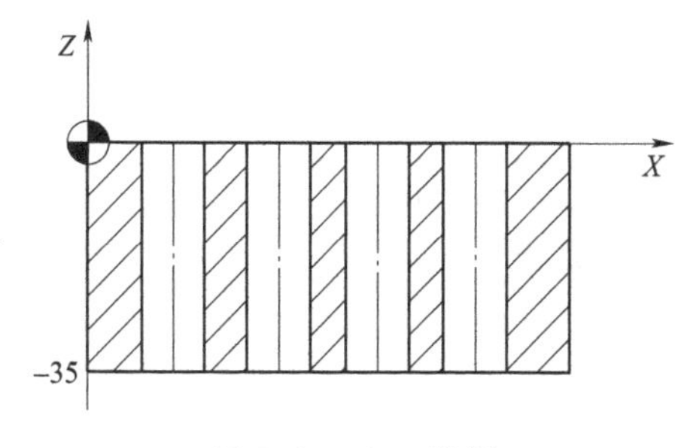

图 7-68 G85 案例

%3341	
N10 G54 G90 G0 X0 Y0 Z80;	建立坐标系，到安全起始点
N20 M03 S600;	主轴正转起动
N30 G00 Z20;	定位到初始平面
N40 G99 G85 X10 Y10Z-35 R5 P500 F100;	定位后，完成镗孔 1，然后返回到 *R* 点平面
N50 X20;	定位后，完成所有镗孔，然后返回 *R* 点平面
N60 X30	
N70 X40	
N80 Y20	
N90 X30	
N100 X20	
N110 X10	
N120 G80;	取消 G85 镗孔循环
N130 G91 G28 X0 Y0 Z0;	返回到参考点
N140 M30;	程序结束

十、镗孔循环指令 G86

G86 指令执行的动作与 G81 指令相同，但在孔底主轴停止，然后快速退回，主要用于精度要求不太高的镗孔加工。

格式：(G98/G99) G86 X_ Y_ Z_ R_ F_ L_

G86 镗孔循环指令含义见表 7-15。

表 7-15　G86 镗孔循环指令含义

参数	含　义
X、Y	绝对编程（G90）时，指定孔的绝对位置；增量编程（G91）时，指定刀具从当前位置到孔位的距离
Z	绝对编程（G90）时，指定孔底的绝对位置；增量编程（G91）时，指定孔底到 *R* 点的距离
R	绝对编程（G90）时，指定 *R* 点的绝对位置；增量编程（G91）时，指定 *R* 点到初始平面的距离
F	指定切削进给速度
L	循环次数（一般用于多孔加工的简化编程，*L*=1 时可省略）

工作步骤：

(1) 刀位点快移到孔中心上方初始平面点。

(2) 快移接近工件表面，到 *R* 点。

(3) 向下以 *F* 速度镗孔。

(4) 到达孔底 *Z* 点。

(5) 主轴停止旋转。

(6) 向上快速退到 *R* 点（G99）或初始平面点（G98）。

(7) 主轴恢复正转。

注意：

(1) 如果 *Z* 的移动位置为零，则该指令不执行。

(2) G86 指令数据被作为模态数据存储，相同的数据可省略。

(3) 钻孔轴必须为 *Z* 轴。

(4) *Z* 点必须低于 *R* 点平面，否则程序报警。

例 7-26　加工如图 7-69 所示孔。

```
%3353;                    用铰刀铰孔
N10 G54 X0 Y0 Z80
N15 G98 G86 G90 X20 Y15 R20 Z-2 F200
N20 G91 X20 L3
N30 G90 G00 X0 Y0 Z80
N40 M30
```

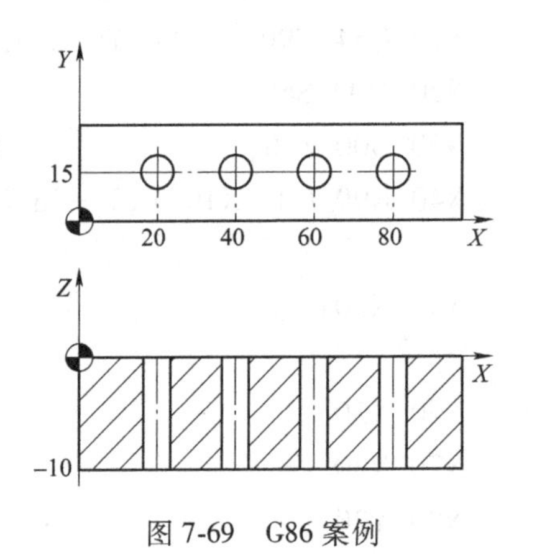

图 7-69　G86 案例

十一、反镗循环指令 G87

G87 指令一般用于镗削上小下大的孔，其孔底 *Z* 点一般在参照点 *R* 的上方，与其他指令不同。G87 指令的动作序列如图 7-70 所示。

格式：(G98/G99) G87 X_ Y_ Z_ R_ I_ J_ P_ F_ L_

G87 反镗循环指令含义见表 7-16。

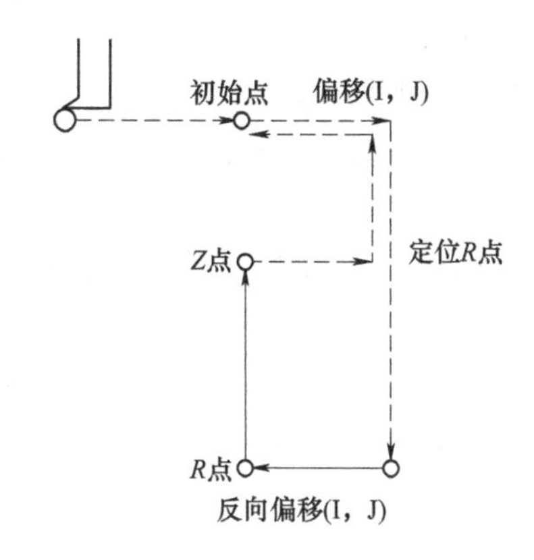

图 7-70　G87 指令的动作序列

表 7-16　G87 反镗循环指令含义

参数	含　义
X、Y	孔位数据，绝对编程（G90）时为孔位绝对位置；增量编程（G91）时为刀具从当前位置到孔位的距离
Z	指定孔底位置，绝对编程（G90）时为孔底的 Z 向绝对位置；增量编程（G91）时为孔底到 R 点的距离
R	指定 R 点的位置，绝对编程（G90）时为 R 点的 Z 向绝对位置；增量编程（G91）时为 R 点到初始平面的距离
I	X 轴方向偏移量
J	Y 轴方向偏移量
P	孔底暂停时间（单位：ms）
F	指定切削进给速度
L	重复次数（一般用于多孔加工，故 X 或 Y 应为增量值，$L=1$ 时可省略）

工作步骤：

（1）刀位点快移到孔中心上方初始平面点。

（2）主轴定向，停止旋转。

（3）镗刀向刀尖反方向快速移动 I 或 J。

（4）快速移到 R 点。

（5）镗刀向刀尖正方向快移 I 或 J，刀位点回到孔中心 X、Y 坐标处。

（6）主轴正转。

（7）向上以 F 速度镗孔，到达孔底 Z 点。

（8）孔底延时 P/ms（主轴维持旋转状态）。

（9）主轴定向，停止旋转。

（10）刀尖反方向快速移动 I 或 J。

（11）向上快速退到初始平面点高度（G98）。

（12）向刀尖正方向快移 I 或 J，刀位点回到孔中心上方初始平面点处。

（13）主轴恢复正转。

注意：

（1）钻孔轴必须为 Z 轴。

(2) 如果 Z 的移动量为零，则该指令不执行。

(3) Z 点必须高于 R 点平面，否则程序报警。

(4) G87 指令数据被作为模态数据存储，相同的数据可省略。

(5) G87 指令只能使用 G98。

(6) 使用指令 G87 前，请使用相应的 M 指令使主轴旋转。

例 7-27 加工图 7-71 所示孔。

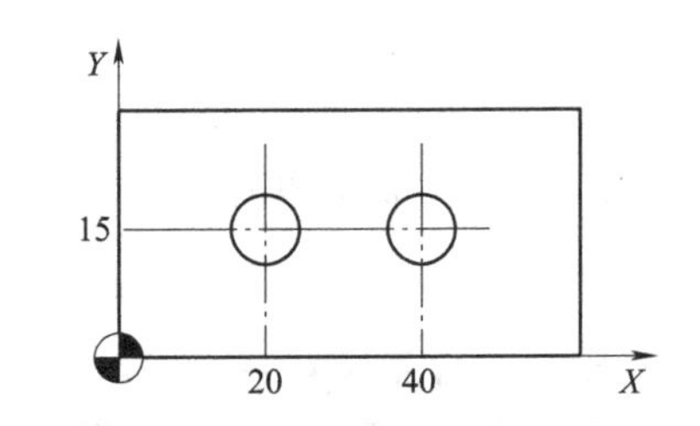

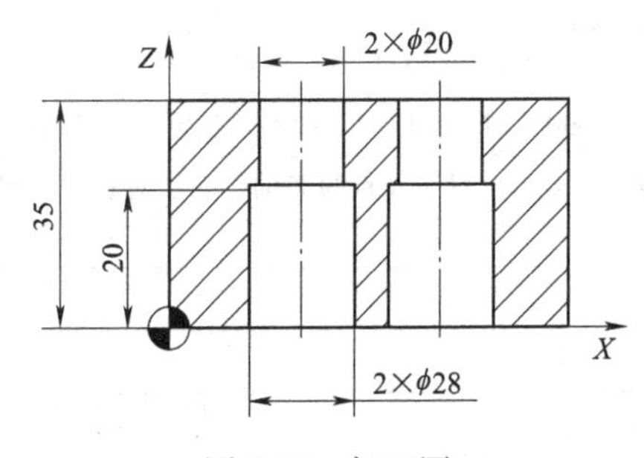

图 7-71 加工图

%3355	
G54 G0 X0 Y0 Z50;	建立坐标系，到达安全起始点
M03 S600;	主轴起动
G54 G0 Y15	
G98 G87 G90 X20 I5 R-40 P2000 Z-15 F120;	定位后，镗孔 1
G91 X20;	定位后，镗孔 2
G80 G91 G28 X0 Y0 Z0;	取消 G87 反镗循环，返回参考点
M30;	程序结束

十二、镗孔循环指令（手镗）G88

G88 指令在镗孔前记忆了初始 B 点或参照 R 点的位置，当镗刀自动加工到孔底后机床停止运行，将工作方式转换为“手动”，通过手动操作使刀具抬刀到 B 点或 R 点高度上方，并避开工件。然后工作方式恢复为自动，再循环启动程序，刀位点回到 B 点或 R 点。一般数控铣床用此指令就可完成精镗孔，无须主轴准停功能。G88 指令的动作序列如图 7-72 所示。

格式：(G98/G99) G88 X_ Y_ Z_ R_ P_ F_ L_

G88 镗孔循环指令含义见表 7-17。

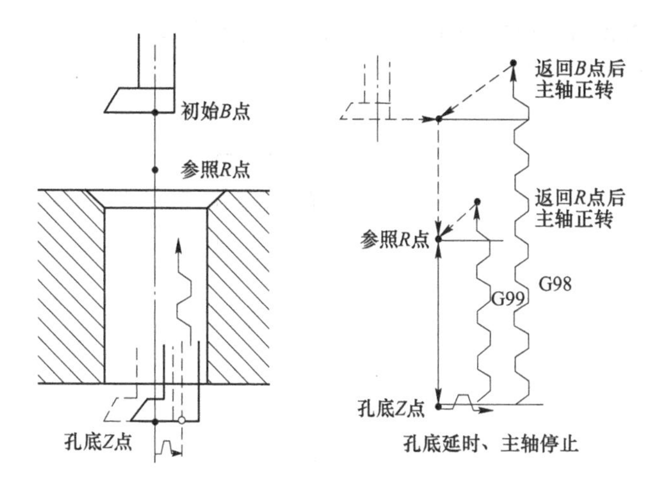

图 7-72　G88 指令的动作序列

表 7-17　G88 镗孔循环指令含义

参数	含　义
X、Y	孔位数据，绝对编程（G90）时为孔位绝对位置；增量编程（G91）时为刀具从当前位置到孔位的距离
Z	指定孔底位置，绝对编程（G90）时为孔底的 *Z* 向绝对位置，增量编程（G91）时为孔底到 *R* 点的距离
R	指定 *R* 点的位置，绝对编程（G90）时为 *R* 点的 *Z* 向绝对位置；增量编程（G91）时为 *R* 点到初始平面的距离
P	孔底暂停时间（单位：ms）
F	镗孔进给速度
L	循环次数（一般用于多孔加工，故 *X* 或 *Y* 应为增量值）

工作步骤：

（1）刀位点快移到孔中心上方 *B* 点。

（2）快移接近工件表面，到 *R* 点。

（3）向下以 *F* 速度镗孔，到达孔底 *Z* 点。

（4）孔底延时 *P*/ms（主轴维持旋转状态）。

（5）主轴停止旋转。

（6）手动移动刀具，直到高于 *R* 点（G99）或 *B* 点（G98）高度。

（7）自动方式下按循环启动，刀具快速到 *R* 点（G99）或 *B* 点（G98）位置。

（8）主轴自动恢复正转。

注意：

（1）钻孔轴必须为 *Z* 轴。

（2）如果 *Z* 的移动量为零，则该指令不执行。

（3）*Z* 点必须低于 *R* 点平面，否则程序报警。

（4）G88 指令数据被作为模态数据存储，相同的数据可省略。

（5）如果程序中使用 G99 指令，手动移动刀具必须高于 *R* 点。

（6）如果程序中使用 G98 指令，手动移动刀具必须高于初始平面点。

（7）使用指令 G88 前，请使用相应的 M 指令使主轴旋转。

例 7-28 加工如图 7-73 所示孔。

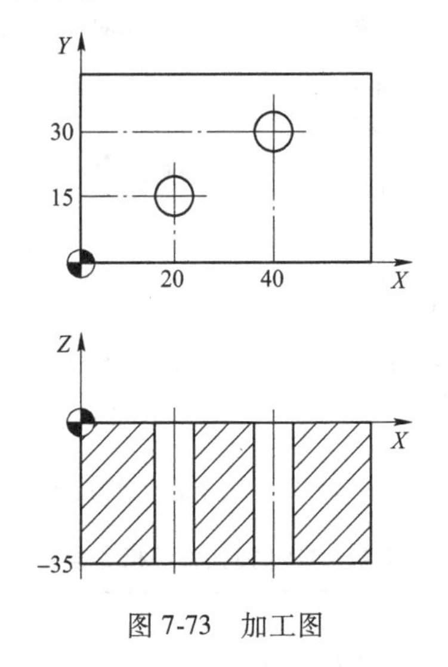

图 7-73 加工图

%3357	
G54 G01 X0 Y0 Z50;	用单刃镗刀镗孔
M03 S600;	主轴起动
G98 G88 G90 X20 Y15 R5 P2000 Z-40 F100;	定位后钻孔 1，镗到孔底 Z-40，孔底停 2s
G99 G91 X20 Y15;	定位后钻孔 2，然后返回到初始平面
G80 G28 G91 X0 Y0 Z0;	取消 G88 手镗循环，返回参考点
M30;	程序结束

十三、镗孔循环指令 G89

G89 指令用于镗孔。该循环几乎与 G86 指令相同，不同的是该循环在孔底执行暂停。在指定 G89 指令之前用辅助功能 M 指令旋转主轴。当 G89 指令和 M 指令在同一程序段中指定时，在第一个定位动作的同时执行 M 指令，然后系统处理下一个镗孔动作。当指定重复次数 *L* 时只在镗第一个孔时执行 M 指令，对后续的孔不再执行 M 指令。

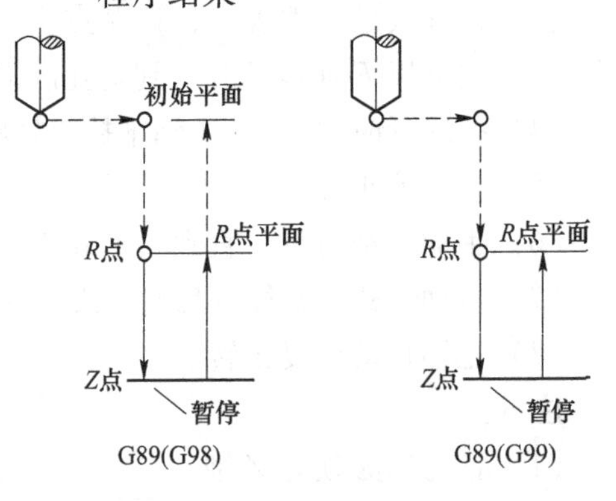

图 7-74 G89 指令的动作序列

G89 指令的动作序列如图 7-74 所示。

格式：（G98/G99）G89 X_ Y_ Z_ R_ P_ F_ L_

G89 镗孔循环指令含义见表 7-18。

表 7-18　G89 镗孔循环指令含义

参数	含　　义
X、Y	绝对编程（G90）时，指定孔的绝对位置；增量编程（G91）时，指定刀具从当前位置到孔位的距离
Z	绝对编程（G90）时，指定孔底的绝对位置；增量编程（G91）时，指定孔底到 *R* 点的距离
R	绝对编程（G90）时，指定 *R* 点的绝对位置；增量编程（G91）时，指定 *R* 点到初始平面的距离
P	孔底暂停时间（单位：ms）
F	指定切削进给速度
L	循环次数（一般用于多孔加工，故 *X* 或 *Y* 应为增量值）

注意：

（1）钻孔轴必须为 *Z* 轴。

（2）*Z* 点必须低于 *R* 点平面，否则程序报警。

（3）G89 指令数据被作为模态数据存储，相同的数据可省略。

（4）G89 指令与 G86 指令相同，但在孔底有暂停。

（5）如果 *Z* 的移动量为零，则 G89 指令不执行。

（6）使用指令 G89 前，请使用相应的 M 指令使主轴旋转。

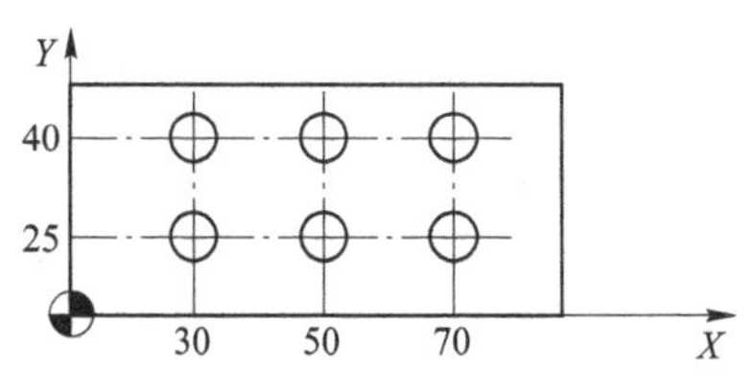

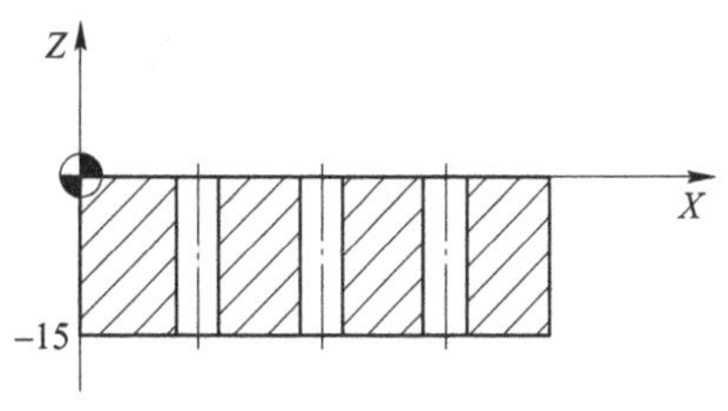

图 7-75　G89 案例

例 7-29　图 7-75 所示零件镗孔循环编程示例

程序	说明
G54 G01 X0 Y0 Z50;	安全起点
M3 S1000;	主轴开始旋转
G90 G99 G89 X30 Y25 Z-15 R10 P1000 F120;	定位镗 1 孔，在孔底暂停 1s 后返回 *R* 点
X50 Y25;	定位镗 2 孔，在孔底暂停 1s 后返回 *R* 点
X70 Y25;	定位镗 3 孔，在孔底暂停 1s 后返回 *R* 点
X70 Y40;	定位镗 4 孔，在孔底暂停 1s 后返回 *R* 点
X50 Y40;	定位镗 5 孔，在孔底暂停 1s 后返回 *R* 点
G98 X30 Y40;	定位镗 6 孔，在孔底暂停 1s 后返回初始位置平面
G80 G28 G91 X0 Y0 Z0;	取消镗孔，返回到参考点
M30;	程序结束

十四、钻孔固定循环取消指令 G80

G80 指令用于取消钻孔固定循环。

格式：G80 X_ Y_ Z_ F_

注意：

（1）取消所有钻孔固定循环之后恢复正常操作。

（2）*R* 平面和 *Z* 平面取消。

（3）其他钻孔参数数据也被取消。

任务实施

进行数控加工工艺设计零件的毛坯尺寸为 82mm×58mm×25mm，夹具选用通用的机用虎钳。

（1）采用 ϕ80mm 面铣刀铣削工件上表面。

（2）采用 ϕ16mm 立铣刀铣削零件外轮廓与台阶。

（3）分别采用 ϕ6mm、ϕ8mm 的钻头加工孔。

（4）工件坐标系原点设置在工件左上角，如图 7-76 所示。

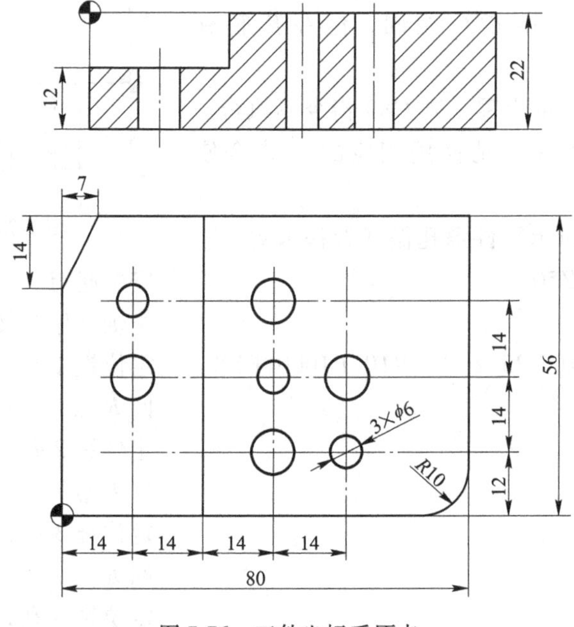

图 7-76　工件坐标系原点

```
%3360
G54（采用 φ80mm 面铣刀加工零件端面）
G00 X-40 Y-40 Z100
M06 T06
G00 G43 Z0 H06 M03 S600
G01 G41 X0 Y0 F100
X80
Y40
```

```
X0
X-40
G00 G49 Z100
G54（采用 φ16mm 立铣刀加工零件整体外轮廓）
G00 X-20 Y-20 Z100
M06 T01
G00 G43 Z-23 H01 M03 S600
G01 G41 X0 Y-8 D01 F100
Y42
X7 Y56
X80
Y12
G02 X70 Y0 R10
G01 X-10
G00 G40 X-20 Y-20
G49 Z100
N2 M06 T2（采用 φ16mm 立铣刀加工零件凸台）
G00 G43 Z-10 H02
X5 Y-10
G01 Y66 F100
X19
Y-10
X20
Y66
G00 G49 Z100
G00 X-20 Y-20
N3 M06 T03（采用 φ8mm 钻头加工孔）
G00 G43 Z10 H03
G98 G73 X14 Y26 Z-23 R-6 Q-5 K3 F50
G99 G73 X42 Y40 Z-23 R4 Q-5 K3 F50
X42 Y12
G98 G73 X56 Y26 Z-23 R4 Q-5 K3 F50
G00 G49 Z100
X-20 Y-20
N4 M06 T04（采用 φ6mm 钻头加工孔）
G00 G43 Z10 H04
G98 G73 X14 Y40 Z-23 R-6 Q-5 K3 F50
G99 G73 X42 Y26 Z-23 R4 Q-5 K3 F50
```

```
X56 Y12 Z-23 R4 Q-5 K3 F50
G00 G49 Z100
X-20 Y-20
M30
```

思考与练习

（1）镗孔有哪些指令？各有什么不同？

（2）钻孔的步骤是什么？

第 8 章

宏程序编程

用户宏程序是一种类似于高级语言的编程方法，它允许用户使用变量、算术和逻辑运算及条件转移，这使得编制相同的加工程序比传统方式更加方便。同时也可将某些相同加工操作用宏程序编制成通用程序，供用户循环调用。如对图8-1用宏编制一个螺栓孔圆的加工程序，存储到CNC中，之后可以随时调用本程序加工螺栓孔圆，调用时只需填入孔数、偏差角等螺栓孔属性即可，这样就好比是用户在CNC中加入了螺栓孔圆功能一样。

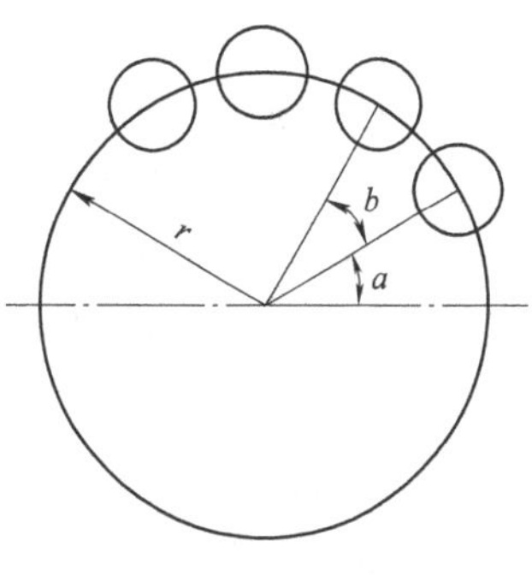

图 8-1　螺栓孔圆加工

任务 8-1　用户宏程序的使用规则

任务要求

学习用户宏程序的使用规则。

技能目标

掌握用户宏程序的使用规则，能熟练运用循环语句进行简单宏程序的编写。

相关知识

一、变量的定义

宏程序中用户可以在准备功能指令和轴移动距离的参数中使用变量，如 G00 X[#43]，此时#34 即是变量，用户在调用之前可以对其进行赋值等操作。

用户宏程序不允许直接使用变量名。变量用变量符号#和后面的变量号指定。

二、变量的种类

根据变量号，可以将变量分为局部变量、全局变量、系统变量，各类变量的用途各不相同。另外，对不同的变量访问属性也有所不同，有些变量属于只读变量。

（一）局部变量

局部变量是指在宏程序内部使用的变量，即是在当前时刻下调用宏程序 A 中使用的局部变量#i 与另一时刻下调用宏程序 A 中使用的#i 不同。因此，在多层调用场景下，从宏 A 中调用宏 B 时，有可能错误地在宏 B 中使用宏 A 中正在使用的局部变量，从而导致该变量值被破坏。

系统提供#0~#49 为局部变量，它们的访问属性为可读可写。

系统提供 8 层嵌套，相应的每层局部变量如下，这些局部变量的访问属性为可读。

1）#200~#249 为 0 层局部变量。

2）#250~#299 为 1 层局部变量。

3）#300~#349 为 2 层局部变量。

4）#350~#399 为 3 层局部变量。

5）#400~#449 为 4 层局部变量。

6）#450~#499 为 5 层局部变量。

7）#500~#549 为 6 层局部变量。

8）#550~#599 为 7 层局部变量。

（二）全局变量

与局部变量不同，全局变量在主程序中被调用，并在各子程序、宏程序之间共享，其值不变。即在某一宏中使用的#i 与在其他宏中使用的#i 是相同的。此外，由某一宏运算出来的公共变量#i，可以在别的宏中使用。

系统提供#50~#199 为全局变量，它们的访问属性为可读可写。

（三）系统变量

系统变量是在系统中其用途被固定的变量。其属性共有 3 类：只读、只写、可读/写，根据各系统变量而属性不同。

三、常量

系统内部定义了一些值不变的常量供用户使用，这些常量的属性为只读。如：

（1）PI：圆周率 π。

（2）TRUE：真，用于条件判断，表示条件成立。

（3）FALSE：假，用于条件判断，表示条件不成立。

注意：常量 PI 在使用时，由于其有计算误差，编程时，在结束条件处需做处理，否则会出现异常情况。

例 8-1 采用分段的方法加工一个封闭的轮廓曲线，理论上在计算结束段#1=#1+PI/6，#1 的值应该为 PI×2，但实际上由于 PI 计算时存在计算误差，此时#1 的值大于 PI×2，从而造成轮廓没有封闭。这就需要在编程时对最后一段进行处理。

具体程序如下：

```
%0001
G54
```

```
G0 X0 Y0 Z20
X30 Y0 F5000
G64
G1 Z0
#1=0
WHILE #1 LE [PI*2]
#2=COS#1*30
#3=SIN#1*30
G1 X[#2] Y[#3]
#1=#1+PI/6
ENDW
G0 X0 Y0
G0 Z20
M30
```

四、未定义变量

未定义变量是系统中未定义的变量，其值默认为 0。例如：

```
%1234
G54
G01 X10 Y10
X[#1] Y30;                工件坐标系坐标值为(0,30)
M30
```

五、用户自定义变量

用户可以自定义一组变量，这些变量的编号依次为#50000、#50001、#50002，一直到#54999。每个变量都具有读/写（R/W）属性，用户既可以读取这些变量的值，也可以修改它们的值。这些变量为当前局部变量，它们在特定的程序或函数执行期间有效，并且通常只在当前局部范围内使用。

六、运算指令

在宏语句中可灵活运用各种运算符、函数实现复杂的编程需求。常见运算指令及含义见表 8-1。

表 8-1　常见运算指令及含义

运算种类	运算指令	含义
算术运算	#i=#i+#j	加法运算，#i 加#j
	#i=#i-#j	减法运算，#i 减#j
	#i=#i*#j	乘法运算，#i 乘#j
	#i=#i/#j	除法运算，#i 除#j

（续）

运算种类	运算指令	含义
条件运算	#i EQ #j	等于判断（=）
	#i NE #j	不等于判断（≠）
	#i GT #j	大于判断（>）
	#i GE #j	大于等于判断（≥）
	#i LT #j	小于判断（<）
	#i LE #j	小于等于判断（≤）
逻辑运算	#i=#i&#j	与逻辑运算
	#i=#i | #j	或逻辑运算
	#i=~#i	非逻辑运算
函数	#i=SIN [#i]	正弦（单位：rad）
	#i=COS [#i]	余弦（单位：rad）
	#i=TAN [#i]	正切（单位：rad）
	#i=ATAN [#i]	反正切
	#i=ABS [#i]	绝对值
	#i=INT [#i]	取整（向下取整）
	#i=SIGN [#i]	取符号
	#i=SQRT [#i]	开方
	#i=EXP [#i]	指数，以 e（2.718）为底数的指数

例如下面的程序可求出 1~10 之和。

```
%0001
#1=0;                  解的初始值
#2=1;                  加数的初始值
N1 IF[#2 LE 10];       加数不能超过 10,否则跳转到 ENDIF 后的 N2
#1 =#1 + #2;           计算解
#2 =#2 + 1;            下一个加数
ENDIF;                 转移到 N1
N2 M30;                程序的结尾
```

七、宏语句

（一）赋值语句

把常数或表达式的值传送给一个宏变量称为赋值，这条语句称为赋值语句，如：

#2=175/SQRT[2] * COS[55 * PI/180]

#3=124,0

（二）条件判断语句

系统支持两种条件判断语句：

类型 1

IF［条件表达式］；

⋮

ENDIF

类型 2

IF［条件表达式］；

⋮

ELSE

⋮

ENDIF

对于 IF 语句中的条件表达式，可以使用简单条件表达式，也可以使用复合条件表达式。

（1）当#1 和#2 相等时，将 0 赋值给#3。

IF［#1 EQ #2］

#3=0

ENDIF

（2）当#1 和#2 相等，并且#3 和#4 相等时，将 0 赋值给#3。

IF［#1 EQ #2］AND［#3 EQ #4］

#3=0

ENDIF

（3）当#1 和#2 相等，或#3 和#4 相等时，将 0 赋值给#3，否则将 1 赋值给#3。

IF［#1 EQ #2］OR［#3 EQ #4］

#3=0

ELSE

#3=1

ENDIF

（三）循环语句

在 WHILE 后指定条件表达式，当指定的条件表达式满足时，执行从 WHILE 到 ENDW 之间的程序；当指定条件表达式不满足时，退出 WHILE 循环，执行 ENDW 之后的程序行。

（1）调用格式如下：

WHILE［条件表达式］

⋮

ENDW

（2）无限循环：当把 WHILE 中的条件表达式永远写成真，即可实现无限循环，如：

WHILE［TRUE］；或者 WHILE［1］

⋮

ENDW

（四）嵌套

对于IF语句或者WHILE语句而言，系统允许嵌套语句，但有一定的限制规则，具体如下：

（1）IF语句、WHILE语句最多支持8层嵌套调用，大于8层系统将报错。

（2）系统支持IF语句与WHILE语句混合使用，但是必须满足IF-ENDIF与WHILE-ENDW的匹配关系。如下面这种调用方式，系统将报错。

```
IF [条件表达式1]
WHILE [条件表达式2]
ENDIF
ENDW
```

任务实施

根据上述内容指出宏指令编程的特点，应用于哪些场合；熟记变量、常量、宏语句及表达式的使用规则。

思考与练习

阅读下列程序，说明程序完成的功能。

```
O0001
#1=0
#2=1
WHILE #2 LE50
#1=#1+#2
#2=#2+1
ENDW
M30
```

任务8-2　宏程序在数控铣削零件中的应用

任务要求

学习用户宏程序在数控铣削零件中的应用。

技能目标

掌握用户宏程序的使用规则，能熟练运用循环语句进行简单宏程序的编写。

相关知识

已知椭圆的参数方程为 $X=a\cos\theta$，$Y=b\sin\theta$，变量数学表达式设定 $\theta=\#1(0°\sim360°)$，那么

X = #2 = $a$cos［#1］

Y = #3 = $b$sin［#1］

例 8-2　编辑椭圆（见图 8-2）的加工程序（椭圆的参数方程为 $X=a\cos\alpha$；$Y=b\sin\alpha$）。

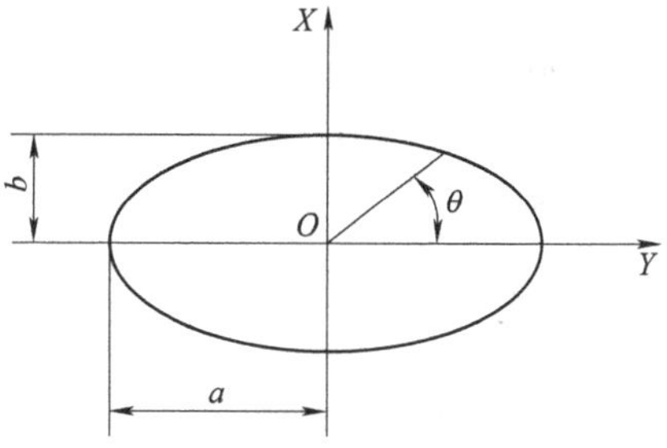

图 8-2　椭圆编程

具体程序如下：

```
%0001
#0 = 5;                     定义刀具半径 R 值
#1 = 20;                    定义 a 值
#2 = 10;                    定义 b 值
#3 = 0;                     定义步距角 α 的初值,单位(°)
N1  G92  X0  Y0  Z10
N2  G00  X[2 * #0+#1]Y[2 * #0+#2]
N3  G01  Z0
N4  G41  X[#1]  D01
N5  WHILE  #3  GE[-360]
N6  G01  X[#1 * COS[#3 * PI/180]]Y[#2 * SIN[#3 * PI/180]]
N7  #3 = #3-5
ENDW
G01  G91  Y[-2 * #0]
G90  G00  Z10
G40  X0  Y0
M30
```

例 8-3　如图 8-3 所示，用球头铣刀加工 $R5$mm 倒圆曲面。

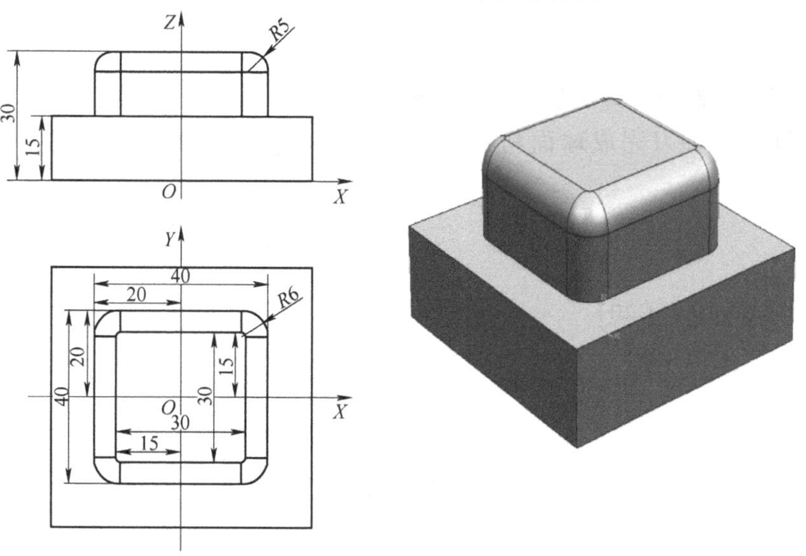

图 8-3　圆角加工

具体程序如下：

```
%0001;                                        刀位点为球心
G92 X-30 Y-30 Z25
#0=5;                                         倒圆半径
#1=4;                                         球刀半径
#2=180;                                       步距角γ的初值,单位为(°)
WHILE #2 GT 90
G01 Z[25+[#0+#1] * SIN[#2 * PI/180]];         计算Z轴高度
#101=ABS[[#0+#1] * COS[#2 * PI/180]]-#0;      计算半径偏移量
G01 G41 X-20 D01
Y14
G02 X-14 Y20 R6
G01 X14
G02 X20 Y14 R6
G01 Y-14
G02 X14 Y-20 R6
G01 X-14
G02 X-20 Y-14 R6
G01 X-30
G40 Y-30
#2=#2-10
ENDW
M30
```

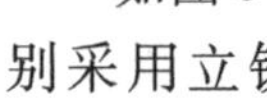

任务实施

如图8-4所示，制定合理的加工工艺方案，分别采用立铣刀与球头刀完成球面精加工程序的编制。

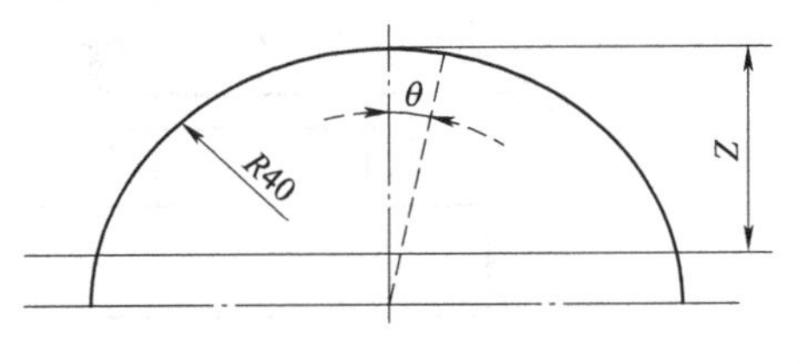

图8-4　方台倒圆角加工

编程1

```
O0001
G54 G90 G00 G17 G40
Z50
M03 S2000;                  球心坐标
#24=0;                      球心坐标
#25=0;                      球心坐标
#26=-30;                    球高
#7=6;                       刀具半径
#17=3;                      角度增量(°)
```

```
#4=40
#1= #4+#26;                    进刀点相对球心 Z 坐标
#2=SQRT[#4 * #4-#1 * #1];      切削圆半径
#3=ATAN#1/#2;                  角度初值
#2=#2+#7
G90 G0 X[#24+#2+#7+2]Y#25
Z5
G1 Z#26 F300
WHILE #3 LT 90;                当进刀点相对水平方向夹角小于 90°时加工
G1 Z#1 F800
X[#24+#2]
G2 I-#2
#3=#3+#17
#1=#4 * [SIN[#3]-1];           Z = -(R - Rsinθ)
#2=#4 * COS[#3]+#7;            r = Rcosθ + r刀
ENDW
G0 Z50
M30
```

编程 2

```
O0002
G54 G90 G0 G17 G40
Z50
M03 S2000
#24=0;                         球心坐标
#25=0;                         球心坐标
#26=-30;                       球高
#7=6;                          刀具半径
#17=3;                         角度增量(°),
#4=40
#1=#4+#26;                     中间变量
#2=SQRT[#4 * #4-#1 * #1];      中间变量
#3=ATAN#1/#2;                  角度初值
#4=#4+#7;                      处理球径
#1=#4 * [SIN[#3]-1];           Z = -(R - Rsinθ)
#2=#4 * COS[#3];               r = Rcosθ
G90 G0 X[#24+#2+2]Y[#25]
Z5
G1 Z#26 F300
```

```
WHILE #3 LT 90 D01;               当角小于90°时加工
G1 Z#1 F#9
X[#24+#2]
G2 I-#2
#3=#3+#17
#1=#4*[SIN[#3]-1];                Z = -(R - Rsinθ)
#2=#4*COS[#3];                    r = Rcosθ
ENDW
G0 Z50
M30
```

思考与练习

如图 8-5 所示，完成零件的倒圆角加工程序，其中工件原点在，工件底部中心。

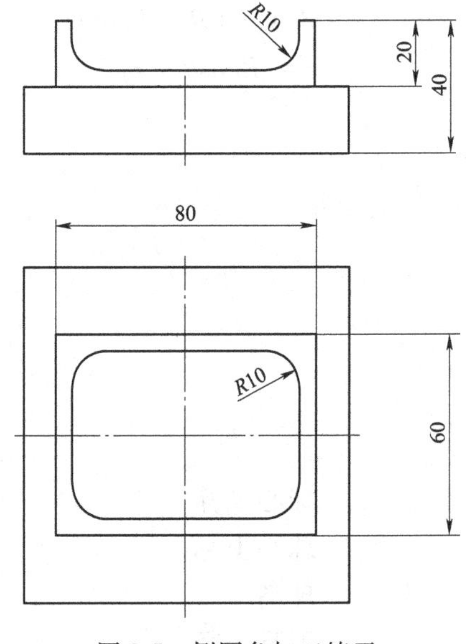

图 8-5 倒圆角加工练习

任务 8-3 宏程序在数控车削零件中的应用

任务要求

如图 8-6 所示，制定合理的加工工艺方案，利用变量、循环指令，完成该车削零件粗、精加工程序的编写。

技能目标

能根据图样要求，确定其加工工艺，能利用宏程序完成车削加工中规则曲面及复杂计算零件的加工程序编制。

相关知识

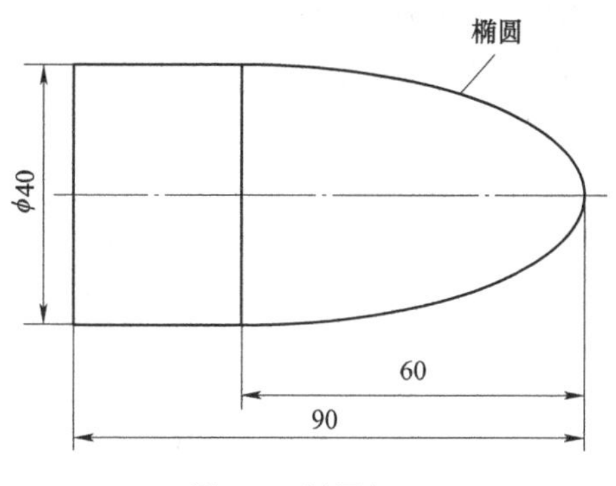

图 8-6　椭圆加工

在实际车削加工中，有时会遇到工件轮廓是某种方程曲线的情况，此时可采用宏指令构成的程序完成方程曲线的加工。

粗加工时，应根据毛坯的情况选用合理的走刀路径。对棒料、外圆切削，应采用类似 G71 指令的走刀路径；对盘料，应采用类似 G72 指令的走刀路径；对内孔加工，选用类似 G72 指令的走刀路径较好，此时镗刀杆可粗一些，易保证加工质量。

精加工时，一般应采用仿形加工，即半精车、精车各一次。

加工椭圆轮廓有以下两种形式。

（1）粗加工，采用 G71/G72 走刀方式时，用直角坐标方程比较方便，即

$$\frac{x^2}{a^2}+\frac{z^2}{b^2}=1$$

$$z=b\sqrt{1-\frac{x^2}{a^2}}$$

（2）精加工（仿形加工），用极坐标方程比较方便，即

$$x=a\cos\theta$$

$$z=b\sin\theta$$

式中　a——X 向椭圆半轴长；

b——Z 向椭圆半轴长；

θ——椭圆上某点的圆心角，零角度在 Z 轴正向。

任务实施

根据图 8-7 所示零件特点，工件坐标系原点在工件右端面中心位置，抛物线外圆车削加工参考程序如下。

```
%3401
N1 T0101
N2 G37
N3 #10=0;A 坐标
N4 M03 S600
N5 WHILE #10 LE 8
N6 #11=#10*#10/2
N7 G90 G01 X[#10] Z[-#11]F500
N8 #10=#10+0,08
N9 ENDW
```

```
N10 G00 Z0 M05
N11 G00 X0
N12 M30
```

思考与练习

根据图 8-8 所示零件，利用变量、循环指令，完成该车削零件粗、精加工程序的编写。

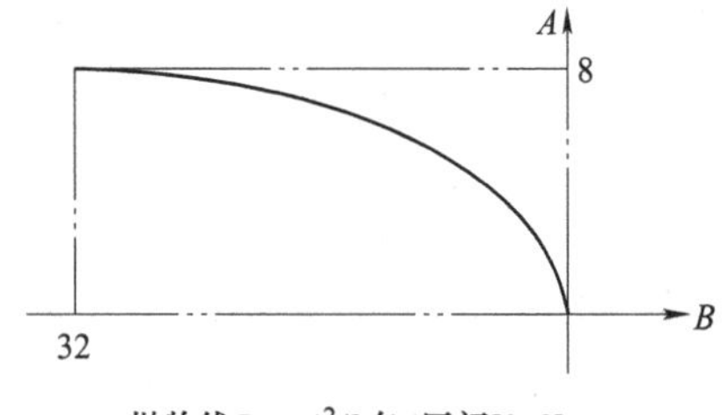

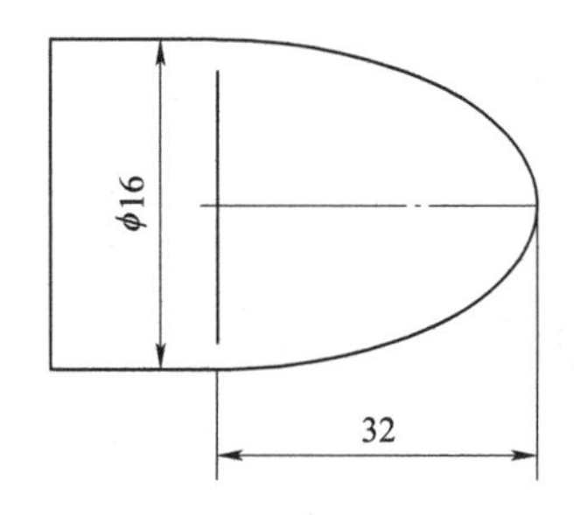

图 8-7　抛物线外圆车削加工

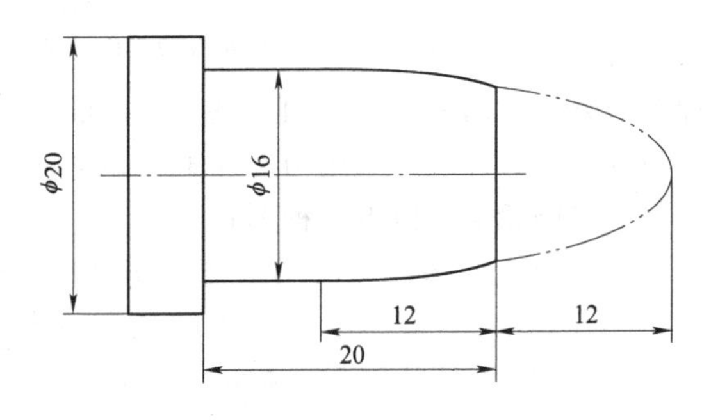

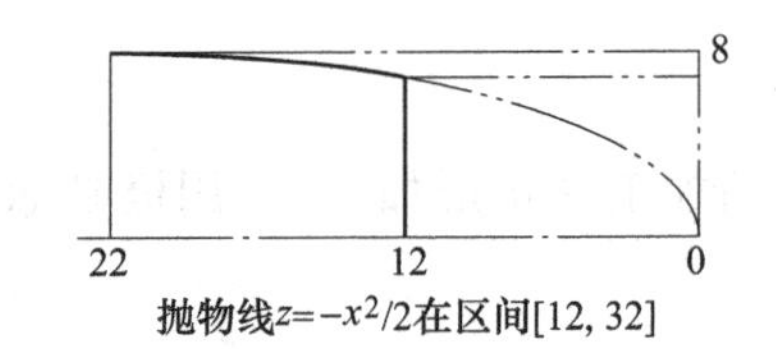

图 8-8　宏指令车削练习

参考文献

[1] 全国技术产品文件标准化技术委员会．技术产品文件　机械加工定位、夹紧符号表示法：GB/T 24740—2009［S］．北京：中国标准出版社，2010.

[2] 李红梅，刘红华．机械加工工艺与技术研究［M］．昆明：云南大学出版社，2019.

[3] 刘胜勇．实用数控加工手册［M］．北京：机械工业出版社，2015.

[4] 陈昊，陈为国．图解 Mastercam2022 数控加工编程进阶教程［M］．北京：机械工业出版社，2023.

[5] 毕庆贞，丁汉，王宇晗．复杂曲面零件五轴数控加工理论与技术［M］．武汉：武汉理工大学出版社，2016.

[6] 张奇丽，李豪杰，胡建，等．数控车削加工［M］．重庆：重庆大学出版社，2015.

[7] 贺泽虎，谢胜，刘波，等．数控车编程与加工应用实例［M］．重庆：重庆大学出版社，2015.

[8] 廖红军，李忠渝，张倩，等．机械基础［M］．重庆：重庆大学出版社，2015.

[9] 浦艳敏，李晓红．数控车床（FANUC、SIEMENS 系统）编程实例精粹［M］.2 版．北京：化学工业出版社，2024.

[10] 孙曙光，姚立权，刘永刚．NX 数控加工精解［M］．北京：化学工业出版社，2023.

[11] 魏斯亮，黎旭初，谢晖．数控加工技术［M］.4 版．大连：大连理工大学出版社，2018.

[12] 王婧，李世班．数控车床编程与操作［M］．北京：北京师范大学出版社，2011.

[13] 刘蔡保．数控机械加工技术与 UG 编程应用［M］．北京：化学工业出版社，2019.

[14] 于久清．数控车床/加工中心编程方法、技巧与实例［M］．北京：机械工业出版社，2008.

[15] 刘蔡保，石伟．数控车床编程与操作［M］．北京：化学工业出版社，2009.

[16] 袁锋，等．数控车床培训教程［M］．北京：机械工业出版社，2008.

[17] 黎震，邱国梁．数控加工编程与操作［M］．上海：同济大学出版社，2008.

[18] 邓建新，赵军．数控刀具材料选用手册［M］．北京：机械工业出版社，2005.

[19] 韩鸿鸾，丛培兰．模具零件数控加工［M］．北京：化学工业出版社，2016.

[20] 佟宝波．《数控车床加工零件》课程教学重点和难点的思考［J］．机械管理开发，2023，38（11）：83-85.